JN000626

C#

出井秀行 著　コードレシピ集

技術評論社

本書のサンプルコードはすべて最上位レベルステートメント機能を利用して簡略化した記法を採用し、C#9.0 ＋ .NET 5.0で動作を確認しております。Mainメソッド等を追記することで、C#8.0 ＋ .NET Core 3.1でも動作可能です（一部除く）。

はじめに

C#は、マイクロソフト社が開発したとても人気のあるプログラミング言語です。2002年に登場したC#は継続してレベルアップが行われており、今ではWindowsのデスクトップアプリケーションの開発にとどまらず、Webアプリケーションやスマートフォンアプリ開発、そしてUnityを使ったゲームやAR/VRシステムの開発、AWS等でのサーバーレスシステムのクラウド側開発など幅広く利用されるようになっています。

本書では、これらすべての開発者を対象にしたC#Tips集です。そのため、WindowsFormやASP.NET MVCなど特定のプラットフォームに依存した内容はできるだけ避け、多くのプラットフォームで利用できる内容としました。

本書は「○○したいときにどういったコードを書くのか」に焦点を当てています。そのため、文法の説明や技術の概念、ライブラリの使い方などは必要最小限にとどめ、その代わり数多くのTipsを載せるようにしました。その点をご理解の上利用してください。

対象とする読者は、C#初心者から中級者の方々を想定しています。基礎的な文法を示すサンプルコードからより実用的なサンプルコードまで幅広い内容を収録しています。そのため、様々なレベルのプログラマーの方々に読んでいただける内容となっています。

なお、「Chapter20 Entity Framework Core」や「Chapter23 ExcelとWord」、「Chapter24 単体テスト」など一部の章については、レシピを順に読んでいくことでステップバイステップで学習できるような構成にもなっています。

すべてのサンプルコードは、C# 9.0 + .NET 5.0の環境で動作確認を行っています。紙面の都合上、C#9.0で導入された最上位レベルステートメントの機能を利用していますが、Mainメソッドを記述していただければ、C# 8.0 + .NET Core 3.1の環境でもそのまま動作するコードとなっています（record型などC#9.0の機能を使ったサンプルコードおよび.NET 5.0の機能を使ったサンプルコードは除く）。Windowsでしか動かないコードも一部ありますが、macOSでもほぼ全てのコードの動作を確認しています。

また、多くのサンプルコードはUnityや.NET Framework 4.8上でも利用できるものとなっています（「Chapter19 ロギング」「Chapter20 Entity Framework Core」など利用できないものもあります）。

ぜひ、本書をC#プログラミングの参考書籍として手元に置いていただき、実際の開発に役立てていただけたら筆者としてこれほど嬉しいことはありません。

2021年7月　出井秀行

本書の読み方

❶ 項目名

C#を使って実現したいテクニックを示しています。

❷ Syntax

目的のテクニックを実現するために必要なC#の機能や構文です。

❸ 本文

目的のテクニックを実現するために、どの機能をどのような考えで使用するかなど、方針や具体的な手順を解説しています。

❹ C#コード

目的のテクニックを構成するC#コードを示しています。本来1行で表示されるはずのコードが紙面の都合で折り返されている場合は、行末に記号を入れています。

コード中のバックスラッシュはOSによって¥記号になる場合もあります。また、一部サンプルコードは紙面に掲載されたものと異なります。

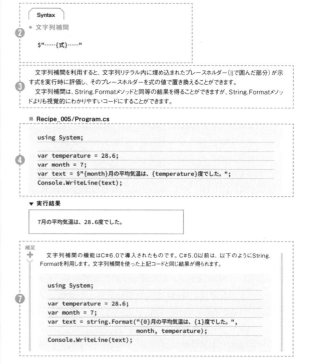

005 文字列補間を使い 文字列を整形したい ❶

Syntax ❷
● 文字列補間

`$"……{式}……"`

❸ 文字列補間を利用すると、文字列リテラル内に埋め込まれたプレースホルダー（{}で囲んだ部分）が示す式を実行時に評価し、そのプレースホルダーを式の値で置き換えることができます。

文字列補間は、String.Formatメソッドと同等の結果を得ることができますが、String.Formatメソッドよりも視覚的にわかりやすいコードにすることができます。

■ Recipe_005/Program.cs

```csharp
using System;

var temperature = 28.6;
var month = 7;
var text = $"{month}月の平均気温は、{temperature}度でした。";
Console.WriteLine(text);
```
❹

▼ 実行結果

```
7月の平均気温は、28.6度でした。
```

補足

文字列補間の機能はC#6.0で導入されたものです。C#5.0以前は、以下のようにString.Formatを利用します。文字列補間を使った上記コードと同じ結果が得られます。

```csharp
using System;

var temperature = 28.6;
var month = 7;
var text = string.Format("{0}月の平均気温は、{1}度でした。",
                         month, temperature);
Console.WriteLine(text);
```
❼

028

021 切り捨て、切り上げをしたい

Syntax

- Math.Floorメソッド

```
public static double Floor(double d);
public static decimal Floor(decimal d);
```

- Math.Ceilingメソッド

```
public static double Ceiling(double d);
public static decimal Ceiling(decimal d);
```

double型やdecimal型の数値の小数点以下を切り捨てるには、Math.Floorメソッドを利用します。
小数点以下を切り上げるには、Math.Ceilingメソッドを利用します。

■ Recipe_021/Program.cs ❺

```
using System;

var num = 97.7454;
// 切り捨て
var floor = Math.Floor(num);
Console.WriteLine(floor);
// 切り上げ
var ceiling = Math.Ceiling(num);
Console.WriteLine(ceiling);
```

▼ 実行結果

```
97
98
```
❻

― 発展

Math.Truncateという切り捨てを行うメソッドもあります。このメソッドは、マイナスの値のときに、Math.Floorと異なった動きをします。Floorメソッドはより小さな整数に丸めるのに対し、Truncateメソッドはより大きな整数に丸めます。例えば-2.5の場合は、Floorでは-3、Truncateでは-2になります。 ❽

049

---

❺ ファイル名

サンプルファイルとして提供しているコードのファイル名を示しています。

❻ 実行結果・実行例

C#コードを実行したときの結果や例を示しています。コードを実行したとき、同じ結果が得られるものは「実行結果」、環境や入力によって得られる結果が異なるものは「実行例」として分けています。
入力が必要な箇所は、⏎記号で表しています。

❼ 補足

テクニックに関連する補足情報です。

❽ 発展

テクニックをさらに深めるための発展情報です。

サンプルファイルについて

本書掲載の多くのテクニックは、サンプルファイルを用意しています。
以下の技術評論社Webサイトからダウンロード方法を確認してください。

URL https://gihyo.jp/book/2021/978-4-297-12265-2/support

CONTENTS

Chapter 3　文字列処理 063

^{Chapter} **4 日付時刻処理** **097**

^{Chapter} **5 コレクション** **119**

Chapter **6** クラスと構造体の基礎　　**155**

Chapter 7 列挙型　　　　　　　　　　　　　　181

Chapter 8 nullを扱う　　　　　　　　　　　　191

Chapter **9** LINQ   **201**

<p>**Chapter 10 例外処理と後処理**   **263**</p>

Chapter **14** 並列処理と非同期処理 **359**

Chapter 23 ExcelとWord 627

Chapter 24 単体テスト 659

Chapter **25** 落穂拾い **691**

基本文法

Chapter

1

様々な型のローカル変数を宣言したい

- 型名を明示した変数の宣言と初期化

  変数の型名　変数名　=　初期値;

- 暗黙的に型指定される変数の宣言と初期化

  var　変数名　=　初期値;

　　C#でローカル変数を宣言するには、型名を明示する書き方と、varキーワードを利用する書き方のふたつがあります。

　　型名を明示する場合は、初期値を省略することができますが、初期化しないまま変数を利用することはできませんので、可能な限り初期値を指定するようにします。

　　varキーワードを利用する場合は、初期値の型から自動的に型が決定されます。数値リテラルで初期化する場合はサフィックスを使い数値の型を明示することが可能です。なおサフィックスが用意されていない型もありますので注意が必要です。数値型のサイズとサフィックスについては表「数値の型と有効範囲」をご覧ください。

■ **Recipe_001/Program.cs（型名を明示）**

```csharp
using System;

char ch = 'A';
bool isEmpty = true;
short month = 12;
int temperature = 1;
uint pageNumber = 100;
long count = 500;
double weight = 52.8;
decimal money = 3_410_000;
string message = "hello world.";
DateTime birthdate = new DateTime(1998, 6, 19);
```

■ **Recipe_001／Program.cs（varキーワード利用）**

```
using System;

var ch = 'A';
var isEmpty = true;
var month = (short)12;    // キャスト式を使い型を指定する
var temperature = 1;
var pageNumber = 100U;
var count = 500L;
var weight = 52.8;
var money = 3_410_000M;
var message = "hello world.";
var birthdate = new DateTime(1998, 6, 19);
```

■ 発展

　C#7.0で数値リテラルの桁区切り記号として「_」が導入されました。桁区切り記号は定数のどこにでも置くことができます。これにより可読性を向上させることが可能です。
　上記の例では、3桁ごとに「_」を使いましたが、以下のように4桁区切りにもできます。

```
var money = 341_0000M;
```

● **数値の型と有効範囲**

型/キーワード	範囲	サイズ	サフィックス
sbyte	-128〜127	1バイト	なし
byte	0〜255	1バイト	なし
short	-32,768〜32,767	2バイト	なし
ushort	0〜65,535	2バイト	なし
int	-2,147,483,648〜2,147,483,647	4バイト	なし
uint	0〜4,294,967,295	4バイト	U
long	-9,223,372,036,854,775,808〜9,223,372,036,854,775,807	8バイト	L
ulong	0〜18,446,744,073,709,551,615	8バイト	UL
float	$\pm1.5\times10^{-45}$〜$\pm3.4\times10^{38}$（6〜9桁）	4バイト	F
double	$\pm5.0\times10^{-324}$〜$\pm1.7\times10^{308}$（〜15〜17桁）	8バイト	D
decimal	$\pm1.0\times10^{-28}$〜$\pm7.9228\times10^{28}$（28〜29桁）	16バイト	M

002 constキーワードで定数を利用したい

● 定数の定義

```
const 型名 変数名 = 定数リテラル;
```

定数を定義するには、constキーワードを用います。通常の変数宣言の前にconstキーワードを付けることで定数となります。定数はその名のとおり値を変更することはできません。

■ Recipe_002/Program.cs

```csharp
using System;

// 定数を宣言する（const）
const string message = "hello world.";
const double pi = 3.14;

// 定数を参照する
Console.WriteLine(message);
Console.WriteLine(pi);

// 値を変更することはできないため、以下のコードはコンパイルエラーになる
// pi = 3.14142;
```

▼ 実行結果

```
hello world.
3.14
```

003 文字列リテラルで改行コードや タブコードを記述したい

● 文字列のエスケープシーケンス

```
"……\<記号>……"
```

改行コードやタブ記号などアルファベットや数字では表すことのできない文字を文字列リテラルに含めるには、エスケープシーケンスを利用します。

ダブルクォーテーション (") など文法上特殊な意味を持つ文字を表す際もエスケープシーケンスを利用できます。

\と記号の組み合わせでエスケープシーケンスを表すことができます。利用できるエスケープシーケンスは表「エスケープシーケンス」に記載しています。

■ Recipe_003/Program.cs

```csharp
using System;

var text1 = "code\tname\nMSFT\tMicrosoft";
Console.WriteLine(text1);

var text2 = "\"Microsoft Azure\" is cloud computing services";
Console.WriteLine(text2);

var text3 = "\u03A9 \u00A3 \x3A9 \xa3";
Console.WriteLine(text3);
```

▼ 実行結果

```
code    name
MSFT    Microsoft
"Microsoft Azure" is cloud computing services
Ω £ Ω £
```

文字列リテラルで改行コードやタブコードを記述したい

● エスケープシーケンス

エスケープシーケンス	表す文字
\'	単一引用符
\"	二重引用符
\\	バックスラッシュ（¥記号）
\0	Null
\a	警告
\b	バックスペース
\f	フォームフィード
\n	改行
\r	キャリッジリターン
\t	水平タブ
\v	垂直タブ
\u	Unicodeエスケープシーケンス（UTF-16）
\x	"\u"に類似したUnicodeエスケープシーケンス（可変長）

バックスラッシュ(\)は、利用するフォントによっては¥記号となります。

004 逐語的リテラル文字列を利用したい

Syntax

● 逐語的リテラル文字列

@"……"

　バックスラッシュ（利用するフォントによっては¥記号）を含む文字列（ファイルパスなど）の場合は、使いやすさと読みやすさを考慮して、逐語的リテラル文字列を使用します。逐語的リテラル文字列では文字列の中のエスケープ処理を行いません。

　逐語的リテラル文字列の中ではバックスラッシュが特殊な意味を持たなくなるため、ファイルパスや正規表現などの記述に便利です。

　また、文字列の一部として改行コードを保持するため、複数の行を持つ文字列の初期化に利用できます。

■ Recipe_004/Program.cs

```
using System;

var path1 = @"C:\Temp\example.txt";
var path2 = "C:\\Temp\\example.txt";

Console.WriteLine(path1);
Console.WriteLine(path2);

var text = @"おはよう
こんにちは
こんばんは";
Console.WriteLine(text);
```

▼ 実行結果

```
C:\Temp\example.txt
C:\Temp\example.txt
おはよう
こんにちは
こんばんは
```

005 文字列補間を使い 文字列を整形したい

Syntax

● 文字列補間

$"……{式}……"

文字列補間を利用すると、文字列リテラル内に埋め込まれたプレースホルダー（{}で囲んだ部分）が示す式を実行時に評価し、そのプレースホルダーを式の値で置き換えることができます。

文字列補間は、String.Formatメソッドと同等の結果を得ることができますが、String.Formatメソッドよりも視覚的にわかりやすいコードにすることができます。

■ Recipe_005/Program.cs

```
using System;

var temperature = 28.6;
var month = 7;
var text = $"{month}月の平均気温は、{temperature}度でした。";
Console.WriteLine(text);
```

▼ 実行結果

```
7月の平均気温は、28.6度でした。
```

補足

文字列補間の機能はC#6.0で導入されたものです。C#5.0以前は、以下のようにString.Formatを利用します。文字列補間を使った上記コードと同じ結果が得られます。

```
using System;

var temperature = 28.6;
var month = 7;
var text = string.Format("{0}月の平均気温は、{1}度でした。",
                          month, temperature);
Console.WriteLine(text);
```

006 if文で条件分岐処理を書きたい

● if文（elseなし）

```
if (条件式)
{
    then-statement
}
```

● if文（elseあり）

```
if (条件式)
{
    then-statement
}
else
{
    else-statement
}
```

if文を使うことで処理を分岐させることができます。if文は上記ふたつの書き方があります。then-statementは条件式がtrueのときに実行されます。else-statementは条件式がfalseのときに実行されます。

■ Recipe_006/Program.cs（if文 elseなし）

```csharp
using System;

var number = 10;
if (number > 0)
{
    Console.WriteLine("numberは正の数です");
}
```

▼ 実行結果

```
numberは正の数です
```

■ Recipe_006/Program.cs（if文 elseあり）

```
using System;

var number = 1;
if (number == 0)
{
    Console.WriteLine("numberは0です");
}
else
{
    Console.WriteLine("numberは0以外です");
}
```

▼ 実行結果

```
numberは0以外です
```

007 if文で多分岐処理を書きたい

Syntax

● else-if文

```
if (条件式1)
{
    statement1
}
else if (条件式2)
{
    statement2
}
else if (条件式3)
{
    statement3
}
else
{
    statement4
}
```

if文（elseあり）を多段階に処理させることで、条件に応じて処理を多分岐させることができます。これをelse-if文と呼ぶこともあります。

■ Recipe_007/Program.cs

```
using System;

var number = 1;
if (number == 0)
{
    Console.WriteLine("numberは0です");
}
else if (number > 0)
{
```

```
        Console.WriteLine("numberは正の数です");
}
else
{
        Console.WriteLine("numberは負の数です");
}
```

▼ 実行結果

```
numberは正の数です
```

008 switch文で 多分岐処理を書きたい

● switch文

```
switch (式)
{
    case 値1:
        処理1
        break;
    case 値2:
        処理2
        break;
    default: // どのcaseラベルとも一致しない場合の処理
        処理3
        break;
}
```

　switch文を使うことで、式の値に応じて処理を多分岐させることができます。defaultブロックは省略が可能です。
　以下のコードでは変数sizeの値により処理を分岐させ、message変数に値を代入しています。

■ Recipe_008/Program.cs

```
using System;

var size = "M";
string message;
switch (size)
{
    case "S":
        message = "サイズはSです";
        break;
    case "M":
        message = "サイズはMです";
        break;
```

〜〜

```
                        ⟩⟩
    case "L":
        message = "サイズはLです";
        break;
    default:
        message = "サイズはそれ以外です";
        break;
}
Console.WriteLine(message);
```

▼ 実行結果

```
サイズはMです
```

(関連項目)

▶▶204 switch式を利用したい

009

AND ORなどの
条件論理演算をしたい

Syntax

● 条件論理演算子

```
論理式1 && 論理式2
論理式1 || 論理式2
```

AND論理演算（論理積）を行いたい場合は&&演算子、OR論理演算（論理和）を行いたい場合は||演算子を使います。

これらふたつの演算子は、左側の論理式が先に評価され、必要な場合にのみ右側の論理式が評価されます。以下のサンプルコードを例にとると、numが13だった場合は、左側の（num % 2 == 0）が評価された時点で式全体がfalseであることが確定します。そのため右側のnum < 0が評価されることはありません。

■ Recipe_009/Program.cs

```csharp
using System;

var num = -14;
var isEvenAndMinus = (num % 2 == 0) && num < 0;
if (isEvenAndMinus)
{
    Console.WriteLine($"{num}は偶数かつマイナスです");
}
var weather = "曇り";
if (weather == "曇り" || weather == "晴れ")
{
    Console.WriteLine("買い物に行きます");
}
```

▼ 実行結果

```
-14は偶数かつマイナスです
買い物に行きます
```

010 条件に応じて値を変えたい（条件演算子?:）

Syntax

● 条件演算子

条件式 ? 式1 : 式2

条件演算子?:は、条件式の結果に応じてふたつの式のいずれかの結果を返します。条件式がtrue
の場合は式1の結果が、falseの場合は式2の結果がその演算の結果になります。三項演算子とも呼
ばれています。

条件式の真偽値により値を変えたい場合は、条件演算子?:を使うと、if-else文を使うよりも簡潔な
コードにできます。

■ Recipe_010/Program.cs

```csharp
using System;

var number = -8;
var message = number > 0 ? "0より大きな数です" : "0以下です";
Console.WriteLine(message);

var ext = "cs";
var message2 = ext == "cs" ? "C#のファイルです" : "C#以外のファイルです";
Console.WriteLine(message2);
```

▼ 実行結果

```
0以下です
C#のファイルです
```

011 ある値を他の型に型変換 (キャスト) したい

● キャスト式

(型名)式

ある値を他の型に変換したい場合にはキャスト式を利用します。()の中に変換後の型を書き、続けて変換したい式 (たいていは変数名) を書くことで型変換をすることができます。

ただし、キャスト式を使って文字列を数値に変換したり、数値を文字列に変換することはできません。

以下の例は、double型をlong、int、short、decimalに型変換する例です。

■ Recipe_011/Program.cs

```csharp
using System;

double dblValue = 75.32;
long longValue = (long)dblValue;
int intValue = (int)dblValue;
short shortValue = (short)dblValue;
decimal decimalValue = (decimal)dblValue;

Console.WriteLine(longValue);
Console.WriteLine(intValue);
Console.WriteLine(shortValue);
Console.WriteLine(decimalValue);
```

▼ 実行結果

```
75
75
75
75.32
```

012 for、while、do-while文で 繰り返し処理を記述したい

Syntax

● for文

```
for （初期化式; 条件式; 更新式）
{
    実行文;
}
```

● while文

```
while （条件式）
{
    実行文;
}
```

● do-while文

```
do
{
    実行文;
} while （条件式）;
```

　C#では、for文、while文、do-while文という繰り返し文が用意されています。いずれも、条件式が真の間繰り返しが行われます。

　for文では繰り返しを開始する前に初期化式を実行し、条件式が成り立つ間繰り返しを行います。実行文が終わると更新式が実行されます。主にN回繰り返す処理に利用されます。

　while文は条件式が成り立つ間、実行文を実行します。最初に条件式が不成立だと1回も実行文は実行されません。while文は何回繰り返すかわからない場合によく利用されます。

　do-while文は条件式が成り立つ間実行文を実行します。最低1回は実行文が処理されます。do-while文は最低でも1回は処理を行いたい場合に利用されます。

　以下に3つの繰り返しのサンプルコードを示します。どれも、1から100までの整数を足し、その結果を表示しています。3つのサンプルコードは、ともに同じ実行結果となります。

■ Recipe_012/Program.cs (for文)

```csharp
using System;

var sum = 0;
for (var n = 1; n <= 100; n++)
{
    sum += n;
}
Console.WriteLine(sum);
```

■ Recipe_012/Program.cs (while文)

```csharp
using System;

var sum = 0;
var n = 0;
while (n <= 100)
{
    sum += n;
    n++;
}
Console.WriteLine(sum);
```

■ Recipe_012/Program.cs (do-while文)

```csharp
using System;

var sum = 0;
var n = 0;
do
{
    sum += n;
    n++;
} while (n <= 100);
Console.WriteLine(sum);
```

▼ 実行結果

```
5050
```

（ 関連項目 ）

▶▶013 foreachでコレクションの要素を順に処理したい

013

foreachでコレクションの要素を順に処理したい

Syntax

- foreach文

```
foreach (var 要素 in コレクション)
{
    // …… (要素に対する処理)
}
```

　配列やList<T>などIEnumerable<T>インターフェイスを実装している型では、foreach文を使用し、要素をひとつずつ取り出し順に処理をすることができます。

■ Recipe_013/Program.cs

```
using System;

var nums = new int[] { 1,3,5,7,9 };
var sum = 0;
foreach (var n in nums)
{
    sum += n;
}
Console.WriteLine(sum);
```

▼ 実行結果

```
25
```

　配列やList<T>などのコレクションの詳しい使い方のサンプルコードは「Chapter5　コレクション」で示しています。

014 繰り返しの途中で処理を スキップし次の繰り返しに 移りたい

while文などの繰り返し文の中でcontinue文を使うと、現在の繰り返しの処理をスキップし、次の繰り返し処理に移ることができます。

以下に示したサンプルコードは、while文での例ですが、for文、do-while文、foreach文でも、continue文を使うことができます。

■ Recipe_014/Program.cs

```csharp
using System;

var count = 0;
var text = "";
while (count < 4)
{
    var s = Console.ReadLine();
    if (string.IsNullOrEmpty(s))
    {
        continue;
    }
    text += s;
    count++;
}
// 入力した文字列をつなげて、ひとつの文字列として返します
Console.WriteLine(text);
```

実行例

```
おはよう ⏎
こんにちは ⏎
こんばんは ⏎
⏎
さようなら ⏎
おはようこんにちはこんばんはさようなら
```

015 繰り返し処理を中断したい

while文などの繰り返し文の中でbreak文を使うと、繰り返しを中断し、繰り返しから抜け出すことができます。

以下のサンプルコードはwhile文での例ですが、for文、do-while文、foreach文でも、break文を使うことができます。

■ Recipe_015/Program.cs

```
using System;

while (true)
{
    var s = Console.ReadLine();
    if (string.IsNullOrEmpty(s))
    {
        // 空行を入れるとループを中断します
        Console.WriteLine("ループを中断します");
        break;
    }
    Console.WriteLine(s);
}
```

実行例

```
おはよう ⏎
おはよう
こんにちは ⏎
こんにちは
こんばんは ⏎
こんばんは
⏎
ループを中断します
```

数値演算

Chapter

2

016 数値の加減乗除および剰余を求めたい

Syntax

● 算術演算子

書式	意味
x + y	加算
x - y	減算
x * y	乗算
x / y	除算
x % y	剰余

　数値演算で加減乗除および剰余を求めるには、上記の表に示すとおり、+、-、*、/、%演算子を使います。

■ Recipe_016/Program.cs

```
var num1 = 10;
var num2 = 20;
var sum = num1 + num2;       // 加算 30
var diff = num1 - num2;      // 減算 -10
var product = num1 * num2;   // 乗算 200
var average = sum / 2;       // 除算 15
var remainder = num1 % 3;    // 剰余 1
```

017 インクリメント演算子 (++)、デクリメント演算子 (--) を使いたい

Syntax

● インクリメント、デクリメント演算子

書式	演算子名	意味
++x	前置インクリメント演算子	xを1加算（演算後の値が式の値になる）
x++	後置インクリメント演算子	xを1加算（演算前の値が式の値になる）
--x	前置デクリメント演算子	xを1減算（演算後の値が式の値になる）
x--	後置デクリメント演算子	xを1減算（演算前の値が式の値になる）

インクリメント演算子は、上記の表に示すとおり、演算子をオペランド（式を構成する要素のうち演算子でない要素）の前に置く書式とオペランドの後ろに置く書式のふたつがあります。

ともにオペランドの値に1を加えますが、式が返す値に違いがあります。前置インクリメント演算子の場合は、1を加えた後の値が式の値となります。一方、後置インクリメント演算子の場合は、1を加える前の値が式の値となります。

デクリメント演算子も、インクリメント演算子と同様に、前置デクリメント演算子と後置デクリメント演算子があります。

■ Recipe_017/Program.cs

```csharp
using System;

var num = 10;
Console.Write($"{++num}");
Console.WriteLine($" {num}");
num = 10;
Console.Write($"{num++}");
Console.WriteLine($" {num}");
num = 10;
Console.Write($"{--num}");
Console.WriteLine($" {num}");
num = 10;
Console.Write($"{num--}");
Console.WriteLine($" {num}");
```

▼ 実行結果

```
11 11
10 11
9 9
10 9
```

018

intやdoubleの最小値、最大値を求めたい

- Int32.MinValue/MaxValueフィールド

```
public const int MinValue = -2147483648;
public const int MaxValue = 2147483647;
```

- Double.MinValue/MaxValueフィールド

```
public const double MinValue = -1.7976931348623157E+308;
public const double MaxValue = 1.7976931348623157E+308;
```

　int型やdouble型の最小値、最大値を求めたい場合は、MinValue、MaxValueフィールドを使います。long、float、decimalなどの型にもMinValue、MaxValueフィールドが存在します。

■ Recipe_018/Program.cs

```
using System;

int intmax = int.MaxValue;
int intmin = int.MinValue;
double doublemax = double.MaxValue;
double doublemin = double.MinValue;

Console.WriteLine(intmax);
Console.WriteLine(intmin);
Console.WriteLine(doublemax);
Console.WriteLine(doublemin);
```

▼ 実行結果

```
2147483647
-2147483648
1.7976931348623157E+308
-1.7976931348623157E+308
```

019 絶対値を求めたい

● Math.Absメソッド

```
public static short Abs(short value);
public static int Abs(int value);
public static long Abs(long value);
public static float Abs(float value);
public static double Abs(double value);
public static decimal Abs(decimal value);
```

　数値の絶対値を求めるには、Math.Absメソッドを利用します。Math.Absメソッドの戻り値は、必ず0以上となります。
　サンプルコードは、double型のAbsメソッドを利用した例です。

■ Recipe_019/Program.cs

```csharp
using System;

var num = -97.1;
var abs = Math.Abs(num);
Console.WriteLine(abs);
```

▼ 実行結果

```
97.1
```

020 べき乗を求めたい

● Math.Powメソッド

```
public static double Pow(double x, double y);
```

　べき乗は、あるひとつの数同士を繰り返し掛け合わせる操作のことです。Math.Powメソッドを利用することで、べき乗の計算を行うことができます。

　サンプルコードでは10の4乗を求めています。

■ Recipe_020/Program.cs

```
using System;

var num = 10;
var pow = Math.Pow(num, 4);
Console.WriteLine($"{pow:#,0}");
```

▼ 実行結果

```
10,000
```

021 切り捨て、切り上げをしたい

● Math.Floorメソッド

```
public static double Floor(double d);
public static decimal Floor(decimal d);
```

● Math.Ceilingメソッド

```
public static double Ceiling(double d);
public static decimal Ceiling(decimal d);
```

double型やdecimal型の数値の小数点以下を切り捨てるには、Math.Floorメソッドを利用します。小数点以下を切り上げるには、Math.Ceilingメソッドを利用します。

■ Recipe_021/Program.cs

```csharp
using System;

var num = 97.7454;
// 切り捨て
var floor = Math.Floor(num);
Console.WriteLine(floor);
// 切り上げ
var ceiling = Math.Ceiling(num);
Console.WriteLine(ceiling);
```

▼ 実行結果

```
97
98
```

━ 発展

Math.Truncateという切り捨てを行うメソッドもあります。このメソッドは、マイナスの値のときに、Math.Floorと異なった動きをします。Floorメソッドはより小さな整数に丸めるのに対し、Truncateメソッドはより大きな整数に丸めます。例えば-2.5の場合は、Floorでは-3、Truncateでは-2になります。

022

指定した位置で切り捨て、切り上げをしたい

　指定した位置で切り捨てをするには、Math.Floorメソッドとべき乗を求めるMath.Powメソッドを併用します。切り上げの場合は、Math.CeilingメソッドとMath.Powメソッドを併用します。

　例えば、小数点以下3桁を切り捨てて小数点以下2桁までの数値にしたい場合には、切り捨てしたい値を100倍し、Floorメソッドで切り捨て処理を行ってから100分の1します。

　サンプルコードでは、小数点以下第2位まで求める際にMath.Powメソッドを使っています。

■ Recipe_022/Program.cs

```
using System;

var num = 97.7454;
var dp = 2;   // 小数点以下第2位まで求める
// 切り捨て
var floor = Math.Floor(num * Math.Pow(10, dp)) / Math.Pow(10, dp);
Console.WriteLine(floor);
// 切り上げ
var ceiling = Math.Ceiling(num * Math.Pow(10, dp)) / Math.Pow(10, 🔁
dp);
Console.WriteLine(ceiling);
```

▼ 実行結果

```
97.74
97.75
```

〔　関連項目　〕

▶▶020　べき乗を求めたい

▶▶021　切り捨て、切り上げをしたい

023 四捨五入したい

Syntax

● Math.Roundメソッド

```
public static double Round(double value, int digits,
                           MidpointRounding mode);
public static decimal Round(decimal value, int decimals,
                           MidpointRounding mode);
```

Math.Roundメソッドを使えば、指定した小数点の桁を四捨五入できます。

Math.Roundの第3引数modeに、MidpointRounding.AwayFromZeroを渡すことで、一般的な意味の四捨五入が行われます。第3引数にMidpointRounding.ToEvenを渡した場合には、数値がふたつの数値の中間に位置するときに最も近い偶数方向に丸められます。いわゆる銀行丸めといわれている方式です。

このふたつの違いがわかるようなサンプルコードを以下に示します。実行結果からもわかるように、MidpointRounding.ToEvenでは、丸める値が5の場合は偶数になるように丸められています。

■ Recipe_023/Program.cs

```
using System;

var nums = new double[] { 2.13, 2.14, 2.15, 2.16,
                          2.23, 2.24, 2.25, 2.26 };
foreach (var n in nums)
{
    var round1 = Math.Round(n, 1, MidpointRounding.AwayFromZero);
    var round2 = Math.Round(n, 1, MidpointRounding.ToEven);
    Console.WriteLine($"{n:#.#0} : {round1:#.0},  {round2:#.0}");
}
```

▼ 実行結果

```
2.13 : 2.1,  2.1
2.14 : 2.1,  2.1
2.15 : 2.2,  2.2
2.16 : 2.2,  2.2
2.23 : 2.2,  2.2
2.24 : 2.2,  2.2
2.25 : 2.3,  2.2
2.26 : 2.3,  2.3
```

　左側がMidpointRounding.AwayFromZeroの結果、右側がMidpointRounding.ToEvenの結果です。2.25の時の結果が異なっている点に注目してください。

024 数値演算時の オーバーフローを検知したい

C#の既定の動作では、数値演算のオーバーフローを検出しません。オーバーフローを検出するには、checkedキーワードを利用します。これによりオーバーフロー例外（OverflowException）を検知することが可能になります。

checkedブロックまたはchecked式のふたつの書き方があります。単一の式のオーバーフローを検知したい場合には、checked式が利用できます。

■ Recipe_024/Program.cs（checkedブロック）

```csharp
using System;

try
{
    var num = int.MaxValue - 5;
    checked
    {
        num += 6;
    }
    Console.WriteLine (num);
}
catch (OverflowException e)
{
    Console.WriteLine (e.Message);
}
```

■ Recipe_024/Program.cs（checked式）

```csharp
using System;

try
{
    var num = int.MaxValue - 5;
    num = checked (num + 6);
    Console.WriteLine (num);
}
```

```
catch (OverflowException e)
{
    Console.WriteLine (e.Message);
}
```

ふたつのサンプルコード（checkedブロック、checked式）は、ともに同じ実行結果が得られます。

▼ 実行結果

```
Arithmetic operation resulted in an overflow.
```

025 ふたつの浮動小数点数が等しいか比較したい

　浮動小数点数は小数を2進数の分数として表現するため、10進数の小数を正確に表現できない場合があります。そのため、ふたつの浮動小数点数が等しいかどうかを比較する場合は、==演算子を使うべきではありません。0.0かどうかを判定する場合も同様です。

　このような場合によく利用される手法は、ふたつの数値の差（絶対値）が非常に小さな値よりも小さければ等しいとみなすことです。どれくらい小さな値にするのかは難しい問題です。小さすぎると等しいと判断できませんので注意が必要です。

　サンプルコードは、0.01を100回足した値が、1.0と等しいかどうかを判定しているコードです。==演算子では等しくないと判断されます。一方、カスタムメソッドDoubleEqualsを使うと1.0と等しいと判断してくれます。

■ Recipe_025/Program.cs

```
using System;

var d = 0.0;
for (int i = 0; i < 100; i++)
{
    d += 0.01;
}
// == で比較
Console.WriteLine(d == 1.0 ? "等しい" : "等しくない");
// 作成したメソッドで比較
Console.WriteLine(DoubleEquals(d, 1.0) ? "等しい" : "等しくない");

// ふたつのdoubleが等しいかを調べるメソッド
static bool DoubleEquals(double a, double b)
{
    var difference = a * 1.0E-14;
    return Math.Abs(a - b) <= difference;
}
```

▼ 実行結果

```
等しくない
等しい
```

026 ランダムな値を生成したい

Syntax

● Random.Nextメソッド

```
public virtual int Next(int minValue, int maxValue);
```

● Random.NextDoubleメソッド

```
public virtual double NextDouble();
```

　System.RandomクラスのNextメソッドを利用することで、ランダムな整数値を生成することができます。Nextメソッドの引数には、返される乱数の下限値と排他的上限値（指定した値は含まない）を指定します。

　double型の乱数を生成するには、NextDoubleメソッドを利用します。NextDoubleは、0.0以上1.0未満のランダムな浮動小数点数を返します。

　Randomクラスのインスタンスを生成する際は、通常は引数なしのコンストラクターを利用します。コンストラクターに引数としてシード値（int型）を与えることも可能です。同じシード値を与えれば同じ数値が生成されます。

■ Recipe_026/Program.cs（Nextメソッドの例）

```
using System;

var rnd = new Random();
for (int i = 0; i < 5; i++)
{
    var n = rnd.Next(0, 10);
    Console.Write($"{n}, ");
}
Console.WriteLine();
```

実行例

```
8, 1, 3, 7, 5
```

■ Recipe_026/Program.cs（NextDoubleメソッドの例）

```
using System;

var rnd = new Random();
for (int i = 0; i < 5; i++)
{
    var n = rnd.NextDouble();
    Console.WriteLine(n);
}
```

実行例

```
0.9229162530614604
0.714726049320179
0.7038323281816358
0.6470990048940755
0.5385665011306138
```

発展

　より精度の高い乱数が必要な場合は、RandomNumberGeneratorクラスを利用します。以下にランダムな整数を生成する例を示します。

■ Recipe_026/Program.cs

```
using System;
using System.Security.Cryptography;

for(var i = 0; i < 5; i++){
    var n = RandomNumberGenerator.GetInt32(0, 10);
    Console.Write($"{n}, ");
}
Console.WriteLine();
```

027 ビット演算をしたい

Syntax

● ビット演算子

演算子	意味
~	ビット反転
&	ビットごとの論理積 (AND)
|	ビットごとの論理和 (OR)
^	ビットごとの排他的論理和 (XOR)
<<	左シフト
>>	右シフト

　上記の表で示した演算子を使うと、整数型またはchar型のオペランドに対してビットごとの演算または
シフト演算を行うことができます。

　サンプルコードで定義しているToBinaryメソッドは、ビットの状態がわかるように、整数値の下位16ビッ
トを2進数で表示するメソッドです。

■ Recipe_027/Program.cs

```csharp
using System;

static string ToBinary(int n)
{
    return Convert.ToString(n, 2).PadLeft(16, '0');
}

// 0b_xxxxの書き方はC#7.2以降で利用可能
ushort num1 = 0b_0000_0000_1111_1000;
ushort num2 = 0b_0000_0000_1001_1101;

var bitrev = (ushort)~num1;
Console.WriteLine($"ビット反転 \t{ToBinary(bitrev)}");

var bitor = num1 | num2;
Console.WriteLine($"ビット論理OR\t{ToBinary(bitor)}");
```

```
var bitand = num1 & num2;
Console.WriteLine($"ビット論理AND\t{ToBinary(bitand)}");
var bitxor = num1 ^ num2;
Console.WriteLine($"ビット論理XOR\t{ToBinary(bitxor)}");

var bitshift1 = num1 << 1;
Console.WriteLine($"ビット左シフト\t{ToBinary(bitshift1)}");

var bitshift2 = num1 >> 1;
Console.WriteLine($"ビット右シフト\t{ToBinary(bitshift2)}");
```

▼ 実行結果

ビット反転	1111111100000111
ビット論理OR	0000000011111101
ビット論理AND	0000000010011000
ビット論理XOR	0000000001100101
ビット左シフト	0000000111110000
ビット右シフト	0000000001111100

028 Nビット目をOn/Offしたい

整数のNビット目をOnにするには、ビット演算子の|と<<を利用します。一方、Nビット目をOffにするには、ビット演算子の&と~、<<を利用します。

■ Recipe_028/Program.cs

```csharp
using System;

static string ToBinary(int n)
{
    return Convert.ToString(n, 2).PadLeft(16, '0');
}

ushort num = 0b_0000_0011_0001_1000;

// 下位から6ビット目をOn（0ビット目から数える）
var n = 6;
var biton = num | 1 << n;
Console.WriteLine($"{n}ビット目をOn\t{ToBinary(biton)}");

// 下位から4ビット目をOff（0ビット目から数える）
var n2 = 4;
var bitoff = num & ~(1 << n2);
Console.WriteLine($"{n2}ビット目をOff\t{ToBinary(bitoff)}");
```

▼ 実行結果

```
6ビット目をOn    0000001101011000
4ビット目をOff   0000001100001000
```

〔 関連項目 〕

▶▶ 027 ビット演算をしたい

029 Nビット目の状態を調べたい

ビット演算子の&と<<を利用することで、Nビット目が1かどうかを調べることができます。

■ Recipe_029/Program.cs

```
using System;

ushort num = 0b_0000_0000_1011_1100;

// Nビット目が1かどうかを調べる
var n = 5;
var isOn = (num & 1 << n) != 0; // isOnはbool型
Console.WriteLine($"{n}ビット目がOnか {isOn}");
```

演算子&と演算子<<とでは、<<のほうが優先順位が高いため、1 << nの結果とnumとでビットごとの論理積が求められます。

優先順位が不安な時は、以下のようにカッコ()で優先順位を明示しても良いでしょう。

```
var isOn = (num & (1 << n)) != 0;
```

▼ 実行結果

```
5ビット目がOnか True
```

(関連項目)

▶▶027 ビット演算をしたい

文字列処理

030　文字列を数値に変換したい

Syntax

- Int32.Parseメソッド

```
public static int Parse(string s);
```

- Double.Parseメソッド

```
public static double Parse(string s);
```

- Int32.TryParseメソッド

```
public static bool TryParse(string s, out int result);
```

- Double.TryParseメソッド

```
public static bool TryParse(string s, out double result);
```

　数値を表す文字列をint型やdouble型などの数値に変換するには、ParseメソッドかTryParseメソッドを利用します。

　Parseメソッドは数値に変換できなかった場合に例外が発生します。一方TryParseメソッドは例外は発生しません。例外処理は速度的に不利になりますので、数値に変換できない可能性がある場合には、TryParseメソッドの利用が推奨されています。

　ここではintとdoubleについて取り上げましたが、short、long、float、decimalなど数値型には、すべて同様のメソッドが用意されています。

■ Recipe_030/Program.cs

```csharp
using System;

var str1 = "1.414";
var r = double.Parse(str1);
Console.WriteLine(r);
```

```
                             ⟩⟩
var str2 = "3.14";
if (double.TryParse(str2, out var pi))
{
    Console.WriteLine(pi);
}
```

▼ 実行結果

```
1.414
3.14
```

■ 発展

　カンマ付きの文字列を数値に変換したい場合は、オーバーロードされたもうひとつのParseメソッドか
TryParseメソッドを使います。

■ Recipe_030/Program.cs

```
using System;
using System.Globalization;

var num1 = int.Parse("-123,000",NumberStyles.AllowThousands |      ⤵
NumberStyles.AllowLeadingSign);
Console.WriteLine(num1);
var num2 = int.Parse(" -123,000 ",NumberStyles.Number);
Console.WriteLine(num2);
```

　NumberStyles.AllowThousandsは、桁区切りの記号が入った数値文字列も変換の対象になり
ます。NumberStyles.AllowLeadingSignは、先頭の符号付き数値文字列も対象になります。
　NumberStyles列挙型の主な値は以下の通りです。

● **NumberStyles列挙型の主なフィールド**

フィールド	意味
AllowDecimalPoint	小数点を使用できる
AllowExponent	指数表現を使用できる
AllowLeadingSign	数値文字列に先行する符号を使用できる
AllowLeadingWhite	先行する空白文字を無視する
AllowTrailingSign	数値文字列に後続する符号を使用できる
AllowTrailingWhite	後続する空白文字を無視する
AllowThousands	桁区切り文字を使用できる
Number	次の全てを使用できる AllowLeadingWhite, AllowTrailingWhite, AllowLeadingSign, AllowTrailingSign, AllowDecimalPoint, AllowThousands

031 数値を文字列に変換したい

Syntax

● ToStringメソッド

```
public override string ToString();
```

　int、long、doubleなどの数値を表す式に対してToStringメソッドを利用すると、式が表す数値をそれと等価な文字列にすることができます。
　intとdoubleの例を以下に示します。

■ Recipe_031/Program.cs

```
using System;

var n = 10;
string s1 = n.ToString();
Console.WriteLine(s1);

var f = 10.45;
string s2 = f.ToString();
Console.WriteLine(s2);
```

▼ 実行結果

```
10
10.45
```

032 書式を指定して整数を文字列に変換したい

Syntax

● ToStringメソッド

```
public string ToString(string format);
```

ToStringメソッドを利用すると、引数の書式に従って、short、int、doubleなどの数値を文字列にすることができます。

サンプルコードでは10個の書式の例を示しています。結果はコメントを見てください。

■ Recipe_032/Program.cs

```
var num1 = 1234567;
var str1 = num1.ToString("D");              // 1234567
var str2 = num1.ToString("E");              // 1.234567E+006
var str3 = num1.ToString("D10");            // 0001234567
var str4 = num1.ToString("0000000000");     // 0001234567
var str5 = num1.ToString("#,0");            // 1,234,567

var num2 = 123.45;
var str6 = num2.ToString("F");              // 123.45
var str7 = num2.ToString("E");              // 1.234500E+002
var str8 = num2.ToString("F4");             // 123.4500
var str9 = num2.ToString("00000.000");      // 00123.450
var str10 = num2.ToString("#,0.0");         // 123.5
```

String.Formatメソッドを使っても、同様の結果を得ることができます。

■ Recipe_032/Program.cs

```
var num1 = 1234567;
var str1 = string.Format("{0:D}", num1);      // 1234567
var str2 = string.Format("{0:E}", num1);      //
1.234567E+006
var str3 = string.Format("{0:D10}", num1);    // 0001234567
```

```
                              〉〉
var str4 = string.Format("{0:0000000000}", num1);   // 0001234567
var str5 = string.Format("{0:#,0}", num1);          // 1,234,567

var num2 = 123.45;
var str6 = string.Format("{0:F}", num2);            // 123.45
var str7 = string.Format("{0:E}", num2);            //
1.234500E+002
var str8 = string.Format("{0:F4}", num2);           // 123.4500
var str9 = string.Format("{0:00000.000}", num2);    // 00123.450
var str10 = string.Format("{0:#,0.00}", num2);      // 123.45
```

━ 発展

文字列補間を利用するとより簡潔に書くことが可能です。

■ Recipe_032/Program.cs

```
var num = 1234567;
var str1 = $"{num:D}";                 // 1234567
var str2 = $"{num:E}";                 // 1.234567E+006
var str3 = $"{num:D10}";               // 0001234567
var str4 = $"{num:0000000000}";        // 0001234567
var str5 = $"{num:#,0}";               // 1,234,567
var num2 = 123.45;
var str6 = $"{num2:F}";                // 123.45
var str7 = $"{num2:E}";                // 1.234500E+002
var str8 = $"{num2:F4}";               // 123.4500
var str9 = $"{num2:00000.000}";        // 00123.450
var str10 = $"{num2:#,0.00}";          // 123.45
```

033 数値を桁数を指定して 文字列化したい

● String.Formatメソッド

```
public static string Format(string format, params object[]? args);
```

String.Formatを利用することで、数値の左側に空白を入れ、指定した桁数の幅の文字列にすることができます。文字列補間を使っても同様の結果を得ることができます。

■ Recipe_033/Program.cs

```
using System;

// String.Formatの例
var num1 = 123456;
var num2 = 9876.5;
var str1 = string.Format("{0,10:#,0}", num1);
Console.WriteLine(str1);
var str2 = string.Format("{0,10:#,0.00}", num2);
Console.WriteLine(str2);

// 文字列補間の例
var str3 = $"{num1,10:#,0}";
Console.WriteLine(str1);
var str4 = $"{num2,10:#,0.00}";
Console.WriteLine(str4);
```

▼ 実行結果

```
   123,456
  9,876.50
   123,456
  9,876.50
```

034 文字列がnullまたは 空文字列であるか調べたい

Syntax

- String.IsNullOrEmptyメソッド

```
public static bool IsNullOrEmpty(string value);
```

- String.IsNullOrWhiteSpaceメソッド

```
public static bool IsNullOrWhiteSpace(string value);
```

　プログラムを組んでいると、文字列がnullか空文字列かを調べたいケースがよくあります。そのようなときは、String.IsNullOrEmptyメソッドを利用すると簡単です。また、String.IsNullOrWhiteSpaceメソッドを使えば、nullか空文字か空白文字列かを調べることができます。

■ Recipe_034/Program.cs

```csharp
using System;

var s = "";
if (string.IsNullOrEmpty(s))
    Console.WriteLine("null か 空文字列です");

var s2 = " ";
if (string.IsNullOrWhiteSpace(s2))
    Console.WriteLine("null か 空文字列 か 空白文字列です");
```

▼ 実行結果

```
null か 空文字列です
null か 空文字列 か 空白文字列です
```

035 文字列の中に指定した部分文字列があるか調べたい

Syntax

● String.Containsメソッド

```
public bool Contains(string value);
```

　String.Containsメソッドを利用することで、文字列内に指定した部分文字列が存在するかどうかを調べることができます。

■ Recipe_035/Program.cs

```
using System;

var quote = "Peace begins with a smile.";
var word = "smile";
var contains = quote.Contains(word);
Console.WriteLine($"'{word}'を含んでいま" + (contains ? "す" : "せん"));
```

▼ 実行結果

```
'smile'を含んでいます
```

036 文字列が指定した文字列で開始/終了しているかを調べたい

> Syntax

- String.StartsWithメソッド

```
public bool StartsWith(string value);
```

- String.EndsWithメソッド

```
public bool EndsWith(string value);
```

　String.StartsWithメソッドを利用すると、文字列が指定した部分文字列で開始しているかを調べることができます。String.EndsWithメソッドを利用すれば、指定した部分文字列で終了しているかを調べることができます。

■ Recipe_036/Program.cs

```
using System;

var s = "hello world.";
if (s.StartsWith("hello"))
    Console.WriteLine("helloで始まっています");

if (s.EndsWith("world."))
    Console.WriteLine("world.で終わっています");
```

▼ 実行結果

```
helloで始まっています
world.で終わっています
```

037 ふたつの文字列の先頭N文字が一致しているかを調べたい

Syntax

● String.Compareメソッド

```
public static int Compare(string strA, int indexA,
                          string strB, int indexB, int length);
```

　String.Compareメソッドを利用することで、ふたつの文字列の先頭N文字が一致しているかを調べることができます。N文字は第5引数で指定します。一致した場合は0が返ります。

　サンプルコードは、先頭10文字目までが一致しているかを調べています。

■ Recipe_037/Program.cs

```
using System;

var s1 = "The quick brown fox jumps over a lazy dog.";
var s2 = "The quick onyx goblin jumps over the lazy dwarf.";
if (string.Compare(s1, 0, s2, 0, 10) == 0)
    Console.WriteLine("先頭10文字目までは一致しています");
```

▼ 実行結果

```
先頭10文字目までは一致しています
```

038 大文字小文字を区別せずに ふたつの文字列を比較したい

● String.Equalsメソッド

```
public bool Equals(string value,
                   StringComparison comparisonType);
```

　ふたつの文字列を大文字と小文字を区別せずに比較するには、String.Equalsメソッドを利用します。引数comparisonTypeには、StringComparison.OrdinalIgnoreCaseを指定します。

■ Recipe_038/Program.cs

```
using System;

var s1 = "Hello World.";
var s2 = "HELLO WORLD.";
if (s1.Equals(s2, StringComparison.OrdinalIgnoreCase))
    Console.WriteLine("一致しています");
```

▼ 実行結果

```
一致しています
```

039 文字列の両端にある空白を取り除きたい

Syntax

● String.Trimメソッド

```
public string Trim();
```

● String.TrimStartメソッド

```
public string TrimStart();
```

● String.TrimEndメソッド

```
public string TrimEnd();
```

　文字列の両端にある空白を取り除くには、String.Trimメソッドを利用します。先頭だけ、末尾だけを対象にするString.TrimStartメソッド、String.TrimEndメソッドも用意されています。

■ Recipe_039/Program.cs

```
using System;

var word = " brown ";
var trimed = word.Trim();
var trimed2 = word.TrimStart();
var trimed3 = word.TrimEnd();
Console.WriteLine($"[{trimed}]");
Console.WriteLine($"[{trimed2}]");
Console.WriteLine($"[{trimed3}]");
```

▼ 実行結果

```
[brown]
[brown  ]
[  brown]
```

040 文字列の中で指定した部分文字列が最初に現れる位置を求めたい

Syntax

● String.IndexOfメソッド

```
public int IndexOf(string value);
```

String.IndexOfメソッドを利用することで、指定した部分文字列が文字列の中の何文字目かを調べることができます。

最初に見つかった位置が戻り値として返ります。位置は0から始まりますから、以下のサンプルコードでは6が表示されます。

■ Recipe_040/Program.cs

```
using System;

var s = "こんにちは、良い天気ですね。";
var index = s.IndexOf("良い天気");
Console.WriteLine(index);
```

▼ 実行結果

```
6
```

041

文字列から部分文字列を取得したい

Syntax

● String.Substringメソッド

```
public string Substring(int startIndex);
public string Substring(int startIndex, int length);
```

　String.Substringメソッドを利用することで、文字列から部分文字列を取り出すことができます。引数startIndexで文字列取得の開始位置を指定します。引数lengthは取り出す文字数です。lengthを指定しないと最後まで取り出します。

　サンプルコードは、「DOM: Document Object Model」という文字列の「: 」の前後の文字列を取り出し、変数leftとrightに代入しています。「: 」の位置はString.IndexOfメソッドで求めています。

■ Recipe_041/Program.cs

```
using System;

var s = "DOM: Document Object Model";
var index = s.IndexOf(": ");
var left = s.Substring(0, index);     // 第2引数は取り出す文字数
var right = s.Substring(index + 2); // 指定した位置から最後までを取り出す
Console.WriteLine($"{left} - {right}");
```

▼ 実行結果

```
DOM - Document Object Model
```

042 文字列から指定した範囲の文字を取り除きたい

Syntax

● String.Removeメソッド

```
public string Remove(int startIndex, int count);
```

　現在の文字列から指定した範囲の文字を取り除くには、String.Removeメソッドを利用します。

　サンプルコードは、先頭6文字目から3文字分を削除する例です。文字列の先頭文字は0文字目と数えますので、「今日は」が削除されます。

■ Recipe_042/Program.cs

```csharp
using System;

var text = "こんにちは、今日は良い天気ですね。";
var newtext = text.Remove(6, 3);
Console.WriteLine(text);
Console.WriteLine(newtext);
```

▼ 実行結果

```
こんにちは、今日は良い天気ですね。
こんにちは、良い天気ですね。
```

043 文字列の一部を別の 文字列に置き換えたい

Syntax

● String.Replaceメソッド

```
public string Replace(string oldValue, string newValue);
```

文字列の一部を別の文字列に置換するには、String.Replaceメソッドを利用します。String. Replaceメソッドは、第1引数で指定した文字列と一致した箇所をすべて第2引数の文字列に置き換えます。

■ Recipe_043/Program.cs

```
using System;

var text = "こんにちは、良い天気ですね。";
var newtext = text.Replace("良い天気", "暖かい日");
Console.WriteLine(text);
Console.WriteLine(newtext);
```

▼ 実行結果

```
こんにちは、良い天気ですね。
こんにちは、暖かい日ですね。
```

044 指定した位置に文字列を挿入したい

Syntax

- String.Insertメソッド

```
public string Insert(int startIndex, string value);
```

String.Insertメソッドを利用すると、文字列に別の文字列を挿入することができます。挿入する位置は0から始まります。startIndexに0を指定した場合は、先頭文字の前に文字列を挿入することになります。

■ Recipe_044/Program.cs

```
using System;

var text = "おはようございます。良い天気ですね。";
var newtext = text.Insert(10, "今日は");
Console.WriteLine(text);
Console.WriteLine(newtext);
```

▼ 実行結果

```
おはようございます。良い天気ですね。
おはようございます。今日は良い天気ですね。
```

045 文字列を大文字あるいは小文字に変換したい

Syntax

- String.ToUpperメソッド

  ```
  public string ToUpper();
  ```

- String.ToLowerメソッド

  ```
  public string ToLower();
  ```

文字列を大文字に変換するにはString.ToUpperメソッドを、小文字に変換するにはString.ToLowerメソッドを利用します。

■ Recipe_045/Program.cs

```csharp
using System;

var text = "Microsoft Windows";
var upper = text.ToUpper();   // 文字列を大文字に変換する
var lower = text.ToLower();   // 文字列を小文字に変換する
Console.WriteLine(text);
Console.WriteLine(upper);
Console.WriteLine(lower);
```

▼ 実行結果

```
Microsoft Windows
MICROSOFT WINDOWS
microsoft windows
```

補足

ToUpperメソッド、ToLowerメソッドはいわゆる全角文字も変換の対象です。そのため、textの文字列が、「Ｍｉｃｒｏｓｏｆｔ　Ｗｉｎｄｏｗｓ」だった場合は、以下のような結果が得られます。

▼ 実行結果

```
Ｍｉｃｒｏｓｏｆｔ　Ｗｉｎｄｏｗｓ
ＭＩＣＲＯＳＯＦＴ　ＷＩＮＤＯＷＳ
ｍｉｃｒｏｓｏｆｔ　ｗｉｎｄｏｗｓ
```

046 文字列の中の各文字を 1文字ずつ操作したい

string型は、IEnumerable<char>を実装していますので、foreach文を使って文字列の先頭から順に文字を取り出すことができます。

■ Recipe_046/Program.cs

```csharp
using System;

var s = "Hello world!";
foreach (var ch in s)
{
    Console.Write($"{ch}_");
}
Console.WriteLine();
```

▼ 実行結果

```
H_e_l_l_o_ _w_o_r_l_d_!_
```

補足

　このコードはほとんどの場合うまく働きますが、残念ながらサロゲートペアの文字にうまく対応できません。サロゲートペアの文字に対応するには、「055　サロゲートペア文字に対応した文字列処理を行いたい」を参照してください。

047 指定した文字数になるまで 文字列の先頭に 空白を埋め込みたい

Syntax

● String.PadLeftメソッド

```
public string PadLeft(int totalWidth);
```

String.PadLeftは、現在の文字列の先頭に空白を埋め込んだ文字列を作成します。PadLeftメソッドの引数には、空白を埋め込んだあとの文字列の長さを指定します。

サンプルコードでは、「12345」の左に5つの空白を埋め込み、全体で10文字の文字列を作成しています。

■ Recipe_047/Program.cs

```csharp
using System;

var s1 = "12345";
var s2 = s1.PadLeft(5 + s1.Length);
Console.WriteLine("<0123456789>");
Console.WriteLine($"<{s2}>");
```

▼ 実行結果

```
<0123456789>
<     12345>
```

048 文字列を指定した区切り文字で分割したい

Syntax

● String.Splitメソッド

```
public string[] Split(char[] separator, StringSplitOptions
options);
```

String.Splitメソッドを利用すると、文字列を指定した区切り文字で分割し、stringの配列に変換することができます。

区切り文字は、配列を渡すことで複数指定することが可能です。サンプルコードでは、英文を空白(' ')とピリオド('.')を区切り文字として分割しています。

引数にStringSplitOptions.RemoveEmptyEntriesを指定すると、空の要素を除外することができます。

■ Recipe_048/Program.cs

```csharp
using System;

var text = "Truth is stranger than fiction.";
var array = text.Split(
    new [] {' ', '.'}, StringSplitOptions.RemoveEmptyEntries);
foreach (var item in array)
{
    Console.WriteLine($"[{item}]");
}
```

▼ 実行結果

```
[Truth]
[is]
[stranger]
[than]
[fiction]
```

StringBuilderを使い複数の文字列を高速に連結したい

● StringBuilder.AppendLineメソッド

```
public StringBuilder AppendLine(string value);
```

● StringBuilder.ToStringメソッド

```
public override string ToString();
```

　StringBuilderクラスのAppendLineメソッドを利用することで、指定した文字列を効率よく連結することができます。連結の際には行末に改行コードを追加します。改行コードを追加したくない場合は、Appendメソッドを利用します。+演算子で文字列を連結するよりも高速に文字列を組み立てることができます。

　StringBuilderオブジェクトをstring型にするには、ToStringメソッドを利用します。

■ Recipe_049/Program.cs

```csharp
using System;
using System.Text;

var sb = new StringBuilder();
string[] strs =
{
    "色は匂へど　散りぬるを",
    "我が世誰ぞ　常ならむ",
    "有為の奥山　今日越えて",
    "浅き夢見じ　酔ひもせず"
};
foreach (var s in strs)
{
    sb.AppendLine(s);
}
var text = sb.ToString();
Console.Write(text);
```

▼ 実行結果

```
色は匂へど　散りぬるを
我が世誰ぞ　常ならむ
有為の奥山　今日越えて
浅き夢見じ　酔ひもせず
```

補足

　StringBuilderのコンストラクターでメモリに確保される初期サイズを指定することができます。操作する文字列の大体の長さがわかっている場合は、以下のようにサイズを指定することでより高速に処理できます。

```
var sb = new
StringBuilder(2000);
```

　Appendメソッド等でこのサイズを超えると、自動で追加のメモリが確保されます。

050 StringBuilderを使い 文字列の置換処理をしたい

Syntax

● **StringBuilder.Replaceメソッド**

```
public System.Text.StringBuilder Replace(string oldValue, string 🔁
newValue);
```

　StringBuilderクラスのReplaceメソッドを利用することで、指定した文字列をすべて別の文字列に置き換えることが可能です。通常のString.Replaceよりも高速に文字列の置換を行うことができます。ひとつの文字列に対して何回も置換処理を行いたい場合に利用します。

　以下のサンプルコードでは、3つの置換を行いその結果をString型に変換しています。

■ **Recipe_050/Program.cs**

```csharp
using System;
using System.Text;

var phrase = "The quick brown fox jumps over the lazy dog.";
var sb = new StringBuilder(phrase);
sb.Replace("fox", "hare");
sb.Replace("dog", "turtle");
sb.Replace("brown", "white");
var text = sb.ToString();
Console.WriteLine(text);
```

▼ **実行結果**

```
The quick white hare jumps over the lazy turtle.
```

051 文字列補間内で エスケープ文字を無効にしたい

逐語的文字列と文字列補間を一緒に利用することも可能です。ファイルパスや正規表現パターン文字列を組み立てる際に、文字列補間も使いたい場合に便利です。$@に続けて文字列リテラルを書くことで、逐語的文字列と文字列補間の機能を同時に利用することが可能です。

サンプルコードでは、通常の文字列補間の例も示すことでその違いがわかるようにしています。

■ Recipe_051/Program.cs

```csharp
using System;

var dirname = "chapter_1";
var path = $@"C:\Temp\{dirname}";
Console.WriteLine(path);
var path2 = $"C:\\Temp\\{dirname}";
Console.WriteLine(path2);
```

▼ 実行結果

```
C:\Temp\chapter_1
C:\Temp\chapter_1
```

052 コレクションの要素を指定した区切り文字で連結したい

● String.Joinメソッド

```
public static string Join<T>(
    char separator, IEnumerable<T> values);
```

　配列などのコレクションの要素を指定した区切り文字で連結するには、String.Join静的メソッドを利用します。

■ Recipe_052/Program.cs

```
using System;

var nums = new int[] { 123, 456, 789 };
var s = string.Join('-', nums);
Console.WriteLine(s);
var s2 = string.Join(',', nums);
Console.WriteLine(s2);
```

▼ 実行結果

```
123-456-789
123,456,789
```

053 文字列と文字配列を 相互変換したい

Syntax

● Enumerable.ToArray拡張メソッド

```
public static TSource[] ToArray<TSource>(
    this IEnumerable<TSource> source);
```

● Stringクラスのコンストラクター

```
public String(char[] value);
```

文字列を文字配列に変換するには、LINQのToArrayメソッドを利用します。一方、文字配列を文字列に変換するには、文字配列を引数に持つStringコンストラクターを利用します。

■ Recipe_053/Program.cs

```csharp
using System;
using System.Linq;

var str = "おはようございます。今日は寒いですね";
// 文字列を文字配列に変換する
char[] array = str.ToArray();
Console.WriteLine(string.Join("_", array));
// 文字配列を文字列に変換する
var newstr = new String(array);
Console.WriteLine(newstr);
```

▼ 実行結果

```
お_は_よ_う_ご_ざ_い_ま_す_。_今_日_は_寒_い_で_す_ね
おはようございます。今日は寒いですね
```

(関連項目)

▶▶144 シーケンスを配列やList<T>に変換したい (ToArray/ToList)

054 文字列とbyte配列を相互変換したい

Syntax

● Encoding.GetBytesメソッド

```
public virtual byte[] GetBytes(string s);
```

● Encoding.GetStringメソッド

```
public virtual string GetString(byte[] bytes);
```

　ネットワークなどの処理をしていると文字列をbyte配列に変換したい場合があります。そのようなとき
に利用するのが、Encoding.GetBytesメソッドです。Encodingオブジェクトの値（どの文字符号化
方式を使うのか）によってbyte配列の結果が変わってきます。
　byte配列を文字列に戻すには、Encoding.GetStringメソッドを利用します。このとき指定するエン
コーディングは、Encoding.GetBytesで指定したものと一致している必要があります。

■ Recipe_054/Program.cs

```
using System;
using System.Text;

var s = "おはようございます.";

// 文字列をbyte配列に変換
var bytes = Encoding.Unicode.GetBytes(s);
foreach (var b in bytes)
{
    Console.Write("{0:x2} ", b);
}
Console.WriteLine();

// byte配列を文字列に変換
var str = Encoding.Unicode.GetString(bytes);
Console.WriteLine(str);
```

文字列とbyte配列を相互変換したい

▼ 実行結果

```
4a 30 6f 30 88 30 46 30 54 30 56 30 44 30 7e 30 59 30 2e 00
おはようございます.
```

補足

Encoding.UTF8を指定した場合は、結果は以下のようになります。

▼ 実行結果

```
e3 81 8a e3 81 af e3 82 88 e3 81 86 e3 81 94 e3 81 96 e3 81
84 e3 81 be e3 81 99 2e
おはようございます.
```

055 サロゲートペア文字に対応した文字列処理を行いたい

　サロゲートペア文字に対応するには、System.Globalization名前空間のStringInfoクラスを利用します。

　ここではサロゲートペア文字を含んだ文字列に対し、以下のふたつのことを行うサンプルコードを示します。

1. **文字数を取得する**
2. **1文字ずつ文字を取り出して処理を行う**

■ Recipe_055/Program.cs

```
using System;
using System.Globalization;
using System.Collections.Generic;


var s = "丈土堅壌嬬叱妟";
StringInfo si = new StringInfo(s);
Console.WriteLine(si.LengthInTextElements);
foreach (var text in s.EnumTextElement())
{
    Console.WriteLine(text);
}


// yield returnを使ったイテレーターを定義（拡張メソッドとして定義）
public static class StringInfoExtensions
{
    public static IEnumerable<string> EnumTextElement(this string ⏎
s)
    {
        var enumerator = StringInfo.GetTextElementEnumerator(s);
        while (enumerator.MoveNext())
        {
            var text = enumerator.GetTextElement();
            yield return text;
        }
    }
}
```

▼ 実行結果

```
7
丈
土
堅
壥
嬬
叱
妛
```

補足

拡張メソッドについては、「179 拡張メソッドでクラスを拡張したい」の項目も参考にしてください。
yield returnについては、「190 yield構文を使いIEnumerable<T>を返すメソッドを定義したい」
の項目も参考にしてください。

（ 関連項目 ）

▶▶179 拡張メソッドでクラスを拡張したい

▶▶190 yield構文を使いIEnumerable<T>を返すメソッドを定義したい

056 カルチャに依存しない 文字列比較を行いたい

- String.Compareメソッド

```
public static int Compare(
    string strA, string strB, StringComparison comparisonType);
```

　文字列の==記号やEqualsメソッドによる等値比較は、StringComparison.Ordinalでの比較が行われますので、「Ｗｉｎｄｏｗｓ」と「Windows」は別の文字列として認識されます。

　一方、CompareメソッドやStartsWithメソッドは、カレントカルチャによる比較が行われます。そのため、「Ｗｉｎｄｏｗｓ」と「Windows」は同じ文字列と判断されます。

　これをカルチャに依存しない比較にしたい場合は、StringComparison.Ordinalを引数に渡します。StringComparison.OrdinalIgnoreCaseを渡せば、カルチャに依存せずかつ大文字と小文字の区別を無視して比較することも可能です。

　なお、Compareメソッドの戻り値はint型で、引数strAとstrBの並び順の大小を表す数値です。0ならば同じ並び順、負の値ならばstrAが前、正の値ならばstrAが後の並び順であることを意味します。実行結果の65248は正の値ですから、「Ｗｉｎｄｏｗｓ」が後の並び順になります。

■ **Recipe_056/Program.cs**

```
using System;
using System.Globalization;

var s1 = "Ｗｉｎｄｏｗｓ";
var s2 = "Windows";

Console.WriteLine(s1 == s2);
Console.WriteLine(s1.Equals(s2));
Console.WriteLine(String.Compare(s1, s2));
Console.WriteLine(String.Compare(s1, s2, StringComparison.
Ordinal));
Console.WriteLine("-----");
Console.WriteLine(s1.StartsWith("Win"));
Console.WriteLine(s2.StartsWith("Win"));
Console.WriteLine("-----");
```

〉〉

```
Console.WriteLine(s1.StartsWith("Win", StringComparison.Ordinal));
Console.WriteLine(s2.StartsWith("Win", StringComparison.Ordinal));
Console.WriteLine(
      s1.StartsWith("WIN", StringComparison.OrdinalIgnoreCase));
Console.WriteLine(
      s2.StartsWith("WIN", StringComparison.OrdinalIgnoreCase));
```

▼ 実行結果

```
False
False
0
65248
-----
True
True
-----
False
True
False
True
```

補足

2つの文字列が等価かどうかをテストするには、==演算子あるいはString.Equalsメソッドを使用するのが一般的です。String.Compareメソッドは、文字列を並べ替える場合に使用します。

関連項目

▸▸038 大文字小文字を区別せずにふたつの文字列を比較したい

日付時刻処理

Chapter

4

057 本日の日付や現在の時刻を取得したい

- DateTime.Todayプロパティ

```
public static DateTime Today { get; }
```

- DateTime.Nowプロパティ

```
public static DateTime Now { get; }
```

　本日の日付を取得するにはDateTime.Today静的プロパティ、現在の時刻を取得するには
DateTime.Now静的プロパティを使用します。

　この時に取得する現在の時刻はカルチャ(culture) に従っています。しかし、クラウドなどで実行する
プログラムは、カルチャを管理して行うよりも、固定した時刻でプログラミングしたほうが有利な場合があり
ます。その場合は、DateTime.UtcNow静的プロパティを使用すると、協定世界時で時刻を取得する
ことが出来ます。

■ Recipe_057/Program.cs

```
using System;

var today = DateTime.Today;
var now = DateTime.Now;
var utcnow = DateTime.UtcNow;
Console.WriteLine(today);
Console.WriteLine(now);
Console.WriteLine(utcnow);
```

実行例

```
2021/02/15 0:00:00
2021/02/15 20:57:04
2021/02/15 11:57:04
```

058 DateTimeオブジェクトから年月日時分秒ミリ秒を取り出したい

Syntax

● DateTime構造体の主要なプロパティ

プロパティ	型	意味
DateTime.Year	int	年を取得
DateTime.Month	int	月を取得
DateTime.Day	int	日を取得
DateTime.Hour	int	時間を取得
DateTime.Minute	int	分を取得
DateTime.Second	int	秒を取得
DateTime.Millisecond	int	ミリ秒を取得

　DateTimeオブジェクトから年月日時分秒ミリ秒を取り出すには、上記の表に示したプロパティを利用します。これらのプロパティは読み取り専用で値を変更することはできません。

■ Recipe_058/Program.cs

```
using System;

// 日付の年、月、日を取り出す
// 時刻の時間、分、秒、ミリ秒を取得する
var time = new DateTime(2020, 10, 4, 10, 23, 56, 210);
var year = time.Year;
var month = time.Month;
var day = time.Day;
var hour = time.Hour;
var minute = time.Minute;
var second = time.Second;
var millisecond = time.Millisecond;
Console.WriteLine(time);
Console.WriteLine($"{year}年");
Console.WriteLine($"{month}月");
Console.WriteLine($"{day}日");
```

〉〉

DateTimeオブジェクトから年月日時分秒ミリ秒を取り出したい

```
Console.WriteLine($"{hour}時");
Console.WriteLine($"{minute}分");
Console.WriteLine($"{second}秒");
Console.WriteLine($"{millisecond}ミリ秒");
```

▼ 実行結果

```
2020/10/04 10:23:56
2020年
10月
4日
10時
23分
56秒
210ミリ秒
```

補足

DateTimeオブジェクトを生成する際、以下のように存在しない日時を指定すると、ArgumentOutOfRangeException例外が発生します。

```
var time new DateTime(2021, 2, 31, 5, 57, 0);
```

059 曜日を取得したい

Syntax

● **DateTime.DayOfWeekプロパティ**

```
public DayOfWeek DayOfWeek { get; }
```

曜日を取得するには、DateTime.DayOfWeekプロパティを使用します。

DayOfWeekプロパティの型は、System.DayOfWeek列挙型です。DayOfWeek列挙型のメンバーは、Sunday、Monday、Tuesday、Wednesday、Thursday、Friday、Saturdayの7つです。整数に型変換する場合、値は0（Sunday）から6（Saturday）までの範囲内になります。

■ **Recipe_059/Program.cs**

```csharp
using System;

var now = new DateTime(2020, 12, 27);
var dayofweek = now.DayOfWeek;
Console.WriteLine(dayofweek);
if (dayofweek == DayOfWeek.Sunday)
    Console.WriteLine("日曜日です");
```

▼ 実行結果

```
Sunday
日曜日です
```

060 N日後、N日前を求めたい

● DateTime.AddDaysメソッド

```
public DateTime AddDays(double value);
```

DateTime.AddDaysメソッドを利用することで、N日後の日付を求めることができます。引数にマイナス値を指定すれば、N日前の日付を求めることができます。

■ Recipe_060/Program.cs

```csharp
using System;

var date = new DateTime(2021, 2, 10);
// 5日後を求める
var date2 = date.AddDays(5);
Console.WriteLine(date2);
// 10日前を求める
var date3 = date.AddDays(-10);
Console.WriteLine(date3);
```

▼ 実行結果

```
2021/02/15 0:00:00
2021/01/31 0:00:00
```

061 Nか月後、Nか月前を求めたい

Syntax

● DateTime.AddMonthsメソッド

```
public DateTime AddMonths(int months);
```

DateTime.AddMonthsメソッドを利用することで、Nか月後の日付を求めることができます。引数にマイナス値を指定すれば、Nか月前の日付を求めることができます。

■ Recipe_061/Program.cs

```
using System;

var date = new DateTime(2020, 11, 30);
// 3か月後を求める
var date2 = date.AddMonths(3);
Console.WriteLine(date2);
// 3か月前を求める
var date3 = date.AddMonths(-3);
Console.WriteLine(date3);
```

▼ 実行結果

```
2021/02/28 0:00:00
2020/08/30 0:00:00
```

062 ふたつの日時を比較したい

● DateTimeで利用できる比較演算子

書式	意味
x == y	xとyの日時が等しいか
x != y	xとyの日時が等しくないか
x <= y	xはy以前の日時か
x < y	xはyより前の日時か
x >= y	xはy以降の日時か
x > y	xはyより後の日時か

ふたつの日付の比較では、上記の表に示す比較演算子が利用できます。

サンプルコードでは3つの比較演算子を使った例を示しています。2020年5月31日よりも2020年6月1日の方が後の日付になりますので、「date1よりdate2が新しい日付です」が表示されます。

■ Recipe_062/Program.cs

```
using System;

var date1 = new DateTime(2020, 5, 31);
var date2 = new DateTime(2020, 6, 1);
if (date1 < date2)
    Console.WriteLine("date1よりdate2が新しい日付です");
else if (date1 == date2)
    Console.WriteLine("date1とdate2は同じ日付です");
else if (date1 > date2)
    Console.WriteLine("date2よりdate1が新しい日付です");
```

▼ 実行結果

```
date1よりdate2が新しい日付です
```

063 うるう年かどうか調べたい

● DateTime.IsLeapYearメソッド

```
public static bool IsLeapYear(int year);
```

DateTime.IsLeapYear静的メソッドを利用すると、引数で指定した年がうるう年かどうか調べることができます。

■ Recipe_063/Program.cs

```csharp
using System;

var isLeapYear = DateTime.IsLeapYear(2020);
Console.WriteLine(isLeapYear ? "うるう年です" : "うるう年ではありません");
```

▼ 実行結果

```
うるう年です
```

064 1月1日からの年間積算日を求めたい

Syntax

● DateTime.DayOfYearプロパティ

```
public int DayOfYear { get; }
```

　DateTime.DayOfYearプロパティを参照することで、1月1日からの年間積算日を知ることができます。1月1日の場合、年間積算日は1となります。
　サンプルコードは今日が1月1日から何日目かを表示する例です。

■ Recipe_064/Program.cs

```
using System;

var today = DateTime.Today;
var dayOfYear = today.DayOfYear;
Console.WriteLine($"今日は{today.Year}年の1月1日から数えて{dayOfYear}日目
です");
```

実行例

```
今日は2020年の1月1日から数えて203日目です
```

065 指定した月の月末日を求めたい

● DateTime.DaysInMonthメソッド

```
public static int DaysInMonth(int year, int month);
```

DateTime.DaysInMonth静的メソッドを利用することで、指定した月の日数（つまり月末日）を求めることができます。うるう年にも対応しています。

■ Recipe_065/Program.cs

```
using System;

var daysInMonth = DateTime.DaysInMonth(2021, 3);
Console.WriteLine($"{daysInMonth}日");
```

▼ 実行結果

```
31日
```

066 ふたつの日時の差を求めたい

ふたつの日時（DateTime型）の差を求めるには、-演算子を利用します。演算の結果は、TimeSpan型になります。

■ Recipe_066/Program.cs

```
using System;

var date1 = new DateTime(2020, 5, 1);
var date2 = new DateTime(2020, 5, 20);
var diff = date2 - date1;
Console.WriteLine($"{diff} {diff.GetType()}");
```

▼ 実行結果

```
19.00:00:00 System.TimeSpan
```

━ 発展

以下のように、DateTimeオブジェクトが時刻まで含んでいた場合には、時刻も含めた差を求めることになります。実行した結果は、19日ではなく、18日と23時間4分になっていることに注意してください。

■ Recipe_066/Program.cs

```
var date1 = new DateTime(2020, 5, 1, 5, 6, 0);
var date2 = new DateTime(2020, 5, 20, 4, 10, 0);
var diff = date2 - date1;
Console.WriteLine($"{diff} {diff.GetType()}");
```

▼ 実行結果

```
18.23:04:00 System.TimeSpan
```

もし、19日という結果を得たいならばDateプロパティを利用します。Dateプロパティは、このインスタンスの日付の部分を取得します。

■ Recipe_066/Program.cs

```
var date1 = new DateTime(2020, 5, 1, 5, 6, 0);
var date2 = new DateTime(2020, 5, 20, 4, 10, 0);
var diff = date2.Date - date1.Date;
Console.WriteLine($"{diff} {diff.GetType()}");
```

▼ 実行結果

```
19.00:00:00 System.TimeSpan
```

067 日付文字列を DateTime型に変換したい

Syntax

- DateTime.TryParseメソッド

```
public static bool TryParse(string s, out DateTime result);
```

日時を表す文字列をDateTimeオブジェクトに変換するには、DateTime.TryParseメソッドを使用します。変換に成功するとtrue、変換に失敗するとfalseが返ります。変換した結果は第2引数に格納されます。

■ Recipe_067/Program.cs

```
using System;

var s1 = "2020/05/01";
if (DateTime.TryParse(s1, out var date1))
    Console.WriteLine(date1);

var s2 = "2020/08/25 23:05:40";
if (DateTime.TryParse(s2, out var date2))
    Console.WriteLine(date2);

var s3 = "令和3年12月18日";
if (DateTime.TryParse(s3, out var date3))
    Console.WriteLine(date3);
```

▼ 実行結果

```
2020/05/01 0:00:00
2020/08/25 23:05:40
2021/12/18 0:00:00
```

068 日付、時刻を様々な書式で
文字列化したい

Syntax

- **DateTime.ToStringメソッド**

```
public string ToString(string format);
```

日付、時刻を文字列化するには、DateTime.ToStringメソッドを利用します。引数formatには日時書式指定文字列を指定します。

サンプルコードでは、様々な日時書式を使い日付と時刻を文字列化しています。

■ **Recipe_068/Program.cs**

```csharp
using System;

var date = new DateTime(2020, 5, 1, 18, 5, 6, 140);
string[] standardFmts =
{
    "d", "D", "f", "F", "g", "G", "m", "o",
    "R", "s", "t", "T", "u", "U", "y"
};
foreach (string standardFmt in standardFmts)
{
    Console.WriteLine("\"{0}\": {1}",
                      standardFmt, date.ToString(standardFmt));
}
Console.WriteLine();

string[] customFmts =
{
    "tt h時mm分", "h時mm分ss秒.ff", "HH:mm:ss.f",
    "yyyy年M月d日", "yyyy年MM月dd日(ddd)", "yyyy年MM月dd日(dddd)"
};
foreach (string customFmt in customFmts)
{
    Console.WriteLine("\"{0}\": {1}",
                      customFmt, date.ToString(customFmt));
}
```

▼ 実行結果

```
"d": 2020/05/01
"D": 2020年5月1日
"f": 2020年5月1日 18:05
"F": 2020年5月1日 18:05:06
"g": 2020/05/01 18:05
"G": 2020/05/01 18:05:06
"m": 5月1日
"o": 2020-05-01T18:05:06.1400000
"R": Fri, 01 May 2020 18:05:06 GMT
"s": 2020-05-01T18:05:06
"t": 18:05
"T": 18:05:06
"u": 2020-05-01 18:05:06Z
"U": 2020年5月1日 9:05:06
"y": 2020年5月

"tt h時mm分": 午後 6時05分
"h時mm分ss秒.ff": 6時05分06秒.14
"HH:mm:ss.f": 18:05:06.1
"yyyy年M月d日": 2020年5月1日
"yyyy年MM月dd日(ddd)": 2020年05月01日(金)
"yyyy年MM月dd日(dddd)": 2020年05月01日(金曜日)
```

補足

OSによっては、書式"D"、"f"、"F"、"U"には、曜日が表示される場合があります。
筆者のMacで次のような結果となりました。

▼ 実行結果

```
"D": 2020年5月1日 金曜日
"f": 2020年5月1日 金曜日 18:05
"F": 2020年5月1日 金曜日 18:05:06
"U": 2020年5月1日 金曜日 9:05:06
```

関連項目

▶▶072 カルチャを指定して日時を文字列化したい

069 和暦の元号と年を求めたい

Syntax

- JapaneseCalendar.GetEraメソッド

```
public override int GetEra(DateTime time);
```

- JapaneseCalendar.GetYearメソッド

```
public override int GetYear(DateTime time);
```

JapaneseCalendarクラスのGetEraメソッドとGetYearメソッドを利用することで和暦の元号を示す序数と和暦の年を求めることができます。

元号を表す序数と元号の対応は以下のとおりです。

- 序数と元号

序数	元号
1	明治
2	大正
3	昭和
4	平成
5	令和

■ Recipe_069/Program.cs

```csharp
using System;
using System.Globalization;

var date = new DateTime(2021, 2, 8);
var calendar = new JapaneseCalendar();
// 元号の序数を求める
var era = calendar.GetEra(date);
// 和暦の年を求める
var year = calendar.GetYear(date);
Console.WriteLine($"{era} {year}");
```

▼ 実行結果

```
5 3
```

⊂ 関連項目 ⊃

▶▶070 元号を表す序数から元号（文字列）を求めたい

070 元号を表す序数から元号 (文字列)を求めたい

元号を表す序数から元号 (文字列) を求めるには、DateTime構造体とCultureInfoクラス、JapaneseCalendarクラスを組み合わせる必要があります。

サンプルコードでは、「令和」を求めています。GetEraNameメソッドには元号を表す序数を指定します。元号を表す序数と元号の対応は以下のとおりです。

● 序数と元号

序数	元号
1	明治
2	大正
3	昭和
4	平成
5	令和

■ Recipe_070/Program.cs

```
using System;
using System.Globalization;

// CultureInfoオブジェクトをロケール"ja-JP"を指定して生成する
var culture = new CultureInfo("ja-JP", true);
// JapaneseCalendarオブジェクトを設定
culture.DateTimeFormat.Calendar = new JapaneseCalendar();
// GetEraNameメソッドを呼び出す
var eraName = culture.DateTimeFormat.GetEraName(5);
Console.WriteLine(eraName);
```

▼ 実行結果

```
令和
```

071 日付を和暦表示したい

Syntax

● DateTime.ToStringメソッド

```
public string ToString(string format, IFormatProvider provider);
```

　DateTimeオブジェクトを和暦表示の文字列に変換するには、ふたつの引数を持つDateTime.ToStringメソッドを利用します。

　第2引数providerには、IFormatProviderインターフェイスを実装しているCultureInfoオブジェクトを渡します。このCultureInfoオブジェクトのDateTimeFormat.Calendarプロパティには、JapaneseCalendarオブジェクトを設定しておきます。

　サンプルコードの実行例を見ていただければわかるように、「1年」は「元年」に変換されます。

■ Recipe_071 / Program.cs

```csharp
using System;
using System.Globalization;

var cultureInfo = new CultureInfo("ja-JP");
cultureInfo.DateTimeFormat.Calendar = new JapaneseCalendar();

var date = new DateTime(2019, 5, 1, 18, 5, 6, 140);
var str1 = date.ToString("ggy年M月d日", cultureInfo);
Console.WriteLine(str1);

var date2 = new DateTime(2021, 3, 23);
var str2 = date2.ToString("ggyy年MM月dd日", cultureInfo);
Console.WriteLine(str2);
```

▼ 実行結果

```
令和元年5月1日
令和03年03月23日
```

072 カルチャを指定して日時を文字列化したい

● DateTime.ToStringメソッド

```
public string ToString(string format, IFormatProvider provider);
```

　カルチャを指定してDateTimeオブジェクトを文字列化するには、IFormatProviderインターフェイスを引数に持つDateTime.ToStringメソッドを利用します。第2引数には、IFormatProviderインターフェイスを実装しているCultureInfoオブジェクトを渡します。

　標準の日時書式指定文字列のいくつかを使用したサンプルコードを以下に示します。

■ Recipe_072/Program.cs

```
using System;
using System.Globalization;

var date = new DateTime(2020, 5, 1, 18, 5, 6, 140);
Console.WriteLine(date.ToString("g"));
Console.WriteLine(date.ToString("d"));
Console.WriteLine(date.ToString("D"));
Console.WriteLine(date.ToString("f"));
Console.WriteLine(date.ToString("m"));

var cultureInfo = new CultureInfo("en-us");
Console.WriteLine(date.ToString("g", cultureInfo));
Console.WriteLine(date.ToString("d", cultureInfo));
Console.WriteLine(date.ToString("D", cultureInfo));
Console.WriteLine(date.ToString("f", cultureInfo));
Console.WriteLine(date.ToString("m", cultureInfo));
```

▼ 実行結果

```
2020/05/01 18:05
2020/05/01
2020年5月1日
2020年5月1日 18:05
5月1日
5/1/2020 6:05 PM
5/1/2020
Friday, May 1, 2020
Friday, May 1, 2020 6:05 PM
May 1
```

⊂ 関連項目 ⊃

▶▶068 日付、時刻を様々な書式で文字列化したい

▶▶071 日付を和暦表示したい

コレクション

Chapter

5

073 配列を利用したい

● 配列の宣言

    var 変数名 = new 型名[要素数];

● 要素の参照

    変数名[index]

● 要素の代入

    変数名[index] = 値;

　配列を利用すると、同じ型の複数の要素を効率的に扱うことが可能になります。配列は、List<T>と似ていますが、要素の数を増やすことができないという制限があります。
　サンプルコードでは、配列の宣言、代入、参照の方法を示しています。

■ Recipe_073/Program.cs

```csharp
using System;

var fruits = new string[5];
fruits[0] = "apple";
fruits[1] = "orange";
fruits[2] = "banana";
fruits[3] = "cherry";
fruits[4] = "blueberry";
Console.WriteLine(fruits[0]);
Console.WriteLine(fruits[2]);
Console.WriteLine(fruits[4]);
```

▼ 実行結果

```
apple
banana
blueberry
```

発展

要素の値がコーディング時に決まっている場合は、以下のように、宣言と初期化を同時に行うことができます。この場合は、要素数を指定する必要はありません。

■ Recipe_073/Program.cs

```
var fruits = new string[]
{
    "apple", "orange", "banana", "cherry", "blueberry"
};
```

また、以下のように初期化時の型名を省略することも可能です。コンパイラが文字列の配列であることを自動推論してくれます。

■ Recipe_073/Program.cs

```
var fruits = new []
{
    "apple", "orange", "banana", "cherry", "blueberry"
};
```

074 コレクションの要素を順に取り出したい

Syntax

● foreach文

```
foreach (var 要素 in コレクション)
{
    // …… (要素に対する処理)
}
```

foreach文を使うと、配列やリストといったIEnumerable<T>インターフェイスを実装しているコレクションから要素を順に取り出すことができます。配列やList<T>では、先頭から順に要素を取り出すことが保証されています。

ここでは配列の例を示します。

■ Recipe_074/Program.cs

```csharp
using System;

var fruits = new string[]
{
    "apple", "orange", "banana", "cherry", "blueberry"
};
foreach (var item in fruits)
{
    Console.Write($"{item} ");
}
Console.WriteLine();
```

▼ 実行結果

```
apple orange banana cherry blueberry
```

補足

　配列やリストの場合、以下のようにfor文を使う方法もありますが、特別な理由がない限り利用しません。

■ **Recipe_074/Program.cs**

```csharp
for (var i = 0; i < fruits.Length; i++)
{
    var item = fruits[i];
    Console.Write($"{item} ");
}
Console.WriteLine();
```

075 配列の要素を同じ値で埋めたい

Syntax

● Array.Fillメソッド

```
public static void Fill<T>(T[] array, T value);
```

Array.Fillメソッドを利用すると、配列の全要素を指定した値で埋めることができます。
サンプルコードでは配列のすべての要素を-1で埋めています。

■ Recipe_075/Program.cs

```csharp
using System;

var array = new int[10];
Array.Fill(array, -1);
foreach (var n in array)
{
    Console.Write($"{n} ");
}
Console.WriteLine();
```

▼ 実行結果

```
-1 -1 -1 -1 -1 -1 -1 -1 -1 -1
```

076 配列の順序を逆順にしたい

> Syntax

● Array.Reverseメソッド

```
public static void Reverse(Array array);
```

リストの要素の順序を反転させるには、Array.Reverseメソッドを利用します。LINQのReverseメソッドとは異なり、指定したリスト自体の順序が変わります。

■ Recipe_076/Program.cs

```csharp
using System;

var nums = new int[] { 1, 2, 3, 4, 5, 6 };
Array.Reverse(nums);
foreach (var num in nums)
{
    Console.Write($"{num} ");
}
Console.WriteLine();
```

▼ 実行結果

```
6 5 4 3 2 1
```

077 配列の順序を 昇順に並べ替えたい

Syntax

● Array.Sortメソッド

```
public static void Sort(Array array);
```

　Array.Sortメソッドを利用すると、配列の要素を並べ替えることができます。要素の型が IComparable<T>インターフェイスを実装していない場合、InvalidOperationException例外が発生します。

　サンプルコードでは、既定の比較を行い、配列内の文字列を昇順に並べ替えています。

■ Recipe_077/Program.cs

```csharp
using System;

var fruits = new string[]
{
    "apple", "orange", "banana", "cherry", "blueberry"
};
Array.Sort(fruits);
foreach (var fruit in fruits)
{
    Console.WriteLine(fruit);
}
```

▼ 実行結果

```
apple
banana
blueberry
cherry
orange
```

（ 関連項目 ）

▶▶193 IComparable<T>インターフェイスを実装し大小比較したい

078 Comparison<T>を使用して配列を並べ替えたい

Syntax

● Array.Sortメソッド

```
public static void Sort<T>(T[] array, Comparison<T> comparison);
```

Comparison<T>デリゲートを引数に持つArray.Sortメソッドを利用すると、標準とは異なる順序で配列を並べ替えることが可能です。

サンプルコードで示したように、Comparison<T>デリゲートを受け取る引数には、ふたつの引数を受け取り、ふたつの値の比較結果である符号付き整数を返すラムダ式を指定します。

■ Recipe_078/Program.cs

```
using System;

var fruits = new []
{
    "apple", "banana", "blueberry", "cherry", "grape"
};
// Lengthプロパティで比較し、文字列長が短い順に並べ替え
Array.Sort(fruits, (a, b) => a.Length.CompareTo(b.Length));
foreach (string element in fruits)
{
    Console.WriteLine(element);
}
```

▼ 実行結果

```
apple
grape
banana
cherry
blueberry
```

● Comparison<T>の戻り値

値	意味
0 より小さい	x は y より小さい
0	x と y は等しい
0 より大きい	x が y より大きい

発展

ラムダ式を直接Sortメソッドに渡さずに、Comparison<string>デリゲートを定義しSortメソッドに渡すコードも以下に示します。複数箇所で同じ比較を行いたい場合はこの方法も検討するとよいでしょう。

■ Recipe_078/Program.cs

```
using System;

var fruits = new []
{
    "apple", "banana", "blueberry", "cherry", "grape"
};
Comparison<string> comparison =
    (x, y) => x.Length.CompareTo(y.Length);
Array.Sort(fruits, comparison);
foreach (string element in fruits)
{
    Console.WriteLine(element);
}
```

079 2次元配列を使いたい

● 2次元配列の宣言

```
var 変数 = new 型名[行の要素数,列の要素数];
```

行と列を持つ2次元配列を宣言する方法は上記のとおりです。

配列の値を参照する場合は、行と列のふたつのインデックスを指定します。また、GetLengthメソッドを利用すると、その次元（行や列）の要素数を得ることができます。

通常の配列同様、宣言と同時に初期化をすることもできます。宣言と同時に初期化をする場合は、配列宣言時の要素数を省略することが可能です。

■ Recipe_079/Program.cs

```csharp
using System;

var array2d = new int[,]
{
    { 10, 11, 12, 13 },
    { 20, 21, 22, 23 },
    { 30, 31, 32, 33 },
};
array2d[0,0] = 0;
array2d[2,1] = 1;
for (var i = 0; i < array2d.GetLength(0); i++)
{
    for (var j = 0; j < array2d.GetLength(1); j++)
    {
        var num = array2d[i,j];
        Console.Write($"{num} ");
    }
    Console.WriteLine();
}
```

▼ 実行結果

```
0  11 12 13
20 21 22 23
30  1 32 33
```

080 ジャグ配列を使いたい

● ジャグ配列の宣言

```
var 変数名 = new 型名[要素数][];
```

ジャグ配列とは、各要素に配列を保持する配列のことです。2次元配列に似ていますが、要素数の異なる配列を保持できるという特徴があります。

なお宣言だけではジャグ配列を利用することはできません。各要素の初期化が必要になります。

以下にジャグ配列の初期化の例を示します。各要素が配列になっています。

```
var jaggedArray = new int[3][];
jaggedArray[0] = new int[3] {1, 2, 3};
jaggedArray[1] = new int[4] {4, 5, 6, 7};
jaggedArray[2] = new int[2] {8, 9};
```

また、2次元配列同様、宣言と各要素の初期化を同時に行うこともできます。

■ Recipe_080/Program.cs

```
using System;

var jaggedArray = new int[][]
{
    new [] { 1, 2, 3 },
    new [] { 4, 5, 6, 7 },
    new [] { 8, 9 },
};

// インデックスを指定して要素にアクセスする
Console.WriteLine(jaggedArray[0][2]);
Console.WriteLine(jaggedArray[1][1]);
Console.WriteLine(jaggedArray[2][0]);
```

〻

131

```
// for文ですべての要素を取得する
for (var i = 0; i < jaggedArray.Length; i++)
{
    var array = jaggedArray[i];
    for (var j = 0; j < array.Length; j++)
    {
        Console.Write($"{array[j]} ");
    }
    Console.WriteLine();
}

// foreach文ですべての要素を取得する
foreach (var array in jaggedArray)
{
    foreach (var item in array)
    {
        Console.Write($"{item} ");
    }
    Console.WriteLine();
}
```

▼ 実行結果

```
3
5
8
1 2 3
4 5 6 7
8 9
1 2 3
4 5 6 7
8 9
```

081 List<T>を使いたい

Syntax

- List<T>.Addメソッド

```
public void Add(T item);
```

- List<T>.Insertメソッド

```
public void Insert(int index, T item);
```

- List<T>.Removeメソッド

```
public bool Remove(T item);
```

　List<T>クラスを使うと、厳密に型指定されたオブジェクトのリストを利用することができます。List<T>は、配列のようにインデックスで要素にアクセスできる他、要素の挿入、追加、削除が簡単に行えます。
　List<T>の基本的な使い方を示すサンプルコードを以下に示します。

■ Recipe_081/Program.cs

```
using System;
using System.Collections.Generic;

var fruits = new List<string>();
fruits.Add("apple");
fruits.Add("banana");
fruits.Add("blueberry");
fruits.Add("lemon");

// 要素数を取得
Console.WriteLine(fruits.Count);

// 挿入
fruits.Insert(3, "cherry");
```

⟩⟩

```
// 末尾に追加
fruits.Add("orange");

// 削除
fruits.Remove("banana");

// 取得
var item = fruits[1];
Console.WriteLine(item);

// 置き換え
fruits[1] = "avocado";   // blueberryをavocadoに置き換え

// リストの要素を順に取り出し処理をする
foreach (var fruit in fruits)
{
    Console.Write($"{fruit} ");
}
Console.WriteLine();
```

▼ 実行結果

```
4
blueberry
apple avocado cherry lemon orange
```

082

List<T>を宣言と同時に 初期化したい

Syntax

● List<T>の宣言と初期化

```
var 変数名 = new List<型名>
{
    要素, 要素, 要素, ……
};
```

List<T>クラスではインスタンスの生成と同時に、要素の初期化を行うことができます。コンパイル時に値がわかっている場合は、この初期化を使うと便利です。

■ Recipe_082/Program.cs

```
using System;
using System.Collections.Generic;

var fruits = new List<string>
{
    "apple", "banana", "blueberry", "cherry", "grape"
};
var nums = new List<int> { 1, 2, 3, 4, 5 };
Console.WriteLine(string.Join(", ", fruits));
Console.WriteLine(string.Join(", ", nums));
```

▼ 実行結果

```
apple, banana, blueberry, cherry, grape
1, 2, 3, 4, 5
```

083 List<T>に複数の要素を 一度に追加したい

Syntax

● List<T>.AddRangeメソッド

```
public void AddRange(IEnumerable<T> collection);
```

List<T>.AddRangeメソッドを利用すると、リストの末尾に指定したコレクションの要素を追加することができます。このメソッドを使えば、Addメソッドを複数回呼び出すことなく、複数の要素をリストに追加できます。

■ Recipe_083/Program.cs

```csharp
using System;
using System.Collections.Generic;

var fruits = new List<string>
{
    "apple", "orange", "banana", "cherry", "blueberry"
};
fruits.AddRange(new [] { "kiwi", "orange", "peach" });
foreach (var fruit in fruits)
{
    Console.WriteLine(fruit);
}
```

▼ 実行結果

```
apple
orange
banana
cherry
blueberry
kiwi
orange
peach
```

084 List<T>から条件に一致した要素を削除したい

Syntax

● List<T>.RemoveAllメソッド

```
public int RemoveAll(Predicate<T> match);
```

List<T>.RemoveAllメソッドを利用すると、指定した条件に一致するすべての要素を削除することができます。戻り値は、List<T>から削除された要素の数です。

サンプルコードでは、文字数が5文字以下の文字列を削除しています。

■ Recipe_084/Program.cs

```
using System;
using System.Collections.Generic;

var fruits = new List<string> {
    "apple", "apricot", "banana", "blueberry", "cherry",
    "grape", "kiwi", "lemon", "mango", "melon", "peach",
    "pear", "strawberry",
};
var count = fruits.RemoveAll(x => x.Length <= 5);
Console.WriteLine(String.Join(", ", fruits));
Console.WriteLine($"削除した要素の数: {count}");
```

▼ 実行結果

```
apricot, banana, blueberry, cherry, strawberry
削除した要素の数: 8
```

085 List<T>の要素の順序を反転させたい

Syntax

● List<T>.Reverseメソッド

```
public void Reverse();
```

　リストの要素の順序を反転させるには、List<T>.Reverseメソッドを利用します。LINQのReverseメソッドとは異なり、指定したリスト自体の順序が変わります。

■ Recipe_085/Program.cs

```
using System;
using System.Collections.Generic;

var nums = new List<int> { 1, 3, 5, 7, 6, 4, 2, 0 };
nums.Reverse();
Console.WriteLine(string.Join(", ", nums));
```

▼ 実行結果

```
0, 2, 4, 6, 7, 5, 3, 1
```

086 List<T>の要素を 昇順に並べ替えたい

Syntax

- List<T>.Sortメソッド

```
public void Sort();
```

　List<T>.Sortメソッドを利用すると、リストの要素を既定の比較を行い並べ替えることができます。要素の型が、IComparable<T>インターフェイスを実装していない場合、InvalidOperationException例外が発生します。intやstringなどの組み込み型はIComparable<T>インターフェイスを実装していますので、InvalidOperationException例外が発生することはありません。
　サンプルコードでは、既定の比較を行い、リスト内の文字列を昇順に並べ替えています。

■ **Recipe_086/Program.cs**

```
using System;
using System.Collections.Generic;

var fruits = new List<string>
{
    "apple", "orange", "banana", "grape", "blueberry"
};
fruits.Sort();
Console.WriteLine(String.Join(", ", fruits));
```

▼ **実行結果**

```
apple, banana, blueberry, grape, orange
```

（ **関連項目** ）

087 Comparison<T>を使用してList<T>を並べ替えたい

087 Comparison<T>を使用して List<T>を並べ替えたい

Syntax

● List<T>.Sortメソッド

```
public void Sort(Comparison<T> comparison);
```

List<T>.Sortメソッドの引数にComparison<T>デリゲートを指定することができます。このSortメソッドを利用すると、標準とは異なる順序でリストを並べ替えることが可能です。Comparison<T>デリゲートは、同じ型のふたつのオブジェクトを比較する関数を表します。

サンプルコードで示したように、ふたつの引数を比較した結果（int型）を返すラムダ式を、Sortメソッドの引数に指定します。ラムダ式の戻り値の意味は表「Comparison<T>の戻り値」の通りです。

■ Recipe_087/Program.cs

```csharp
using System;
using System.Collections.Generic;

var fruits = new List<string>
{
    "apple", "banana", "blueberry", "cherry", "grape"
};
// Lengthプロパティで比較し、文字列長が短い順に並べ替え
fruits.Sort((a, b) => a.Length.CompareTo(b.Length));
foreach (string element in fruits)
{
    Console.WriteLine(element);
}
```

▼ 実行結果

```
apple
grape
banana
cherry
blueberry
```

● Comparison<T>の戻り値

値	意味
0 より小さい	x は y より小さい
0	x と y は等しい
0 より大きい	x が y より大きい

088 List<T>内を高速にサーチしたい

● List<T>.BinarySearchメソッド

```
public int BinarySearch(T item);
```

　List<T>.BinarySearchメソッドを利用すると、バイナリサーチアルゴリズムを使用して、特定の要素を効率的に検索することができます。なおこのときのリストは昇順に並べ替えられている必要があります。

　サンプルコードでは、Sortメソッドで並べ替えを実施後、BinarySearchメソッドで要素「lemon」の位置を見つけています。

■ Recipe_088/Program.cs

```csharp
using System;
using System.Collections.Generic;

var fruits = new List<string>
{
    "apple", "apricot", "banana", "blueberry", "cherry",
    "grape", "kiwi", "lemon", "mango", "melon", "peach",
    "pear","strawberry",
};
fruits.Sort();
var index = fruits.BinarySearch("lemon");
Console.WriteLine(index < 0 ? "not found" : fruits[index]);
```

▼ 実行結果

```
lemon
```

089 ForEachメソッドで すべての要素を順に処理したい

Syntax

● List<T>.ForEachメソッド

```
public void ForEach(Action<T> action);
```

List<T>.ForEachメソッドを利用すると、リストに格納されている各要素に対して、指定した処理を順に実行することができます。

サンプルコードでは、リストに格納された文字列を大文字に変換しコンソールに出力しています。

■ Recipe_089/Program.cs

```
using System;
using System.Collections.Generic;

var fruits = new List<string>
{
    "apple", "orange", "banana", "cherry", "blueberry"
};
fruits.ForEach(x => Console.WriteLine(x.ToUpper()));
```

▼ 実行結果

```
APPLE
ORANGE
BANANA
CHERRY
BLUEBERRY
```

配列に対してもForEachメソッドを利用することが可能です。

■ **Recipe_089/Program.cs**

```
var fruits = new []
{
    "apple", "orange", "banana", "cherry", "blueberry"
};
Array.ForEach(fruits, x => Console.WriteLine(x.ToUpper()));
```

090 List<T>を読み取り専用にしたい

- List<T>.AsReadOnlyメソッド

```
public ReadOnlyCollection<T> AsReadOnly();
```

List<T>.AsReadOnlyメソッドを利用すると、現在のリストを読み取り専用とするラッパーを得ることができます。このメソッドの戻り値の型は、System.Collections.ObjectModel.ReadOnlyCollection<T>です。

■ Recipe_090/Program.cs

```
using System;
using System.Collections.Generic;

var fruits = new List<string> { "Apple", "Orange", "Banana",
"Blueberry" };
var readonlylist = fruits.AsReadOnly();
// 以下のコードはコンパイルエラー
// readonlylist.Add("Grape");
```

発展

このメソッドの注意点は、元のリスト（上記のコードでは、fruits）は、依然として読み書き可能なリストであるという点です。そのため、AsReadOnlyメソッドを利用する場合は、オリジナルのリストを公開することはせずに、ReadOnlyCollection<T>だけを公開するようにします。

なお元のリストに変更が加えられた場合、読み取り専用コレクションにもそれらの変更が反映されます。以下のコードでそのことを確認できます。

■ Recipe_090/Program.cs

```
using System;
using System.Collections.Generic;

var fruits = new List<string> { "Apple", "Orange", "Banana",
```

〰

```
"Blueberry" };
var readonlylist = fruits.AsReadOnly();
fruits[0] = "Avocado";
Console.WriteLine(string.Join(", ", readonlylist));
```

▼ 実行結果

```
Avocado, Orange, Banana, Blueberry
```

091 Dictionary<TKey,TValue>を利用したい

Dictionary<TKey,TValue>クラスを利用することで、キーとそれに関連する値をコレクションとして保持することができます。キーを指定して対応する値に素早くアクセスすることができます。

以下は、Dictionary<TKey,TValue>クラスの使い方を示すサンプルコードです。花とその価格をDictionary<TKey,TValue>を使って管理しています。詳しくはコメントをご覧ください。

■ **Recipe_091/Program.cs**

```csharp
using System;
using System.Collections.Generic;

// ディクショナリのインスタンスを生成し初期値を設定する
var flowerDict = new Dictionary<string, int>()
{
    ["sunflower"] = 400, ["pansy"] = 300, ["tulip"] = 350,
    ["rose"] = 500, ["dahlia"] = 450,
};

// ディクショナリに追加する（["violet"]）600が追加される）
flowerDict["violet"] = 600;
// ディクショナリに追加する（["violet"]）の要素は変更されない）
flowerDict.TryAdd("violet", 400);

// ディクショナリから要素を取り出す
int roseprice = flowerDict["rose"];
Console.WriteLine(roseprice);

// ディクショナリに指定したキーが存在するかを確かめる
var key = "pansy";
if (flowerDict.ContainsKey(key))
{
    var pansyprice = flowerDict[key];
    Console.WriteLine(pansyprice);
}

// 要素をひとつずつ取り出す
```

```
                        ⟨⟨
foreach (var item in flowerDict)
{
    Console.WriteLine($"{item.Key} = {item.Value}");
}
```

▼ 実行結果

```
500
300
sunflower = 400
pansy = 300
tulip = 350
rose = 500
dahlia = 450
violet = 600
```

092 Dictionary<TKey,TValue> 内のすべてのキーを参照したい

Syntax

● Dictionary<TKey,TValue>.Keysプロパティ

```
public Dictionary<TKey,TValue>.KeyCollection Keys { get; }
```

Dictionary<TKey,TValue>クラスのKeysプロパティを参照することで、ディクショナリ内のキーを列挙することができます。キーの順序を指定することはできません。

■ Recipe_092/Program.cs

```csharp
using System;
using System.Collections.Generic;

var flowerDict = new Dictionary<string, int>()
{
    ["sunflower"] = 400,
    ["pansy"] = 300,
    ["tulip"] = 350,
    ["rose"] = 500,
    ["dahlia"] = 450,
};
// キーをひとつずつ取り出す
foreach (var key in flowerDict.Keys)
{
    Console.WriteLine($"{key} = {flowerDict[key]}");
}
```

▼ 実行結果

```
sunflower = 400
pansy = 300
tulip = 350
rose = 500
dahlia = 450
```

093 HashSet<T>を利用したい

　HashSet<T>クラスは、重複を許さない値の集合を表すクラスです。List<T>でも工夫すれば同様のことを実現できますが、HashSet<T>は高速に値の有無を調べることができます。以下は、HashSet<T>クラスの使い方を示すサンプルコードです。詳しくはコメントをご覧ください。

■ Recipe_093/Program.cs

▼ 実行結果

```
4
False
apple banana lemon
```

```csharp
using System;
using System.Collections.Generic;

// インスタンスの生成
var hashSet = new HashSet<string>();

// コレクションに値を追加する
hashSet.Add("apple");
hashSet.Add("banana");
hashSet.Add("grape");
hashSet.Add("lemon");
// 以下は追加に失敗する。ただし例外は出ない
hashSet.Add("lemon");

// 要素数
Console.WriteLine(hashSet.Count);

// コレクションから削除する
hashSet.Remove("grape");

// コレクションに含まれているか
var contains = hashSet.Contains("grape");
Console.WriteLine(contains);

// 順に値を取り出す
foreach (var item in hashSet)
{
    Console.Write($"{item} ");
}
Console.WriteLine();
```

094 HashSet<T>で 集合演算を行いたい

Syntax

● HashSet<T>.UnionWithメソッド（和集合）

```
public void UnionWith(IEnumerable<T> other);
```

● HashSet<T>.ExceptWithメソッド（差集合）

```
public void ExceptWith(IEnumerable<T> other);
```

● HashSet<T>.IntersectWithメソッド（積集合）

```
public void IntersectWith(IEnumerable<T> other);
```

　HashSet<T>クラスに用意されているメソッドを利用することで、和集合、差集合、積集合の集合演算を行うことができます。

■ Recipe_094/Program.cs

```
using System;
using System.Collections.Generic;

var mul2 = new HashSet<int> { 2, 4, 6, 8, 10, 12 };
var mul3 = new HashSet<int> { 3, 6, 9, 12, 15, 18 };

// 和集合 少なくともどちらか一方の集合に属する要素を集めた集合
var set = new HashSet<int>(mul2);
set.UnionWith(mul3);
Console.WriteLine(String.Join(' ', set));

// 差集合 ある集合から、別の集合に含まれている要素を取り除いた集合
set = new HashSet<int>(mul2);
set.ExceptWith(mul3);
Console.WriteLine(String.Join(' ', set));
```

〉〉

```
// 積集合 ふたつの集合の両方に含まれている要素を集めた集合
set = new HashSet<int>(mul2);
set.IntersectWith(mul3);
Console.WriteLine(String.Join(' ', set));
```

▼ 実行結果

```
2 4 6 8 10 12 3 9 15 18
2 4 8 10
6 12
```

（ 関連項目 ）

▶▶148 和集合を求めたい（Union）

▶▶149 積集合を求めたい（Intersect）

▶▶150 差集合を求めたい（Except）

095 Stack<T>を利用したい

　Stack<T>クラスは、後入れ先出し（Last In First Out、LIFO）ができる可変サイズのコレクションクラスです。

　以下は、Stack<T>クラスの使い方を示すサンプルコードです。Pushメソッドでコレクションに要素を追加し、Popメソッドで要素を取り出します。詳しくはコメントをご覧ください。

■ Recipe_095/Program.cs

```
using System;
using System.Collections.Generic;

var stack = new Stack<int>();

// Stackに値をPush（先頭に挿入する）
stack.Push(10);
stack.Push(20);
stack.Push(30);

// Stackの値を参照（先頭の要素を参照。Stackの内容は変更なし）
var peekValue = stack.Peek();
Console.WriteLine(peekValue);

// Stack内の要素数を取得
Console.WriteLine(stack.Count);

while (stack.Count > 0)
{
    // Stackから値をPop（先頭の要素を取り出し削除）
    var n = stack.Pop();
    Console.WriteLine(n);
}
```

▼ 実行結果

```
30
3
30
20
10
```

096 Queue\<T\>を利用したい

Queue\<T\>クラスは、先入れ先出し（First In First Out、FIFO）ができる可変サイズのコレクションクラスです。いわゆる待ち行列の仕組みを持つコレクションです。

以下は、Queue\<T\>クラスの使い方を示すサンプルコードです。Enqueueメソッドでコレクションに要素を追加し、Dequeueメソッドで要素を取り出します。詳しくはコメントをご覧ください。

■ Recipe_096/Program.cs

```csharp
using System;
using System.Collections.Generic;

var queue = new Queue<int>();

// 値をキューの末尾に追加
queue.Enqueue(4);
queue.Enqueue(8);
queue.Enqueue(3);
queue.Enqueue(9);

while (queue.Count > 0)
{
    // キューの先頭要素を取り出しキューから削除
    var n = queue.Dequeue();
    Console.WriteLine(n);
}

// キューに溜まっている要素数を取得
Console.WriteLine($"Count: {queue.Count}");
```

▼ 実行結果

```
4
8
3
9
Count: 0
```

クラスと構造体の基礎

Chapter

6

097 クラスを定義したい

Syntax

● クラスの定義

```
アクセス修飾子 class クラス名
{
    クラスの本体
}
```

クラスを定義するにはclassキーワードを使います。アクセス修飾子（public、internalなど）は省略可能です。省略された場合はinternalとなります。

▶ **public** …… 任意のコードからアクセス可能
▶ **internal** …… 同じアセンブリ内の任意のコードからアクセス可能
▶ **private** …… 入れ子になったクラスで、そのクラス内でアクセス可能

クラスの本体では、フィールド、プロパティ、メソッド、コンストラクターなどを定義します。それらの具体的な定義方法は、以降の項目を参照してください。

クラスを利用するには、通常インスタンスを生成する必要があります。インスタンス生成にはnewキーワードを利用します。

■ **Recipe_097/Program.cs**

```csharp
using System;

// インスタンスの生成
var person = new Person();

// クラスの定義
public class Person
{
    // ここにクラスの本体を書く
    // フィールド
    // プロパティ
    // メソッド
    // コンストラクター
}
```

098 プロパティを定義したい

Syntax

● 自動実装プロパティの定義

```
public 型名 プロパティ名 { get; set; }
```

ここではもっとも一般的なプロパティ（自動実装プロパティ）の定義例を示します。getアクセサーとset
アクセサーを両方備えているプロパティは、通常の変数のように値の取得と設定が可能です。

■ Recipe_098/Program.cs

```csharp
using System;

// GreatPersonクラスの利用例
var person = new GreatPerson();
person.Name = "アラン・ケイ";
person.Birthdate = new DateTime(1940, 5, 17);
Console.WriteLine($"{person.Name} {person.Birthdate:d}");

// ふたつのプロパティを持つクラスの定義
public class GreatPerson
{
    public string Name { get; set; }
    public DateTime Birthdate { get; set; }
}
```

▼ 実行結果

```
アラン・ケイ 1940/05/17
```

099 読み取り専用プロパティを 定義したい

Syntax

● 読み取り専用プロパティの定義

```
// 書き込みは同一クラス内で可能
public 型名 プロパティ名 { get; private set; }
```

```
// 書き込みはコンストラクター内で可能（C#6.0以降）
public 型名 プロパティ名 { get; }
```

```
// 書き込みは一切できない（C#6.0以降）
public 型名 プロパティ名 => 式;
```

読み取り専用プロパティを定義する方法は複数存在します。ここでは3つの方法を示します。

■ Recipe_099/Program.cs

```csharp
using System;

// 利用例
var person = new GreatPerson("湯川", "秀樹", new DateTime(1907, 1, ⮐
23));
Console.WriteLine(person.Name);
Console.WriteLine(person.Birthdate);

// 定義例
public class GreatPerson
{
    // すべてが読み取り専用プロパティ
    public string FamilyName { get; private set; }
    public string GivenName { get; private set; }
    public string Name => FamilyName + GivenName;
    public DateTime Birthdate { get; }

    public GreatPerson(string familyname, string givenname, ⮐
```

〉〉

```
                                ⟨⟨
DateTime birthdate)
    {
        FamilyName = familyname;
        GivenName = givenname;
        Birthdate = birthdate;
    }
}
```

▼ 実行結果

```
湯川秀樹
1907/01/23 0:00:00
```

補足
➕

　上記サンプルコードのNameプロパティは、=>演算子を使い読み取り専用プロパティを定義していま
す。これは、C#6.0で導入された機能です。C#5.0以前では以下のような記述になります。

```
public string Name
{
    get { return FamilyName + GivenName; }
}
```

100 プロパティに 初期値を設定したい

● プロパティに初期値を設定する

```
public 型名 プロパティ名 { get; set; } = 初期値;
```

　プロパティに初期値を設定するには、プロパティの定義に続けて、=演算子で初期値を指定します。初期値はリテラル値以外に静的プロパティやメソッドを記述できます。当機能はC#6.0で導入されました。

■ Recipe_100/Program.cs

```csharp
using System;

var todo = new Todo();
Console.WriteLine($"Title={todo.Title}");
Console.WriteLine($"Finished={todo.Finished}");
Console.WriteLine($"CreatedAt={todo.CreatedAt:d}");
Console.WriteLine($"Deadline={todo.Deadline:d}");

public class Todo
{
    public string Title { get; set; } = String.Empty;
    public bool Finished { get; set; } = false;
    public DateTime CreatedAt { get; } = DateTime.Now;
    public DateTime Deadline { get; set; } =
        DateTime.Now.AddDays(7);
}
```

実行例

```
iTitle=
Finished=False
CreatedAt=2021/02/03
Deadline=2021/02/10
```

101 バッキングフィールドを 利用したプロパティを 定義したい

Syntax

● バッキングフィールドを利用したプロパティの定義

```
private 型 フィールド名;   // バッキングフィールド
```

```
public 型 プロパティ名
{
    get { return フィールド名; }
    set { フィールド名 = value; }
}
```

　パブリックプロパティで公開されるデータを格納するプライベートフィールドはバッキングフィールドと呼ばれています。通常のプロパティの定義ではバッキングフィールドは暗黙的に定義されますが、このフィールドを明示的に定義することも可能です。この書き方では、getアクセサー、setアクセサーに複数の文を記述できますので、単なる取得・代入以上のことを実行できます。

■ Recipe_101/Program.cs

```csharp
using System;

// クラスの利用例
var person = new GreatPerson();
person.Name = "フォン・ノイマン";
person.Birthdate = new DateTime(1903,12,28);
Console.WriteLine($"{person.Name} {person.Birthdate:d}");

// クラスの定義例
class GreatPerson
{
    // バッキングフィールド
    private string _name;

    public string Name
    {
```

```
        get { return _name; }
        set
        {
            if (string.IsNullOrEmpty(value))
                throw new ArgumentException("nullや空文字は代入できませ ⏎
ん");
            _name = value;
        }
    }

    public DateTime Birthdate { get; set; }
}
```

▼ 実行結果

```
フォン・ノイマン 1903/12/28
```

102 メソッドを定義したい

Syntax

● メソッドの定義

```
アクセス修飾子 型名 メソッド名(引数リスト)
{
    メソッドの本体
}
```

メソッドを定義する一般的な書式は上記のとおりです。メソッド名の前に指定する型名がそのメソッドの戻り値の型になります。戻り値のないメソッドの場合は型名にvoidを指定します。戻り値のあるメソッドでは、メソッド本体内にreturn文が必要です。

サンプルコードでは、TodoList.AddメソッドとTodoList.PrintAllメソッドが戻り値のないメソッド、CountFinishedが戻り値のあるメソッドです。

■ Recipe_102/Program.cs

```
using System;
using System.Collections.Generic;

// 利用例
var list = new TodoList();
var todo1 = new Todo("技術評論社との打ち合わせの日程調整");
var todo2 = new Todo("JSON読み取り時のバグ調査");
list.Add(todo1);
list.Add(todo2);
list.PrintAll();
var count = list.CountFinished();
Console.WriteLine($"終了した数:{count}");

// 定義例
public class Todo
{
    public Todo(string title)
    {
        Title = title;
    }
```

```
    public string Title { get; set; }
    public bool Finished { get; set; }
}


public class TodoList
{
    private List<Todo> _list = new List<Todo>();

    // 戻り値のないメソッド（ToDoList.Addメソッド）
    public void Add(Todo item)
    {
        _list.Add(item);
    }

    // 戻り値のないメソッド（ToDoList.PrintAllメソッド）
    public void PrintAll()
    {
        foreach (var item in _list)
        {
            Console.WriteLine($"{item.Title} {item.Finished} ");
        }
    }

    // int型を返すメソッド
    public int CountFinished()
    {
        var count = 0;
        foreach (var todo in _list)
        {
            count += todo.Finished ? 1 : 0;
        }
        return count;
    }
}
```

▼ 実行結果

```
技術評論社との打ち合わせの日程調整 False
JSON読み取り時のバグ調査 False
終了した数:0
```

103 同名のメソッドを複数定義 (オーバーロード) したい

クラスに同じ名前のメソッドを複数定義することをメソッドのオーバーロードといいます。このオーバーロードに特別な記法は必要ありません。引数の異なるメソッドを通常の文法で定義するだけです。

サンプルコードではAddメソッドをふたつ定義しています。どちらのメソッドを呼び出すのかはC#コンパイラが自動で判断してくれます。

■ Recipe_103/Program.cs

```csharp
using System;
using System.Collections.Generic;

// 利用例
var list = new TodoList();
var todo = new Todo
{
    Title = "技術評論社との打ち合わせの日程調整",
    Deadline = new DateTime(2020, 11, 30)
};
list.Add(todo);
list.Add("JSON読み取り時のバグ調査", DateTime.Today.AddDays(1));
list.PrintAll();

// 以下、定義例
public class Todo
{
    public string Title { get; set; }
    public bool Finished { get; set; } = false;
    public DateTime Deadline { get; set; }
}

public class TodoList
{
    private List<Todo> _list = new List<Todo>();

    // Addメソッド
    public void Add(Todo item)
```

〉〉

```
        {
            _list.Add(item);
        }

        // もうひとつのAddメソッド
        public void Add(string title, DateTime deadline)
        {
            var todo = new Todo
            {
                Title = title,
                Deadline = deadline
            };
            _list.Add(todo);
        }

        public void PrintAll()
        {
            foreach (var item in _list)
            {
                Console.WriteLine($"{item.Title} {item.Deadline:d}
{item.Finished} ");
            }
        }
}
```

実行例

```
技術評論社との打ち合わせの日程調整 2020/11/30 False
JSON読み取り時のバグ調査 2020/12/20 False
```

104

可変長引数を持つ
メソッドを定義したい

Syntax

● 可変長引数

params 型名[] 仮引数名

可変長引数を持つメソッドを定義するには、引数を配列型にし、その前にparamsキーワードを付けます。

サンプルコードのMathUtils.Medianメソッドが、double型の値を複数受け取ることのできるメソッドの例です。複数の数値を受け取りその中央値を求めています。

■ Recipe_104/Program.cs

```csharp
using System;
using System.Linq;

// 利用例
var median1 = MathUtils.Median(3, 5, 8, 3, 7);
var median2 = MathUtils.Median(3, 4, 7, 3, 5, 9, 1, 6);
Console.WriteLine(median1);
Console.WriteLine(median2);

// 定義例
public static class MathUtils
{
    // 中央値を求める － 可変長引数を持つメソッド
    public static double Median(params double[] args)
    {
        var sorted = args.OrderBy(n => n).ToArray();
        int index = sorted.Length / 2;
        if (sorted.Length % 2 == 0)
            return (sorted[index] + sorted[index - 1]) / 2.0;
        else
            return sorted[index];
    }
}
```

167

▼ 実行結果

```
5
4.5
```

可変長引数の型は配列ですから、MathUtils.Medianメソッドは、次のように配列を受け取ることも可能です。

```
var nums = new [] { 5, 7, 2, 9, 3 };
var median3 = MathUtils.Median(nums);
```

105 メソッドを式形式で簡潔に書きたい

メソッドを定義していると、メソッドの本体が1文のみというケースも多々あります。そのようなときには、=>演算子を使用して、式形式でメソッドを定義することができます。式形式のメソッドは、C#6.0で導入された機能です。

以下のサンプルコードではGetPriceメソッドを式形式で定義しています。

■ **Recipe_105/Program.cs**

```csharp
using System;

// 利用例
var orderItem = new OrderItem
{
    UnitPrice = 3900,
    Quantity = 3
};
Console.WriteLine(orderItem.GetPrice());

// 定義例
public class OrderItem
{
    public int UnitPrice { get; set; }
    public int Quantity { get; set; }

    // 式形式でメソッドを定義
    public int GetPrice() => UnitPrice * Quantity;
}
```

▼ **実行結果**

```
11700
```

106 コンストラクターを定義したい

● コンストラクターの定義

```
アクセス修飾子  型名(引数リスト)
{
    インスタンスの初期化処理
}
```

　オブジェクトの初期化処理を行うコンストラクターを定義するには、クラス/構造体と同じ名前のメソッドを定義します。コンストラクターには戻り値はありません。
　サンプルコードではふたつの引数を持つコンストラクターを定義しています。

■ Recipe_106/Program.cs

```csharp
using System;

// 利用例
var person = new GreatPerson("アンダース・ヘルスバーグ", new
DateTime(1960, 12, 2));
Console.WriteLine(person.Name);
Console.WriteLine($"{person.Birthdate:yyyy年MM月dd日}");

// 定義例
public class GreatPerson
{
    public string Name { get; }
    public DateTime Birthdate { get; }

    // コンストラクターの定義（クラス名と同じ名前にする）
    public GreatPerson(string name, DateTime birthdate)
    {
        Name = name;
        Birthdate = birthdate;
    }
}
```

▼ **実行結果**

アンダース・ヘルスバーグ
1960年12月02日

補足

　引数ありのコンストラクターを定義すると、引数なしのコンストラクター呼び出しはできなくなります。引数なしのコンストラクター呼び出しも可能にするには、引数なしのコンストラクターも定義する必要があります。

107 複数のコンストラクターを定義したい

通常のメソッドと同様、コンストラクターもオーバーロードすることが可能です。通常のメソッドと異なる点は、thisキーワードを使い別のコンストラクターを呼び出す機能があることです。この機能を使うことで、コンストラクターでのコードの重複を排除することができます。

以下の例では、Time構造体にふたつのコンストラクターを定義しています。

■ Recipe_107/Program.cs

```csharp
using System;

// 利用例
var time1 = new Time(DateTime.Now);
var time2 = new Time(10, 6, 48);

// 定義例
public readonly struct Time
{
    public int Hour { get; }
    public int Minute { get; }
    public int Second { get; }

    // コンストラクター(1)
    public Time(int hour = 0, int minute = 0, int second = 0)
    {
        Hour = hour;
        Minute = minute;
        Second = second;
    }

    // コンストラクター(2)
    // this キーワードを使い引数3つのコンストラクターを呼び出す
    public Time(DateTime time)
        : this(time.Hour, time.Minute, time.Second) { }
}
```

108 クラスを継承したい

Syntax

● クラスを継承する

```
アクセス修飾子 class クラス名: 基底クラス名
{
    メソッドやプロパティの定義
}
```

クラスを継承することで、既存のクラスを利用し新たなクラスを定義するすることができます。継承元の
クラスを基底クラス、継承先のクラスを派生クラスといいます。

サンプルコードは、Personクラスを継承したEmployeeクラスを定義している例です。

Employeeクラスでは、Nameプロパティ、Birthdateプロパティは定義されていませんが、Personク
ラスを継承していますので、Nameプロパティ、Birthdateプロパティを持っています。サンプルコードで
は示していませんが、基底クラスで定義したメソッドも同様に派生クラスに存在します。

■ Recipe_108/Program.cs

```csharp
using System;

// 利用例
var employee = new Employee
{
    Name = "町田浩輔",
    Birthdate = new DateTime(1997, 11, 28),
    HireDate = new DateTime(2019, 4, 1),
    Department = "ソフトウェア開発部"
};
Console.WriteLine($"{employee.Name} {employee.HireDate.Year}年入社
");

// 基底クラスの定義例
public class Person
```

〈〈

```
                          〳〵
{
    public string Name { get; set; }
    public DateTime Birthdate { get; set; }
}

// 派生クラスの定義例
public class Employee : Person
{
    public string Department { get; set; }
    public DateTime HireDate { get; set; }
}
```

▼ 実行結果

```
町田浩輔  2019年入社
```

109 静的クラスを定義したい

インスタンスを生成できない静的クラスを定義するには、static修飾子を利用します。静的クラスでは、すべてのメンバーが静的である必要があります。

サンプルコードは、メートルとフィートの相互変換を行うFeetConverterという静的クラスを定義しています。

■ Recipe_109/Program.cs

```csharp
using System;

// 利用例
var feet = 6.2;
double meter = FeetConverter.ToMeter(feet);
Console.WriteLine("{0:0.0} ft = {1:0.0000} m", feet, meter);
double feet2 = FeetConverter.FromMeter(meter);
Console.WriteLine("{0:0.0000} m = {1:0.0} ft", meter, feet2);

// 静的クラスの定義例
public static class FeetConverter
{
    // const は静的なメンバー
    private const double ratio = 0.3048;
    // メートルからフィートを求める
    public static double FromMeter(double meter)
    {
        return meter / ratio;
    }
    // フィートからメートルを求める
    public static double ToMeter(double feet)
    {
        return feet * ratio;
    }
}
```

▼ 実行結果

```
6.2 ft = 1.8898 m
1.8898 m = 6.2 ft
```

110 構造体を定義したい

● 構造体の定義

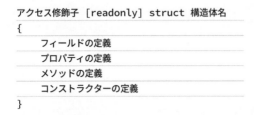

```
アクセス修飾子 [readonly] struct 構造体名
{
    フィールドの定義
    プロパティの定義
    メソッドの定義
    コンストラクターの定義
}
```

　構造体型を定義するには、structキーワードを使用します。通常、構造体は小さな読み取り専用のオブジェクトを定義する際に利用します。

　構造体の定義方法はクラスの場合とほとんど変わりはありませんが、表に示したようにいくつかの違いがあります。

項目	クラス	構造体
クラスの継承	可能	できない
インスタンスフィールドの初期化	宣言と同時に可能	できない
インスタンスプロパティの初期化	宣言と同時に可能	できない
引数なしコンストラクター	可能	できない
静的なクラス/構造体	可能	できない

　以下のサンプルコードでは、構造体が読み取り専用であることを明示するために、readonlyキーワードで修飾しています。readonly構造体では、すべてのメンバーを読み取り専用にする必要があります。この機能はC#7.2で導入された機能です。構造体を定義する際は、可能な限りreadonlyを付けるのがよいでしょう。

■ Recipe_110/Program.cs

```csharp
using System;

// 利用例
var point = new Point(10, 20);
Console.WriteLine(point.ToString());

// 構造体の定義例
public readonly struct Point
{
    public Point(int x, int y)
    {
        X = x;
        Y = y;
    }

    public int X { get; }
    public int Y { get; }

    public override string ToString()
    {
        return $"({X},{Y})";
    }
}
```

▼ 実行結果

```
(10,20)
```

● 匿名型オブジェクトの生成

```
new
{
    プロパティ名 = 値,
    ……
}
```

　匿名型はクラスの定義をすることなく利用できる無名の型（参照型）です。匿名型で定義したプロパティは、読み取り専用となります。匿名型はLINQのSelectメソッドとともによく利用されます。

　以下の例では、NameおよびBirthdateというふたつのプロパティを持つ匿名型のオブジェクトを生成しています。

■ Recipe_111/Program.cs

```csharp
using System;

// personは匿名型
var person = new
{
    Name = "坂本龍馬",
    Birthdate = new DateTime(1836, 1, 3)
};
Console.WriteLine($"{person.Name} {person.Birthdate:D}生まれ");
Console.WriteLine(person);
```

▼ 実行結果

```
坂本龍馬  1836年1月3日 生まれ
{ Name = 坂本龍馬, Birthdate = 1836/01/03 0:00:00 }
```

関連項目

▶▶126 クエリの結果を新しい型に変換したい（Select）

112 オブジェクトを複製したい

Syntax

- Object.MemberwiseCloneメソッド

```
protected object MemberwiseClone ();
```

Object.MemberwiseCloneメソッドを利用すると、オブジェクトの簡易コピー(シャローコピー)が簡単に行えます。

MemberwiseCloneメソッドは、コピー元のオブジェクトと同じ型のインスタンスを生成し、コピー元のオブジェクトの非静的フィールドを新しいオブジェクトにコピーすることで簡易コピーを行います。フィールドが参照型の場合、参照がコピーされるだけですので、そのフィールドは元のオブジェクトと同じオブジェクトを参照することになります。

以下の例は、Productクラスに、自分自身の簡易コピーを行うShallowCopyメソッドを定義しています。MemberwiseCloneメソッドの戻り値はobject型であるため、Product型に型変換しています。

■ **Recipe_112/Program.cs**

```
using System;

// 利用例
var product = new Product
{
    Name = "スマートスピーカー",
    UnitPrice = 9800,
    StartDate = new DateTime(2019, 5, 10)
};
var clone = product.ShallowCopy();
Console.WriteLine(clone.Name);
Console.WriteLine(clone.UnitPrice);
Console.WriteLine(clone.StartDate);

// 定義例
class Product
{
```

〜〜

```
    public string Name { get; set; }
    public int UnitPrice { get; set; }
    public DateTime StartDate { get; set; }

    // オブジェクトを簡易コピーするメソッド
    public Product ShallowCopy() =>
        (Product)this.MemberwiseClone();
}
```

▼ 実行結果

```
スマートスピーカー
9800
2019/05/10 0:00:00
```

列挙型

Chapter

7

113 列挙型を定義したい

● 列挙型の定義

```
アクセス修飾子 enum 名前
{
    メンバー名子リスト
}
```

　列挙型を定義するには、enumキーワードを使い、列挙型のメンバーの名前の一覧を指定します。列挙型のメンバーは、既定では内部の型はint型となり、最初に定義したメンバーの値は0になります。値を明示しない場合は定義した順に値が1ずつ増加します。

　以下の例では、Otherは0、Scienceは1、Businessは2、Novelは3を値として持ちます。

■ Recipe_113/Program.cs

```csharp
using System;

var category = BookCategory.Science;
switch (category)
{
    case BookCategory.Business:
        Console.WriteLine("ビジネス");
        break;
    case BookCategory.Novel:
        Console.WriteLine("小説");
        break;
    case BookCategory.Science:
        Console.WriteLine("科学");
        break;
    default:
        Console.WriteLine("その他");
        break;
}
```

```
// 列挙型の定義
public enum BookCategory
{
    Other,
    Science,
    Business,
    Novel,
}
```

▼ 実行結果

```
科学
```

━ 発展

以下のように値を明示したり型を明示することもできます。

■ Recipe_113/Program.cs

```
public enum BookCategory : short
{
    Other = 0,
    Science = 100,
    Business = 200,
    Novel = 300,
    History,
}
```

値を明示しないHistoryは、301となります。

114 列挙型に定義されている値を すべて列挙したい

● Enum.GetValuesメソッド

```
public static Array GetValues(Type enumType);
public static TEnum[]? GetValues<TEnum>() where TEnum : struct;
```

　列挙型に定義されている値の一覧を得るにはEnum.GetValuesメソッドを利用します。このメソッド
の戻り値は、Arrayクラスであるため注意が必要です。foreach文で値を取り出すときには、varキーワー
ドを使わずに型を明示する必要があります。
　.NET 5.0以降では、GetValuesジェネリックメソッドが利用できます。このメソッドの場合は、
foreach文で値を取り出すときには、varキーワードを使うことができます。

■ Recipe_114/Program.cs

```
using System;

// DayOfWeekと型を明示する
foreach (DayOfWeek val in Enum.GetValues(typeof(DayOfWeek)))
{
    Console.Write($"{val} ");
}
Console.WriteLine();

// .NET5.0以降で利用できる
foreach (var val in Enum.GetValues<DayOfWeek>())
{
    Console.Write($"{val} ");
}
Console.WriteLine();
```

▼ 実行結果

```
Sunday Monday Tuesday Wednesday Thursday Friday Saturday
Sunday Monday Tuesday Wednesday Thursday Friday Saturday
```

115 列挙型と数値を相互に変換したい

列挙型から整数への型変換と、整数から列挙型への型変換は共にキャスト式を使います。
DayOfWeek列挙型を使った例を示します。

■ Recipe_115/Program.cs

```
using System;

// 4をDayOfWeek型へ変換
DayOfWeek week = (DayOfWeek)4;
Console.WriteLine(week);

// DayOWeek型の値をint型に変換
int numweek = (int)week;
Console.WriteLine(numweek);
```

▼ 実行結果

```
Thursday
4
```

116 列挙型と文字列を相互に変換したい

- Enum.GetNameメソッド

```
public static string GetName(Type enumType, object value);
```

- Enum.TryParseメソッド

```
public static bool TryParse<T>(string value, out T result)
    where T : struct;
```

　列挙型のオブジェクトから、その名前の文字列を得るには、Enum.GetName静的メソッドを利用します。その逆に文字列から列挙型オブジェクトへ変換するには、Enum.TryParse静的メソッドを利用します。

　なおEnum.ToStringメソッドでも、列挙型オブジェクトを文字列にすることが可能です。

■ Recipe_116/Program.cs

```csharp
using System;

// 列挙型から文字列へ
var name = Enum.GetName(typeof(DayOfWeek), DayOfWeek.Sunday);
Console.WriteLine(name);

// 文字列から列挙型へ
if (Enum.TryParse<DayOfWeek>(name, out var week))
{
    if (week == DayOfWeek.Sunday)
        Console.WriteLine("Sunday");
}

// ToStringメソッドでも文字列かできる
string text = DayOfWeek.Sunday.ToString();
Console.WriteLine(text);
```

▼ **実行結果**

```
Sunday
Sunday
Sunday
```

117

指定した値が列挙型で 定義されているか判断したい

● Enum.IsDefinedメソッド

```
public static bool IsDefined(Type enumType, object value);
```

　EnumクラスのIsDefined静的メソッドを利用すると、指定した数値または文字列が列挙型に定義済みであるかを調べることができます。

　サンプルコードでは、「7」、「0」および「Sunday」がDayOfWeek列挙型に定義済みかどうかを調べています。

■ Recipe_117/Program.cs

```
using System;

var exists7 = Enum.IsDefined(typeof(DayOfWeek), 7);
Console.WriteLine($"7: 存在していま" + (exists7 ? "す" : "せん"));

var exists0 = Enum.IsDefined(typeof(DayOfWeek), 0);
Console.WriteLine($"0: 存在していま" + (exists0 ? "す" : "せん"));

var existsSunday = Enum.IsDefined(typeof(DayOfWeek), "Sunday");
Console.WriteLine($"Sunday: 存在していま" + (existsSunday ? "す" : "せん"));
```

▼ 実行結果

```
7: 存在していません
0: 存在しています
Sunday: 存在しています
```

118 Flags属性で列挙型を ビットフラグとして扱いたい

Flags属性を列挙型に付加すると、列挙型をビットフィールド（フラグのセット）として扱えるようになります。

Flags属性を列挙型に付加する場合は、列挙型メンバーの関連する値は2の累乗である必要があります。ビットごとの論理演算子|または&を使用して、オブジェクトのビットの状態を知ることができます。

サンプルコードで示したSns列挙型は、どのSNSを利用しているかを示すものです。

■ Recipe_118/Program.cs

```csharp
using System;

// Flags属性を付与した列挙型を定義する
var syota = Sns.Facebook | Sns.Twitter;
var seiya = Sns.None;
var ryoma = Sns.Facebook | Sns.Twitter | Sns.Instagram;
if ((syota & Sns.Twitter) == Sns.Twitter)
{
    Console.WriteLine("syotaは、Twitterを使っています");
}
if (seiya == Sns.None)
{
    Console.WriteLine("seiyaは、SNSを使っていません");
}
if ((ryoma & (Sns.Twitter | Sns.Line)) != Sns.None)
{
    Console.WriteLine("ryomaは、TwitterとLINEのどちらかを使っています");
}
if ((ryoma & (Sns.Facebook | Sns.Instagram)) == (Sns.Facebook |
Sns.Instagram))
{
    Console.WriteLine("ryomaは、FacebookとInstagramの両方を使っています
");
}

// Flags属性を付与した列挙型を定義する
[Flags]
public enum Sns
```

```
{
    None      = 0b_0000_0000,  // 0
    Line      = 0b_0000_0001,  // 1
    Twitter   = 0b_0000_0010,  // 2
    Facebook  = 0b_0000_0100,  // 4
    Instagram = 0b_0000_1000,  // 8
}
```

▼ 実行結果

```
syotaは、Twitterを使っています
seiyaは、SNSを使っていません
ryomaは、TwitterとLINEのどちらかを使っています
ryomaは、FacebookとInstagramの両方を使っています
```

■ 発展

Enum.HasFlagメソッドを利用することでも、ビットフラグの判定が可能です。.NET Frameworkではパフォーマンスの問題がありましたが、.NET Core、.NET 5ではパフォーマンス問題が解決されています。

HasFlagメソッドを使ったコードを以下に示します。

■ Recipe_118/Program.cs

```
if (ryoma.HasFlag(Sns.Twitter) || ryoma.HasFlag(Sns.Line))
{
    Console.WriteLine("ryomaは、TwitterとLINEのどちらかを使っています");
}
if (ryoma.HasFlag(Sns.Facebook | Sns.Instagram))
{
    Console.WriteLine("ryomaは、FacebookとInstagramの両方を使っています
");
}
```

nullを扱う

Chapter

8

119 null許容値型を利用したい

● null許容値型の変数宣言

型名? 変数名 = 初期値;

intやでdecimalなどの値型で、nullを代入できるようにするには、変数の宣言時に型名の後ろに?を付加します。このような型をnull許容値型といいます。

null許容値型の変数に設定された値を取得するには、サンプルコードのように、HasValueプロパティで値が設定されているかどうかを調べてから、Valueプロパティで値を参照します。

■ Recipe_119/Program.cs

```
using System;

// null許容型変数を利用する
int? num = null;
// nullかどうかを判断する != nullでもよい
if (num.HasValue)
{
    int val = num.Value;      // Valueプロパティで値を取得する
    Console.WriteLine(val);
}
int num2 = num ?? -1;         // null合体演算子も利用できる
Console.WriteLine(num2);

int? num3 = 36;
if (num3 is int myValue)      // is演算子による検査
{
    Console.WriteLine(myValue);
}
else
{
    Console.WriteLine("num3は値を持っていない");
}
```

▼ 実行結果

```
-1
36
```

上記のコードでは、numの値はnullですから、最初のConsole.WriteLine()は実行されません。

null合体演算子の例では、numにはnullが代入されていますので、-1がnum2に代入されます。結果として、-1が出力されることになります。

最後のnum3を使った例では、is演算子を用いて実際の値を取り出し、myValue変数に代入しています。

発展

null許容値型のインスタンスは、System.Nullable<T>型です。そのため、以下のような宣言も可能です。

```
Nullable<int> num = null;
Nullable<DateTime> date = null;
```

また、null許容値型はSystem.Nullable<T>型が持つプロパティやメソッドを利用することができます。

(関連項目)

124 null許容参照型を利用したい

120 null合体演算子で nullのときだけ別の値にしたい

● null合体演算子

```
式1 ?? 式2
```

null合体演算子(??)は、??の左のオペランド（式1）がnullでない場合は式1の値を返し、式1がnull の場合は??の右のオペランド（式2）の値を返します。

■ Recipe_120/Program.cs

```
using System;

string encoding = null;
var text = "エンコーディング: " + (encoding ?? "UTF-8");
Console.WriteLine(text);
```

▼ 実行結果

```
エンコーディング: UTF-8
```

補足

上記コードは、if文を使って書くと以下のようなコードになります。

■ Recipe_120/Program.cs

```
string encoding = null;
var text = "エンコーディング: ";
if (encoding == null)
    text += "UTF-8";
else
    text += encoding;
Console.WriteLine(text);
```

121 null条件演算子で nullチェックを省略したい

● null条件演算子

式?.メンバー

null条件演算子（?.）は、そのオペランドがnull以外のときのみメンバーへのアクセス操作が行われ、それ以外の場合はnullを返します。null条件演算子はC#6.0で導入された機能です。

■ Recipe_121 / Program.cs

```csharp
using System;
using System.Linq;

var array = new []
{
    new { Name = "Strawberries", Color = "Red" },
    new { Name = "Lemons", Color = "Yellow" },
    new { Name = "Avocados", Color = "Green" },
    new { Name = "Blueberries", Color = "Purple" },
    new { Name = "Oranges", Color = "Orange" },
};
var item = array.FirstOrDefault(x => x.Color == "White");
// itemがnullで無いなら、item.Colorがcolorに代入される
// itemがnullならnullがcolorに代入される
var color = item?.Color;
Console.WriteLine($"[{color}]");
```

▼ 実行結果

```
[]
```

122 null条件演算子と null合体演算子を 同時に使いたい

Syntax

● null条件演算子とnull合体演算子の併用

式1?.メンバー ?? 式2

null条件演算子 (?.) は、null合体演算子 (??) とともに利用することがよくあります。null条件演算子を使った結果がnullであった場合の値を簡潔に表現できます。

■ Recipe_122/Program.cs

```csharp
using System;
using System.Linq;

var array = new []
{
    new { Name = "Strawberries", Color = "Red" },
    new { Name = "Lemons", Color = "Yellow" },
    new { Name = "Avocados", Color = "Green" },
    new { Name = "Blueberries", Color = "Purple" },
    new { Name = "Oranges", Color = "Orange" },
};
var item = array.FirstOrDefault(x => x.Color == "White");
// itemがnullならば、item?.Colorはnullとなるので、
// colorには"Unknown"が代入される
var color = item?.Color ?? "Unknown";
Console.WriteLine($"[{color}]");
```

▼ 実行結果

```
[Unknown]
```

123 null合体割り当て演算子で nullのときに値を変更したい

● null合体割り当て演算子

```
変数 ??= 式;
```

　null合体割り当て演算子（??=）を使うと、ある変数やプロパティの値がnullのときに別の値を代入することができます。

■ Recipe_123/Program.cs

```
using System;

string msg = null;
msg ??= "Default Message";
Console.WriteLine(msg);
```

　上記コードは以下のコードと同等の働きをします。

■ Recipe_123/Program.cs

```
using System;

string msg = null;
if (msg == null)
    msg = "Default Message";
Console.WriteLine(msg);
```

▼ 実行結果

```
Default Message
```

124 null許容参照型を利用したい

null許容参照型とはC#8.0から導入された機能です。参照型は通常nullを許容しますが、コンパイラの動作を以下のように変更できます。

既定で参照型をnull非許容とし、?演算子で型を明示的に修飾した場合にのみnullを許容する

C#においてnullを完全に取り去ることは難しいですが、null許容参照型を有効にすることでプログラムの安全性をより高めることが可能です。

null許容参照型を利用するには、プロジェクトファイル（.csprojファイル）に以下の記述を追加します。

■ プロジェクトファイル（.csprojファイル）

```
<PropertyGroup>
  <Nullable>enable</Nullable>
</PropertyGroup>
```

null許容参照型を有効にした場合のサンプルコードを示します。

■ Recipe_124/Program.cs

```
using System;
using System.Linq;

var member = new Member("gihyo", "gihyo@example.com");
Console.WriteLine(member.UserName);
Console.WriteLine($"{member.EmailAddress.Length} {member.
EmailAddress}");
// 以下のふたつの行は、コンパイルで警告がでる
// UserNameはnullを許容しない
member.UserName = null;
// PhoneNumberはnullの可能性があるからLength参照で例外発生の可能性あり
Console.WriteLine($"{member.PhoneNumber.Length}");

public class Member
{
```

```
                        〉〉
    public Member(string userName, string emailAddress)
    {
        UserName = userName;
        EmailAddress = emailAddress;
        AdmissionDate = DateTime.Now;
    }

    public string UserName { get; set; }
    public string EmailAddress { get; set; }
    public string? PhoneNumber { get; set; }
    public DateTime AdmissionDate { get; set; }
}
```

　MemberクラスのUserNameとEmailAddressプロパティはnull非許容です。そのため、以下のようにnullを代入するコードはコンパイラが警告を出します。

```
member.UserName = null;
```

　一方、PhoneNumberはnull許容参照型です。そのため、member.PhoneNumber.Lengthのように、PhoneNumberのプロパティを参照しようとすると、null参照の可能性があるため、コンパイラが警告を出します。
　PhoneNumberがnullでないことが明らかな場合には、以下のようにnull免除演算子 (!) を利用することで、警告を消すことが可能です。もちろん、PhoneNumberがnullの場合には、実行時例外が発生します。

```
Console.WriteLine($"{member.PhoneNumber!.Length} {member.
PhoneNumber}");
```

LINQ

125 条件に該当する要素だけ取得したい（Where）

Syntax

● Enumerable.Where拡張メソッド

```
public static IEnumerable<TSource> Where<TSource>(
    this IEnumerable<TSource> source,
    Func<TSource,bool> predicate);
```

　LINQのWhereメソッドを利用すると、ラムダ式で指定した条件に基づいてシーケンス（IEnumerable<T>型のデータ）をフィルタリングすることができます。
　サンプルコードでは、Ageプロパティが20より大きいオブジェクトだけを取り出しています。

■ Recipe_125/Program.cs

```
using System;
using System.Collections.Generic;
using System.Linq;

var list = new []
{
    new { Name = "古澤", Age = 28 },
    new { Name = "町田", Age = 20 },
    new { Name = "武田", Age = 31 },
    new { Name = "高山", Age = 19 },
    new { Name = "文挾", Age = 22 },
};
var query = list.Where(x => x.Age > 20);
foreach (var x in query)
{
    Console.WriteLine(x.Name);
}
```

▼ 実行結果

古澤
武田
文挾

═ 発展

インデックスを受け取るもう一つのWhereメソッドも用意されています。このメソッドを利用すれば何番目の要素かを条件に付加することが可能です。以下のサンプルコードは、偶数番目(0から開始)で30以上の値を取り出しています。

■ Recipe_125/Program.cs

```
using System;
using System.Collections.Generic;
using System.Linq;

var list = new [] { 28, 32, 54, 21, 56, 98, 14, 43 };
var query = list.Where((n,ix) => ix % 2 == 0 && n >= 30);
foreach (var x in query)
{
    Console.WriteLine(x);
}
```

▼ 実行結果

54
56

126 クエリの結果を新しい型に変換したい (Select)

Syntax

● Enumerable.Select拡張メソッド

```
public static IEnumerable<TResult> Select<TSource,TResult>(
    this IEnumerable<TSource> source,
    Func<TSource,TResult> selector);
```

　LINQのSelectメソッドを利用すると、シーケンスの各要素に対し何らかの変換処理をすることができます。これを射影と呼んでいます。

　サンプルコードではふたつの例を示しています。ひとつ目はシーケンスの各要素を2倍する例です。ふたつ目はシーケンスの各要素を別の型に変換する例です。ここではNameプロパティとSuccessRateプロパティを持った匿名型を生成していますが、通常のクラスや構造体のオブジェクトに変換することも可能です。

■ Recipe_126/Program.cs

```
using System;
using System.Linq;

var nums = new int[] { 1, 3, 5, 7, 9, 11 };
var twices = nums.Select(x => x * 2);
Console.WriteLine(string.Join(',', twices));
```

▼ 実行結果

```
2,6,10,14,18,22
```

■ Recipe_126/Program.cs

```
using System;
using System.Linq;

var list = new []
```

```
{
    new { Name = "武田", Attempts = 20, Success = 10 },
    new { Name = "町田", Attempts = 17, Success = 11 },
    new { Name = "高山", Attempts = 21, Success = 12 },
};
var query = list.Select(x => new
{
    x.Name,
    SuccessRate = (x.Success * 100.0) / x.Attempts
});
foreach (var item in query)
{
    Console.WriteLine($"{item.Name}: {item.SuccessRate:0.0}%");
}
```

▼ 実行結果

```
武田: 50.0%
町田: 64.7%
高山: 57.1%
```

― 発展

シーケンスのインデックスを受け取るSelectメソッドも用意されています。以下にそのサンプルを示します。

■ Recipe_126/Program.cs

```
var nums = new [] { "A", "B", "C", "D" };
var seq = nums.Select((s, index) => $"{index}:{s}");
Console.WriteLine(string.Join(", ", seq));
```

▼ 実行結果

```
0:A, 1:B, 2:C, 3:D
```

127 ある位置までの要素を 取得したい (Take/TakeWhile)

Syntax

- Enumerable.Take拡張メソッド

```
public static IEnumerable<TSource> Take<TSource>(
    this IEnumerable<TSource> source, int count);
```

- Enumerable.TakeWhile拡張メソッド

```
public static IEnumerable<TSource> TakeWhile<TSource>(
    this IEnumerable<TSource> source,
    Func<TSource,bool> predicate);
```

　LINQのTakeメソッドを利用すると、シーケンスの先頭から指定した数だけ要素を取り出すことができます。TakeWhileメソッドは、指定した条件を満たす間要素を取り出します。

■ Recipe_127/Program.cs

```
using System;
using System.Collections.Generic;
using System.Linq;

var fruits = new List<string>
{
    "apple", "avocado", "banana", "blueberry", "cherry", "grape"
};
var head = fruits.Take(4);
Console.WriteLine(string.Join(',', head));
var head2 = fruits.TakeWhile(x => x.StartsWith("a"));
Console.WriteLine(string.Join(',', head2));
```

▼ 実行結果

```
apple,avocado,banana,blueberry
apple,avocado
```

128 ある位置まで要素を スキップしたい (Skip/SkipWhile)

Syntax

● Enumerable.Skip拡張メソッド

```
public static IEnumerable<TSource> Skip<TSource>(
    this IEnumerable<TSource> source, int count);
```

● Enumerable.SkipWhile拡張メソッド

```
public static IEnumerable<TSource> SkipWhile<TSource>(
    this IEnumerable<TSource> source,
    Func<TSource,bool> predicate);
```

　LINQのSkipメソッドを利用すると、シーケンスから指定した数だけ要素を読み飛ばし、残りの要素を得ることができます。SkipWhileメソッドは、指定した条件を満たす間要素を読み飛ばします。

■ Recipe_128/Program.cs

```
using System;
using System.Collections.Generic;
using System.Linq;

var fruits = new List<string>
{
    "apple", "avocado", "banana", "blueberry", "cherry", "grape"
};
var tail = fruits.Skip(4);
Console.WriteLine(string.Join(',', tail));
var tail2 = fruits.SkipWhile(x => x.StartsWith("a"));
Console.WriteLine(string.Join(',', tail2));
```

▼ 実行結果

```
cherry,grape
banana,blueberry,cherry,grape
```

129 最初の要素を取得したい (First/FirstOrDefault)

Syntax

● Enumerable.First拡張メソッド

```
public static TSource First<TSource>(
    this IEnumerable<TSource> source);
```

● Enumerable.FirstOrDefault拡張メソッド

```
public static TSource FirstOrDefault<TSource>(
    this IEnumerable<TSource> source);
```

シーケンスから最初の要素を取得するには、FirstメソッドかFirstOrDefaultメソッドを利用します。

Firstメソッドは、要素が見つからなかった場合はInvalidOperationException例外が発生します。一方、FirstOrDefaultメソッドは、例外は発生せずにシーケンスの要素の型の既定値（参照型ではnull）が返ります。

■ Recipe_129/Program.cs

```csharp
using System;
using System.Linq;

var names = new[]
{
    "Apple", "Microsoft", "Google", "Oracle",
    "Facebook", "Adobe", "Amazon"
};
var name = names.First();
Console.WriteLine(name);
var name2 = names.FirstOrDefault();
Console.WriteLine(name2 ?? "<Not Found>");
```

▼ 実行結果

```
Apple
Apple
```

━ 発展

Func<TSource,bool>デリゲートを受け取るメソッドも用意されています。シーケンスから条件に一致した最初の要素を取得する場合に利用します。

■ Recipe_129/Program.cs

```
using System;
using System.Linq;

var names = new []
{
    "Apple", "Microsoft", "Google", "Oracle",
    "Facebook", "Adobe", "Amazon"
};
var name = names.First(n => n.Length > 8);
Console.WriteLine(name);
var name2 = names.FirstOrDefault(n => n.Length > 10);
Console.WriteLine(name2 ?? "<Not Found>");
```

▼ 実行結果

```
Microsoft
<Not Found>
```

130 最後の要素を取得したい (Last/LastOrDefault)

Syntax

● Enumerable.Last拡張メソッド

```
public static TSource Last<TSource>(
    this IEnumerable<TSource> source);
```

● Enumerable.LastOrDefault拡張メソッド

```
public static TSource LastOrDefault<TSource>(
    this IEnumerable<TSource> source);
```

　シーケンスから最後の要素を取得するには、LastメソッドかLastOrDefaultメソッドを利用します。
　Lastメソッドは、要素が見つからなかった場合はInvalidOperationException例外が発生します。
一方、LastOrDefaultメソッドは例外は発生せずに、シーケンスの要素の型の既定値(参照型では
null)が返ります。

■ Recipe_130/Program.cs

```csharp
using System;
using System.Linq;

var names = new[]
{
    "Apple", "Microsoft", "Google", "Oracle",
    "Facebook", "Adobe", "Amazon"
};
var name = names.Last();
Console.WriteLine(name);
var name2 = names.LastOrDefault();
Console.WriteLine(name2 ?? "<Not Found>");
```

▼ 実行結果

```
Amazon
Amazon
```

━ 発展

Func<TSource,bool>デリゲートを受け取るメソッドも用意されています。シーケンスから条件に一致した最後の要素を取得する場合に利用します。

■ Recipe_130/Program.cs

```csharp
using System;
using System.Linq;

var names = new[]
{
    "Apple", "Microsoft", "Google", "Oracle",
    "Facebook", "Adobe", "Amazon"
};
var name = names.Last(n => n.Length >= 8);
Console.WriteLine(name);
var name2 = names.LastOrDefault(n => n.Length > 10);
Console.WriteLine(name2 ?? "<Not Found>");
```

▼ 実行結果

```
Facebook
<Not Found>
```

131 指定した位置の要素を 取得したい (ElementAt)

Syntax

● **Enumerable.ElementAt拡張メソッド**

```
public static TSource ElementAt<TSource>(
    this IEnumerable<TSource> source, int index);
```

　LINQのElementAtメソッドを利用すると、シーケンスの指定した位置にある要素を取得することができます。

　サンプルコードでは、並べ替えをした後の4番目 (先頭は0番目) の要素を取り出しています。

■ **Recipe_131/Program.cs**

```
using System;
using System.Linq;

var names = new []
{
    "Apple", "Microsoft", "Google", "Oracle", "Facebook"
};
var name = names.OrderBy(n => n.Length)
                .ElementAt(1);
Console.WriteLine(name);
```

▼ **実行結果**

```
Google
```

132 重複する値を取り除きたい (Distinct)

Syntax

● Enumerable.Distinct拡張メソッド

```
public static IEnumerable<TSource> Distinct<TSource>(
    this IEnumerable<TSource> source);
```

　LINQのDistinctメソッドを利用すると、シーケンスから重複した要素を取り除き、一意のシーケンスを取り出すことができます。

　サンプルコードでは、重複した文字列を取り除き、重複のないシーケンスを作成しています。重複がないかを確認しやすくするために、OrderByメソッドで並べ替えています。

■ Recipe_132/Program.cs

```csharp
using System;
using System.Linq;

var names = new []
{
    "Apple", "Microsoft", "Google", "Apple", "Microsoft",
    "Adobe", "Oracle", "Facebook", "Adobe", "Amazon"
};
var query = names.Distinct()
                .OrderBy(x => x);
Console.WriteLine(String.Join(',', query));
```

▼ 実行結果

```
Adobe,Amazon,Apple,Facebook,Google,Microsoft,Oracle
```

補足

　次のようにメソッド呼び出しの順序をOrderBy、Distinctの順に書いてしまうと、並べ替えが期待した結果にならない可能性があります。注意してください。

```csharp
var query = names.OrderBy(x => x)
                .Distinct();
```

■ 発展

IEqualityComparer<T>を引数に持つDistinctメソッドも用意されています。IEquality
Comparer<T>を使用した値の比較により、要素が等しいかを判定し重複を取り除きます。

⊂ 関連項目 ⊃

▶▶192 IEqualityComparer<T>インターフェイスを実装したい

133 シーケンスの要素の順序を反転したい (Reverse)

Syntax

● Enumerable.Reverse拡張メソッド

```
public static IEnumerable<TSource> Reverse<TSource>(
    this IEnumerable<TSource> source);
```

LINQのReverseメソッドを利用すると、シーケンスの順序を反転させることができます。

なお、List<T>に対してReverseメソッドを呼び出す際は、List<T>に定義されたReverseメソッドが優先されてしまいます。そのため、サンプルコードで示したように、ジェネリックメソッドの型パラメーターを明示します。こうすることでLINQのReverseメソッドを呼び出すことができます。

■ Recipe_133/Program.cs

```csharp
using System;
using System.Collections.Generic;
using System.Linq;

var fruits = new List<string>
{
    "apple", "avocado", "banana", "blueberry", "cherry", "grape"
};
var reversed = fruits.Reverse<string>();
Console.WriteLine(string.Join(',', reversed));
```

▼ 実行結果

```
grape,cherry,blueberry,banana,avocado,apple
```

134 データを並べ替えたい (OrderBy/ OrderByDescending)

● Enumerable.OrderBy拡張メソッド

```
public static IOrderedEnumerable<TSource> OrderBy<TSource,TKey>(
    this IEnumerable<TSource> source,
    Func<TSource,TKey> keySelector);
```

● Enumerable.OrderByDescending拡張メソッド

```
public static IOrderedEnumerable<TSource>
OrderByDescending<TSource,TKey>(
    this IEnumerable<TSource> source,
    Func<TSource,TKey> keySelector);
```

● Enumerable.ThenBy拡張メソッド

```
public static IOrderedEnumerable<TSource> ThenBy<TSource,TKey>(
    this IOrderedEnumerable<TSource> source,
    Func<TSource,TKey> keySelector);
```

● Enumerable.ThenByDescending拡張メソッド

```
public static IOrderedEnumerable<TSource>
ThenByDescending<TSource,TKey>(
    this IOrderedEnumerable<TSource> source,
    Func<TSource,TKey> keySelector);
```

　LINQのOrderByメソッドを利用すると、シーケンスを指定したキーに従い昇順に並べ替えることができます。OrderByDescendingメソッドを利用すると、降順に並べ替えることができます。

　これらのメソッドに続けて、ThenBy、ThenByDescendingメソッドを利用すると、ふたつ以上のキーで並び替えをすることができます。

　ここではOrderBy、OrderByDescending、ThenByDescendingメソッドを使ったサンプルコードを示します。

■ Recipe_134/Program.cs

```
using System;
using System.Linq;

var list = new[]
{
    new { Name = "高岩", Age = 28 },
    new { Name = "古澤", Age = 20 },
    new { Name = "高山", Age = 19 },
    new { Name = "斎藤", Age = 22 },
    new { Name = "町田", Age = 20 },
    new { Name = "武田", Age = 28 },
};

var ordered = list.OrderBy(x => x.Age);
foreach (var x in ordered)
{
    Console.WriteLine($"{x.Name} {x.Age}");
}
Console.WriteLine("---");

var ordered2 = list.OrderByDescending(x => x.Age);
foreach (var x in ordered2)
{
    Console.WriteLine($"{x.Name} {x.Age}");
}
Console.WriteLine("---");

var ordered3 = list.OrderBy(x => x.Age)
                   .ThenByDescending(x => x.Name);
foreach (var x in ordered3)
{
    Console.WriteLine($"{x.Name} {x.Age}");
}
```

データを並べ替えたい (OrderBy/OrderByDescending)

▼ 実行結果

高山	19
古澤	20
町田	20
斎藤	22
高岩	28
武田	28

高岩	28
武田	28
斎藤	22
古澤	20
町田	20
高山	19

高山	19
町田	20
古澤	20
斎藤	22
武田	28
高岩	28

135 特定の型だけを取得したい (OfType)

Syntax

● Enumerable.OfType拡張メソッド

```
public static IEnumerable<TResult> OfType<TResult>(
    this IEnumerable source);
```

LINQのOfTypeメソッドを利用すると、シーケンスから指定した型の要素だけを取得することができます。

サンプルコードではint型の要素だけを抜き出しています。

■ Recipe_135/Program.cs

```csharp
using System;
using System.Linq;

var list = new object[] { 10, 30L, 4.32, "word", 45, "text" };
var query = list.OfType<int>();
foreach (var n in query)
{
    Console.WriteLine(n);
}
```

▼ 実行結果

```
10
45
```

136 シーケンスの先頭/末尾に要素を追加したい（Prepend/Append）

● Enumerable.Prepend拡張メソッド

```
public static IEnumerable<TSource> Prepend<TSource>(
    this IEnumerable<TSource> source, TSource element);
```

● Enumerable.Append拡張メソッド

```
public static IEnumerable<TSource> Append<TSource>(
    this IEnumerable<TSource> source, TSource element);
```

　LINQのPrependメソッドを利用すると、シーケンスの先頭にひとつ要素を追加し、新たなシーケンスを作成できます。LINQのAppendメソッドを利用すると、シーケンスの最後にひとつ要素を追加した新たなシーケンスを作成できます。

■ Recipe_136/Program.cs

```csharp
using System;
using System.Linq;

var sports = new []
{
    "tennis", "basketball", "baseball", "skating"
};
var newseq = sports.Prepend("skiing");
Console.WriteLine(string.Join(", ", newseq));

var newseq2 = sports.Append("skiing");
Console.WriteLine(string.Join(", ", newseq2));
```

▼ 実行結果

```
skiing, tennis, basketball, baseball, skating
tennis, basketball, baseball, skating, skiing
```

137 シーケンス内の要素数を求めたい（Count）

Syntax

● **Enumerable.Count拡張メソッド**

```
public static int Count<TSource>(
    this IEnumerable<TSource> source);
```

LINQのCountメソッドを利用すると、シーケンスに含まれている要素の数をカウントできます。

■ Recipe_137/Program.cs

```
using System;
using System.Linq;

var fruits = new[]
{
    "apple", "banana", "blueberry", "cherry", "grape"
};
var count = fruits.Count();
Console.WriteLine(count);
```

▼ 実行結果

```
5
```

■ 発展

Func<TSource,bool>デリゲートを引数に受け取るCountメソッドも用意されています。これを使うと指定した条件を満たす要素の数をカウントできます。

次のコードは、試投数（Attempts）が20以上の選手の数を求めています。

■ Recipe_137/Program.cs

```csharp
using System;
using System.Linq;

var list = new []
{
    // { 選手の名前, 試投数, 成功数 }のリスト（匿名オブジェクトを利用）
    new { Name = "武田", Attempts = 20, Success = 10 },
    new { Name = "町田", Attempts = 17, Success = 11 },
    new { Name = "文挟", Attempts = 22, Success = 18 },
    new { Name = "高山", Attempts = 21, Success = 12 },
};
var count = list.Count(x => x.Attempts >= 20);
Console.WriteLine(count);
```

▼ 実行結果

```
3
```

138 合計を求めたい (Sum)

Syntax

- **Enumerable.Sum拡張メソッド**

```
public static int? Sum<TSource>(
    this IEnumerable<TSource> source,
    Func<TSource,Nullable<int>> selector);
```

※ int型の他に、double、decimal、longなどの数値型のオーバーロードもあります。

　LINQのSumメソッドを利用すると、シーケンスの合計を求めることができます。
　シーケンスの要素が数値だった場合は、引数なしのSumメソッドを利用するとその合計が求まります。
以下に示す例では、指定したプロパティの値の合計を求めています。

■ Recipe_138/Program.cs

```
using System;
using System.Linq;

var list = new []
{
    // { 選手の名前, 試投数, 成功数 }のリスト（匿名オブジェクトを利用）
    new { Name = "武田", Attempts = 20, Success = 10 },
    new { Name = "町田", Attempts = 17, Success = 11 },
    new { Name = "文挾", Attempts = 22, Success = 18 },
    new { Name = "高山", Attempts = 21, Success = 12 },
};
var sum = list.Sum(x => x.Success);
Console.WriteLine(sum);
```

▼ 実行結果

```
51
```

139 最小値、最大値を求めたい (Min/Max)

Syntax

● Enumerable.Min拡張メソッド

```
public static int? Min<TSource>(
    this IEnumerable<TSource> source,
    Func<TSource,Nullable<int>> selector);
```

● Enumerable.Max拡張メソッド

```
public static int? Max<TSource>(
    this IEnumerable<TSource> source,
    Func<TSource,Nullable<int>> selector);
```

※ int型の他に、double、decimal、longなどの数値型のオーバーロードもあります。

LINQのMinメソッド、Maxメソッドを利用することで、シーケンスの各要素の中から最小値、最大値を求めることができます。

サンプルコードでは、Successプロパティの値の最小値と最大値を求めています。

■ Recipe_139/Program.cs

```
using System;
using System.Linq;

var list = new []
{
    // { 選手の名前, 試投数, 成功数 }のリスト (匿名オブジェクトを利用)
    new { Name = "武田", Attempts = 20, Success = 10 },
    new { Name = "町田", Attempts = 17, Success = 11 },
    new { Name = "文挟", Attempts = 22, Success = 18 },
    new { Name = "高山", Attempts = 21, Success = 12 },
};

var max = list.Max(x => x.Success);
Console.WriteLine(max);
```

```
var min = list.Min(x => x.Success);
Console.WriteLine(min);
```

▼ 実行結果

```
18
10
```

発展

以下のように計算式を指定することも可能です。ここでは成功率（成功数/試投数）の最小値、最大
値を求めています。

■ Recipe_139/Program.cs

```
var max = list.Max(x => (double)x.Success / x.Attempts);
Console.WriteLine(max);

var min = list.Min(x => (double)x.Success / x.Attempts);
Console.WriteLine(min);
```

▼ 実行結果

```
0.8181818181818182
0.5
```

140 平均値を求めたい（Average）

Syntax

● Enumerable.Average拡張メソッド

```
public static double Average<TSource>(
    this IEnumerable<TSource> source, Func<TSource,int> selector);
```

※ int型の他に、double、decimal、longなどの数値型のオーバーロードもあります。

LINQのAverageメソッドを利用すると、シーケンス内の要素の平均値を求めることができます。
サンプルコードでは、Successプロパティ（成功数）の平均値を求めています。

■ Recipe_140/Program.cs

```
using System;
using System.Linq;

var list = new []
{
    // { 選手の名前，試投数，成功数 }のリスト（匿名オブジェクトを利用）
    new { Name = "武田", Attempts = 20, Success = 10 },
    new { Name = "町田", Attempts = 17, Success = 11 },
    new { Name = "文挟", Attempts = 22, Success = 18 },
    new { Name = "高山", Attempts = 21, Success = 12 },
};
var avg = list.Average(x => x.Success);
Console.WriteLine(avg);
```

▼ 実行結果

```
12.75
```

141 すべての要素が条件を満たしているかどうかを調べたい（All）

Syntax

● Enumerable.All拡張メソッド

```
public static bool All<TSource>(
    this IEnumerable<TSource> source,
    Func<TSource,bool> predicate);
```

　LINQのAllメソッドを利用すると、シーケンス内のすべての要素が指定した条件を満たしているのかを調べることができます。
　サンプルコードでは、すべての選手の試投数（Attempts）が10以上かを調べています。

■ Recipe_141/Program.cs

```
using System;
using System.Linq;

var list = new []
{
    // { 選手の名前，試投数，成功数 }のリスト（匿名オブジェクトを利用）
    new { Name = "武田", Attempts = 20, Success = 10 },
    new { Name = "町田", Attempts = 17, Success = 11 },
    new { Name = "文挟", Attempts = 22, Success = 18 },
    new { Name = "高山", Attempts = 21, Success = 12 },
};
if (list.All(x => x.Attempts >= 10))
    Console.WriteLine("すべてのメンバーがAttempts >= 10です");
```

▼ 実行結果

```
すべてのメンバーがAttempts >= 10です
```

142 いずれかの要素が条件を 満たしているかどうかを 調べたい（Any）

Syntax

● Enumerable.Any拡張メソッド

```
public static bool Any<TSource>(
    this IEnumerable<TSource> source,
    Func<TSource,bool> predicate);
public static bool Any<Tsource>(
    this System.Collections.Generic.IEnumerable<TSource> source);
```

　LINQのAnyメソッドを利用することで、シーケンス内に条件を満たす要素が存在しているかどうか調べることができます。

　Anyメソッドには、引数のないメソッドも用意されています。引数がない場合は、シーケンス内に要素があるかどうかを調べることができます。要素があるかないかを調べるには、CountメソッドよりもAnyメソッドを使った方が効率がよいです。

■ Recipe_142/Program.cs

```
using System;
using System.Linq;

var list = new []
{
    // { 選手の名前，試投数，成功数 }のリスト（匿名オブジェクトを利用）
    new { Name = "武田", Attempts = 20, Success = 10 },
    new { Name = "町田", Attempts = 17, Success = 11 },
    new { Name = "文挾", Attempts = 22, Success = 18 },
    new { Name = "高山", Attempts = 21, Success = 12 },
};
if (list.Any(x => x.Attempts >= 20))
    Console.WriteLine("Attempts >= 20のメンバーが一人以上います");

if (list.Any())
    Console.WriteLine("listにはいくつかの要素が含まれています");
```

▼ 実行結果

```
Attempts >= 20のメンバーが一人以上います
listにはいくつかの要素が含まれています
```

143 指定した要素がシーケンスに含まれているか調べたい (Contains)

Syntax

● Enumerable.Contains拡張メソッド

```
public static bool Contains<TSource>(
    this IEnumerable<TSource> source, TSource value);
```

　LINQのContainsメソッドを利用すると、指定した要素がシーケンスに含まれているかを調べることができます。

■ Recipe_143/Program.cs

```
using System;
using System.Linq;

var drinks = new[]
{
    "wine", "sake", "beer", "whisky", "liqueur",
    "cocktail", "champagne"
};
var hasWhisky = drinks.Contains("whisky");
Console.WriteLine("whiskyが含まれて" + (hasWhisky ? "います" : "いません ⏎
"));
```

▼ 実行結果

```
whiskyが含まれています
```

144 シーケンスを配列や List<T>に変換したい (ToArray/ToList)

Syntax

● Enumerable.ToArray拡張メソッド

```
public static TSource[] ToArray<TSource>(
    this IEnumerable<TSource> source);
```

● Enumerable.ToList拡張メソッド

```
public static List<TSource> ToList<TSource>(
    this IEnumerable<TSource> source);
```

　LINQのクエリの結果を配列に変換したい場合はToArrayメソッドを利用します。List<T>に変換したい場合にはToListメソッドを利用します。

■ Recipe_144_ToArray/Program.cs

```
using System;
using System.Linq;

var dateStrs = new [] { "1868/10/23", "1912/7/30",
                        "1926/12/25", "1989/1/8" };
var array = dateStrs.Select(x => DateTime.Parse(x)).ToArray();
// 配列なのでインデックスでアクセスできる
Console.WriteLine($"array[0]: {array[0]}");
// 配列なのでLengthプロパティが使える
Console.WriteLine($"要素数: {array.Length}");
```

▼ 実行結果

```
array[0]: 1868/10/23 0:00:00
要素数: 4
```

231

シーケンスを配列やList<T>に変換したい (ToArray/ToList)

■ Recipe_144_ToList/Program.cs

```csharp
using System;
using System.Linq;

var dateStrs = new [] { "1868/10/23", "1912/7/30",
                        "1926/12/25", "1989/1/8" };
var list = dateStrs.Select(x => DateTime.Parse(x)).ToList();
// List<T>なのでAddメソッドが使える
list.Add(new DateTime(2019, 5, 1));
// List<T>なのでCountプロパティが使える
Console.WriteLine($"要素数: {list.Count}");
```

▼ 実行結果

```
要素数: 5
```

145 ディクショナリに変換したい (ToDictionary)

Syntax

● Enumerable.ToDictionary拡張メソッド

```
public static Dictionary<TKey,TElement> ToDictionary<TSource,TKey,
TElement>(
    this IEnumerable<TSource> source,
    Func<TSource,TKey> keySelector,
    Func<TSource,TElement> elementSelector);
```

LINQのクエリの結果をDictionary<TKey,TValue>に変換したい場合には、ToDictionaryメソッドを利用します。

■ Recipe_145/Program.cs

```csharp
using System;
using System.Linq;

var list = new []
{
    new { Extension = "bat", Description = "バッチファイル" },
    new { Extension = "docx", Description = "Wordファイル" },
    new { Extension = "exe", Description = "実行ファイル" },
    new { Extension = "txt", Description = "テキストファイル" },
    new { Extension = "md", Description = "Markdownファイル" },

};
// KeyとValueを指定してDictionaryを作成する
// ひとつ目の引数がキー、ふたつ目の引数がValueとなる
var dict = list.ToDictionary(k => k.Extension, v => v.
Description);
foreach (var item in dict)
{
    Console.WriteLine($"{item.Key}: {item.Value}");
}
```

▼ 実行結果

```
bat: バッチファイル
docx: Wordファイル
exe: 実行ファイル
txt: テキストファイル
md: Markdownファイル
```

（ 関連項目 ）

▶▶091 Dictionary<TKey,TValue>を利用したい

146 HashSet<T>に変換したい (ToHashSet)

Syntax

● Enumerable.ToHashSet拡張メソッド

```
public static HashSet<TSource> ToHashSet<TSource>(
    this IEnumerable<TSource> source);
```

　LINQのクエリの結果をHashSet<T>に変換するには、ToHashSetメソッドを利用します。HashSet<T>に変換することで、IEnumerable<T>よりも高速に集合演算が行えます。シーケンスに要素の重複があった場合でも、例外は発生せず要素の重複が取り除かれます。

■ Recipe_146/Program.cs

```csharp
using System;
using System.Linq;

var fruits1 = new [] { "apple", "banana", "blueberry", "apple" };
var fruits2 = new [] { "banana", "blueberry", "cherry" };
var set1 = fruits1.ToHashSet();
var set2 = fruits2.ToHashSet();
set1.IntersectWith(set2);
foreach (var item in set1)
{
    Console.WriteLine(item);
}
```

▼ 実行結果

```
banana
blueberry
```

（ 関連項目 ）

▶▶094 HashSet<T>で集合演算を行いたい

147 指定したキーでグルーピングして ILookup<K,E>に変換したい

Syntax

● Enumerable.ToLookUp拡張メソッド

```
public static ILookup<TKey,TElement> ToLookup<TSource,TKey,TEleme
nt>(
    this IEnumerable<TSource> source,
    Func<TSource,TKey> keySelector,
    Func<TSource,TElement> elementSelector);
```

　ToLookupメソッドを利用すると、シーケンス内の要素を指定したキーでグルーピングすることができます。
　ILookup<TKey,TElement>型は、Dictionary<TKey,TElement>に似ていますが、以下のような違いがあります。

▶ Dictionary<TKey,TValue> …… キーに対応する値が単一の値に割り当てられる
▶ ILookup<TKey,TElement> …… キーに対応する値がコレクションに割り当てられる

■ Recipe_147/Program.cs

```
using System;
using System.Linq;

var books = new[]
{
    new { Title = "マネジメント", Category = "Business" },
    new { Title = "ファウスト", Category = "Novel"},
    new { Title = "生命とは何か", Category = "Science"},
    new { Title = "相対論の意味", Category = "Science"},
    new { Title = "レ・ミゼラブル", Category = "Novel"},
    new { Title = "タイムマシン", Category = "Novel"},
};
var lookup = books.ToLookup(x => x.Category, x => x.Title);
foreach (var g in lookup)
{
```

```
〉〉
    Console.WriteLine($"#{g.Key}");
    foreach (var title in g)
    {
        Console.WriteLine($" {title}");
    }
}
```

▼ 実行結果

```
#Business
  マネジメント
#Novel
  ファウスト
  レ・ミゼラブル
  タイムマシン
#Science
  生命とは何か
  相対論の意味
```

(関連項目)

▶▶ 151 指定したキーに基づいて結果をグループ化したい（GroupBy）

148 和集合を求めたい (Union)

Syntax

● Enumerable.Union拡張メソッド

```
public static IEnumerable<TSource> Union<TSource>(
    this IEnumerable<TSource> first, IEnumerable<TSource> second);
```

LINQのUnionメソッドを利用すると、ふたつのシーケンスの和集合を求めることができます。
以下の例では、和集合した結果をOrderByメソッドで並び並び替えています。

■ Recipe_148/Program.cs

```
using System;
using System.Linq;

var names1 = new [] { "Apple", "Microsoft", "Google", "Oracle" };
var names2 = new [] { "Microsoft", "Adobe", "Facebook", "Amazon"
};
var query = names1.Union(names2)
                  .OrderBy(x => x);
Console.WriteLine(String.Join(',', query));
```

▼ 実行結果

```
Adobe,Amazon,Apple,Facebook,Google,Microsoft,Oracle
```

(関連項目)

▶▶094 HashSet<T>で集合演算を行いたい

149 積集合を求めたい (Intersect)

● Enumerable.Intersect拡張メソッド

```
public static IEnumerable<TSource> Intersect<TSource>(
    this IEnumerable<TSource> first, IEnumerable<TSource> second);
```

LINQのIntersectメソッドを利用すると、ふたつのシーケンスの積集合を求めることができます。
サンプルコードでは、names1配列とnames2配列の両方にある文字列を取り出しています。

■ Recipe_149/Program.cs

```
using System;
using System.Linq;

var names1 = new [] { "Apple", "Microsoft", "Google", "Oracle" };
var names2 = new [] { "Microsoft", "Adobe", "Facebook", "Amazon" ⏎
};
var query = names1.Intersect(names2);
Console.WriteLine(String.Join(',', query));
```

▼ 実行結果

```
Microsoft
```

（ 関連項目 ）

▶▶094 HashSet<T>で集合演算を行いたい

150 差集合を求めたい (Except)

Syntax

● Enumerable.Except拡張メソッド

```
public static IEnumerable<TSource> Except<TSource>(
    this IEnumerable<TSource> first, IEnumerable<TSource> second);
```

LINQのExceptメソッドを利用すると、ふたつのシーケンスの差集合を求めることができます。

サンプルコードでは、names1配列にある文字列から、names2配列にある文字列を取り除いています。

■ Recipe_150/Program.cs

```
using System;
using System.Linq;

var names1 = new [] { "Apple", "Microsoft", "Google", "Oracle",
"Amazon" };
var names2 = new [] { "Microsoft", "Adobe", "Facebook", "Amazon"
};
var query = names1.Except(names2);
Console.WriteLine(String.Join(',', query));
```

▼ 実行結果

```
Apple,Google,Oracle
```

(関連項目)

▶▶094 HashSet<T>で集合演算を行いたい

151

指定したキーに基づいて結果をグループ化したい（GroupBy）

Syntax

● Enumerable.GroupBy拡張メソッド

```
public static IEnumerable<IGrouping<TKey,TSource>>
GroupBy<TSource,TKey>(
    this IEnumerable<TSource> source,
    Func<TSource,TKey> keySelector);
```

LINQのGroupByメソッドは、指定したキーセレクタ関数でシーケンスの要素をグループ化します。以下のサンプルコードは、配列をCategoryプロパティでグループ化しています。

■ Recipe_151 / Program.cs

```
using System;
using System.Linq;

var books = new[] {
    new { Title = "マネジメント", Category = Category.Business },
    new { Title = "ファウスト", Category = Category.Novel},
    new { Title = "生命とは何か", Category = Category.Science},
    new { Title = "相対論の意味", Category = Category.Science},
    new { Title = "レ・ミゼラブル", Category = Category.Novel},
    new { Title = "タイムマシン", Category = Category.Novel},
};
// Categoryでグルーピングする
var groups = books.GroupBy(x => x.Category);
foreach (var g in groups) {
    Console.WriteLine($"#{g.Key}");
    foreach (var b in g) {
        Console.WriteLine($" {b.Title}");
    }
}

public enum Category {
```

〉〉

Chap 9

LINQ

241

```
              ⟩⟩
    Business,
    Novel,
    Science,
}
```

▼ 実行結果

#Business
マネジメント
#Novel
ファウスト
レ・ミゼラブル
タイムマシン
#Science
生命とは何か
相対論の意味

補足

ToLookupとGroupByはどちらも同じような結果が得られますが、このふたつのメソッドには大きな違いがあります。それは、ToLookupが即時実行メソッドなのに対し、GroupByは遅延実行メソッドであるという点です。特にデータベースの場合はこの違いがパフォーマンスに大きく影響し、多くのケースではGroupByが有利に働きます。

(関連項目)

▶▶147 指定したキーでグルーピングしてILookup<K,E>に変換したい

152 関連のあるふたつのシーケンスをひとつにまとめたい（Join）

Syntax

● Enumerable.Join拡張メソッド

```
public static IEnumerable<TResult>
Join<TOuter,TInner,TKey,TResult>(
    this IEnumerable<TOuter> outer,
    IEnumerable<TInner> inner,
    Func<TOuter,TKey> outerKeySelector,
    Func<TInner,TKey> innerKeySelector,
    Func<TOuter,TInner,TResult> resultSelector);
```

LINQのJoinメソッドは、指定したキーでふたつのシーケンスを関連付けます。

サンプルコードでは、teachers配列のIdとcourses配列のTeacherIdを関連付けています。Joinの最後の引数resultSelectorは、結果を作成する関数（ラムダ式）を指定します。

■ Recipe_152/Program.cs

```
using System;
using System.Linq;

var teachers = new []
{
    new { Id = 10, Name = "高橋先生" },
    new { Id = 14, Name = "三橋先生" },
    new { Id = 26, Name = "吉原先生" },
};
var courses = new []
{
    new { Title = "数学原論", TeacherId = 10 },
    new { Title = "数論", TeacherId = 10 },
    new { Title = "幾何学I", TeacherId = 14 },
    new { Title = "幾何学II", TeacherId = 14 },
    new { Title = "微分・積分", TeacherId = 26 },
```

⟨⟨

```
};
// teachersとcoursesをJoinする
// Joinするキーは、teachersのIdとcoursesのTeacherId
// Join後のオブジェクトは、{Id, Name, Title}
var query = teachers.Join(courses,
    t => t.Id,
    c => c.TeacherId,
    (t, c) => new { t.Id, t.Name, c.Title });
foreach (var item in query)
{
    Console.WriteLine($"{item.Id} {item.Name} {item.Title}");
}
```

▼ 実行結果

```
10  高橋先生  数学原論
10  高橋先生  数論
14  三橋先生  幾何学I
14  三橋先生  幾何学II
26  吉原先生  微分・積分
```

発展

複数のプロパティをキーにしたい場合は、以下のように匿名型を利用します。

```
var query = salesDetails.Join(products,
    s => new { s.Code, s.Color },
    p => new { p.Code, p.Color },
    (s, p) => new { …… });
```

153

ふたつのシーケンスの要素を
関連付けその結果を
グループ化したい（GroupJoin）

Syntax

● Enumerable.GroupJoin拡張メソッド

```
public static IEnumerable<TResult>
GroupJoin<TOuter,TInner,TKey,TResult>(
    this IEnumerable<TOuter> outer,
    IEnumerable<TInner> inner,
    Func<TOuter,TKey> outerKeySelector,
    Func<TInner,TKey> innerKeySelector,
    Func<TOuter,IEnumerable<TInner>,TResult> resultSelector);
```

Chap 9

LINQ

LINQのGroupJoinメソッドは、指定したキーでふたつのシーケンスを関連付けてグループ化します。JoinメソッドとGroupByメソッドを合わせたようなメソッドです。

サンプルコードでは、teachers配列のIdとcourses配列のTeacherIdを関連付けて、どの先生がどの講座を受け持っているのかをわかるようにしています。

通常のJoinとは異なり、結果は階層構造を持ったシーケンスとなります。そのため結果を取り出すのに、二重のforeach文を利用しています。

■ Recipe_153/Program.cs

```
using System;
using System.Linq;

var teachers = new []
{
    new { Id = 10, Name = "高橋先生" },
    new { Id = 14, Name = "三橋先生" },
    new { Id = 26, Name = "吉原先生" },
};
var courses = new []
{
    new { Title = "数学原論", TeacherId = 10 },
    new { Title = "数論", TeacherId = 10 },
```

245

```
    new { Title = "微分・積分", TeacherId = 26 },
    new { Title = "幾何学I", TeacherId = 14 },
    new { Title = "幾何学II", TeacherId = 14 },
};
// GroupJoinの第4引数で、一人の先生(Teacher)と複数の講座(Courses)の
// プロパティを持つ匿名オブジェクトを生成している。
// この匿名オブジェクトのシーケンスがGroupJoinの戻り値となる。
var query = teachers.GroupJoin(courses,
    t => t.Id,
    c => c.TeacherId,
    (t, cs) => new { Teacher = t, Courses = cs });
foreach (var group in query)
{
    Console.WriteLine(group.Teacher.Name);
    foreach (var c in group.Courses)
    {
        Console.WriteLine($"  {c.Title}");
    }
}
```

▼ 実行結果

```
高橋先生
    数学原論
    数論
三橋先生
    幾何学I
    幾何学II
吉原先生
    微分・積分
```

154 階層構造になった オブジェクトのシーケンスを 平坦化したい（SelectMany）

Syntax

● **Enumerable.SelectMany拡張メソッド**

```
public static IEnumerable<TResult> SelectMany<TSource,TResult>(
    this IEnumerable<TSource> source,
    Func<TSource,IEnumerable<TResult>> selector);
```

SelectManyメソッドを利用すると、階層構造になったオブジェクトのシーケンスを平坦化することができます。

サンプルコードでは、array配列の各要素が配列になっています。このデータに対しSelectManyメソッドを利用すると、入れ子になった配列の各要素を抜き出して平坦化したシーケンスにすることができます。

■ Recipe_154/Program.cs

```
using System;
using System.Linq;

var array = new []
{
    new { Name = "武田", FavoriteFood = new [] { "カレー", "寿司" } },
    new { Name = "斎藤", FavoriteFood = new [] { "寿司", "餃子", "唐揚
げ" } },
    new { Name = "町田", FavoriteFood = new [] { "ラーメン", "天ぷら" }
},
    new { Name = "文挟", FavoriteFood = new [] { "餃子", "焼肉", "寿司
" } },
};
var foods = array.SelectMany(x => x.FavoriteFood)
                 .Distinct();
Console.WriteLine(string.Join(',', foods));
```

▼ 実行結果

```
カレー,寿司,餃子,唐揚げ,ラーメン,天ぷら,焼肉
```

154

━ 発展

上記の例では、食べ物の情報を平坦化することができましたが、人の情報が抜け落ちてしまいます。もうひとつのSelectManyメソッドを利用すると、関連付けもわかるようになります。GroupByの逆演算とみることもできます。

■ Recipe_154/Program.cs

```
var query = array.SelectMany(x => x.FavoriteFood,
    (o, food) => new { o.Name, Food = food }
);
foreach (var item in query)
{
    Console.WriteLine($"{item.Name} {item.Food}");
}
```

▼ 実行結果

```
武田 カレー
武田 寿司
斎藤 寿司
斎藤 餃子
斎藤 唐揚げ
町田 ラーメン
町田 天ぷら
文挟 餃子
文挟 焼肉
文挟 寿司
```

155 ふたつのシーケンスを連結したい (Concat)

● Enumerable.Concat拡張メソッド

```
public static IEnumerable<TSource> Concat<TSource>(
    this IEnumerable<TSource> first, IEnumerable<TSource> second);
```

　LINQのConcatメソッドを利用すると、ふたつのシーケンスを連結し、新たなシーケンスを作成することができます。

■ Recipe_155/Program.cs

```
using System;
using System.Linq;

var names1 = new [] { "Apple", "Microsoft", "Google" };
var names2 = new [] { "Oracle", "Facebook", "Adobe", "Amazon" };

var names = names1.Concat(names2);
Console.WriteLine(string.Join(",", names));
```

▼ 実行結果

```
Apple,Microsoft,Google,Oracle,Facebook,Adobe,Amazon
```

156 ふたつのシーケンスの対になる要素をタプルのシーケンスに変換したい（Zip）

● Enumerable.Zip拡張メソッド

```
public static IEnumerable<ValueTuple<TFirst,TSecond>>
Zip<TFirst,TSecond>(
    this IEnumerable<TFirst> first, IEnumerable<TSecond> second);
```

　LINQのZipメソッドを使うと、ふたつのシーケンスで対になる要素をタプルのシーケンスに変換することができます。

　サンプルコードでは、eweeks配列とjweeks配列の対応する文字列をタプルにして、そのシーケンスを生成しています。このタプルのシーケンスをToDictionaryメソッドで、Dictionary<string, string>型に変換しています。

■ Recipe_156/Program.cs

```
using System;
using System.Linq;

string[] eweeks = { "Mon", "Tue", "Wed", "Thu", "Fri", "Sat",
"Sun" };
string[] jweeks = { "月", "火", "水", "木", "金", "土", "日" };
var weeks = eweeks.Zip(jweeks)
                .ToDictionary(x => x.Item1, x => x.Item2);
foreach (var item in weeks)
{
    Console.WriteLine($"{item.Key} : {item.Value}");
}
```

▼ 実行結果

```
Mon ： 月
Tue ： 火
Wed ： 水
Thu ： 木
Fri ： 金
Sat ： 土
Sun ： 日
```

Chap **9**

LINQ

157 ふたつのシーケンスが 等しいかを調べたい (SequenceEqual)

Syntax

● Enumerable.SequenceEqual拡張メソッド

```
public static bool SequenceEqual<TSource>(
    this IEnumerable<TSource> first, IEnumerable<TSource> second);
```

LINQのSequenceEqualメソッドを利用すると、ふたつのシーケンスが等しいかどうかを調べることができます。

■ Recipe_157/Program.cs

```
using System;
using System.Linq;

// SequenceEqualでふたつのシーケンスが等しいかを調べる
var nums1 = new int[] { 1, 2, 3, 4, 5, 6 };
var nums2 = new int[] { 1, 2, 3, 4, 5, 6 };
var equals = nums1.SequenceEqual(nums2);
Console.WriteLine(equals);
```

▼ 実行結果

```
True
```

━ 発展

SequenceEqualメソッドを利用する際、各要素が等しいかどうかは、既定の等値比較が行われることに注意してください。要素の型がIEquatable<T>インターフェイスを実装しているかどうかで結果が変わってきます。

次の例では、PersonクラスがIEquatable<T>インターフェイスを実装していないためfalseが返ります。

■ Recipe_157/Program.cs

```csharp
using System;
using System.Linq;

// SequenceEqualでふたつのシーケンスが等しいかを調べる
var persons1 = new Person[]
{
    new Person { Name = "文挾", Birthdate = new DateTime(2002, 12, ⏎
4) },
    new Person { Name = "町田", Birthdate = new DateTime(1999, 5, ⏎
12) }
};
var persons2 = new Person[]
{
    new Person { Name = "文挾", Birthdate = new DateTime(2002, 12, ⏎
4) },
    new Person { Name = "町田", Birthdate = new DateTime(1999, 5, ⏎
12) }
};
// これはfalseになる
var equals = persons1.SequenceEqual(persons2);
Console.WriteLine(equals);

public class Person
{
    public string Name { get; set; }
    public DateTime Birthdate { get; set; }
}
```

▼ 実行結果

```
False
```

　もしSequenceEqualメソッドの結果をtrueにしたい場合は、PersonクラスにIEquatable<T>イン
ターフェイスを実装するか、IEqualityComparer<T>を実装するクラスを定義し、オーバーロードされ
たもうひとつのSequenceEqualメソッドを利用します。

■ Enumerable.SequenceEqual拡張メソッド

```
public static bool SequenceEqual<TSource>(
    this IEnumerable<TSource> first,
    IEnumerable<TSource> second, IEqualityComparer<TSource>?
comparer);
```

（ 関連項目 ）

▶▶191 IEquatable<T>インターフェイスを持つクラスを定義したい

▶▶192 IEqualityComparer<T>インターフェイスを実装したい

158 指定した範囲の 数値コレクションを 生成したい (Range)

Syntax

● Enumerable.Rangeメソッド

```
public static IEnumerable<int> Range(int start, int count);
```

　LINQのRange静的メソッドを利用すると、指定した範囲内の整数のシーケンスを生成できます。サンプルコードでは10から17までの整数を生成し配列に変換しています。

■ Recipe_158/Program.cs

```
using System;
using System.Linq;

var nums = Enumerable.Range(10, 8).ToArray();
Console.WriteLine(string.Join(",", nums));
```

▼ 実行結果

```
10,11,12,13,14,15,16,17
```

159 指定した値を繰り返す シーケンスを生成したい (Repeat)

● Enumerable.Repeatメソッド

```
public static IEnumerable<TResult> Repeat<TResult>(
    TResult element, int count);
```

　LINQのRepeat静的メソッドを利用すると、指定した値を指定した回数繰り返すシーケンスを生成できます。

　サンプルコードでは、「Hello」を5回繰り返すシーケンスを作成し配列に変換しています。

■ Recipe_159/Program.cs

```
using System;
using System.Linq;

var seq = Enumerable.Repeat("Hello", 5).ToArray();
foreach (var item in seq)
{
    Console.WriteLine(item);
}
```

▼ 実行結果

```
Hello
Hello
Hello
Hello
Hello
```

160 特殊な集計処理を行いたい(Aggregate)

Syntax

- **Enumerable.Aggregate拡張メソッド**

```
public static TAccumulate Aggregate<TSource,TAccumulate>(
    this IEnumerable<TSource> source,
    TAccumulate seed,
    Func<TAccumulate,TSource,TAccumulate> func);

public static TSource Aggregate<TSource>(
    this IEnumerable<TSource> source,
    Func<TSource,TSource,TSource> func);
```

LINQのAggregateメソッドを利用することで、シーケンス内のすべての要素を順に適用し、標準では用意されていない特別な集計処理を行うことができます。Aggregateメソッドは、扱うのが面倒ですがその分柔軟性に富んでいて、様々な用途で利用できます。

ここではふたつの例を示します。ひとつ目は、フルーツ名を格納した配列から、最も名前が長いフルーツを求めていますが、「cherry」よりも長いものがなかった場合は、「cherry」を返す処理を行っています。

ふたつ目は、名前の長さが5のフルーツだけを抜き出し、「|」で逆順に連結させています。

Recipe_160_(1)/Program.cs

```
using System;
using System.Linq;

var fruits = new string[]
{
    "apple", "apricot", "banana", "blueberry", "grape",
    "grapefruit", "lemon", "mango", "melon", "peach", "pear",
};
// 求める結果の初期値を「cherry」にする
// longestはその時点の求める結果
// nextには、要素が順に渡ってくる
```

```
var longestName = fruits.Aggregate("cherry",
        (longest, next) => next.Length > longest.Length ? next : 目
longest);
Console.WriteLine(longestName);
```

▼ 実行結果

```
grapefruit
```

fruitsの要素数がゼロの場合は、初期値の「cherry」が結果として返ります。

■ Recipe_160_(2)/Program.cs

```
using System;
using System.Linq;
var fruits = new string[]
{
    "apple", "apricot", "banana", "blueberry", "grape",
    "grapefruit", "lemon", "mango", "melon", "peach", "pear",
};
var concatstr = fruits.Aggregate((t, f) => (f.Length == 5) ?  目
$"{f}|{t}" : t);
Console.WriteLine(concatstr);
```

▼ 実行結果

```
peach|melon|mango|lemon|grape|apple
```

fruitsの要素数がゼロの場合は、System.InvalidOperationException例外が発生します。

161 複数のLINQメソッドを連結させたい

　LINQのメソッドは、IEnumerable<T>の拡張メソッドとして定義されています。そして、多くのメソッドは戻り値もIEnumerable<T>型です。そのため、LINQでは複数のメソッドを連続して用い、シーケンスに対して複雑な処理を行うことが可能です。

　サンプルコードでは4つのLINQのメソッドを連結させています。この例では試投数（Attempts）が20以上の選手の成功率を求め、成功率が高いトップ2名を求めています。

■ Recipe_161/Program.cs

```csharp
using System;
using System.Linq;

var list = new []
{
    new { Name = "武田", Attempts = 20, Success = 10 },
    new { Name = "町田", Attempts = 17, Success = 11 },
    new { Name = "文挟", Attempts = 22, Success = 16 },
    new { Name = "高山", Attempts = 21, Success = 12 },
    new { Name = "古澤", Attempts = 20, Success = 15 },
};
var top2 = list.Where(x => x.Attempts >=20)
            .Select(x => new
            {
                x.Name, Rate = (double)x.Success / x.Attempts
            })
            .OrderByDescending(x => x.Rate)
            .Take(2);
foreach (var item in top2)
{
    Console.WriteLine($"{item.Name} {item.Rate:0.00}");
}
```

▼ 実行結果

```
古澤 0.75
文挟 0.73
```

LINQで外部結合を行いたい

LINQのJoinは、SQLでは内部結合といわれている処理に該当します。結合するシーケンスに対応する要素が存在しない場合には、元のシーケンスの該当要素は、結果から取り除かれます。LINQではひとつのメソッドで外部結合を行うものは用意されていません。

外部結合を実現するには、GroupJoinメソッドとSelectManyメソッド、そしてDefaultIfEmptyメソッドを組み合わせる必要があります。

■ Recipe_162/Program.cs

```
using System;
using System.Linq;
using System.Collections.Generic;

var persons = new List<Person>
{
    new Person { Name = "坂本竜馬", SectionCode = 1 },
    new Person { Name = "吉田松陰", SectionCode = 2 },
    new Person { Name = "井伊直弼", SectionCode = 3 },
    new Person { Name = "桂小五郎", SectionCode = 1 },
    new Person { Name = "徳川慶喜", SectionCode = 2 },
    new Person { Name = "大久保利通", SectionCode = 4 },
};
var sections = new List<Section>
{
    new Section { Code = 1, SectionName = "営業部" },
    new Section { Code = 2, SectionName = "総務部" },
    new Section { Code = 3, SectionName = "製造部" },
    new Section { Code = 0, SectionName = "企画部" },
};
var query = persons
    .GroupJoin(sections,
        p => p.SectionCode,
        s => s.Code,
        (p, ps) => new { p, ps })
    .SelectMany(
        x => x.ps.DefaultIfEmpty(),
```

〉〉

```
                        〉〉
        (x, s) => new
            {
                Name = x.p.Name,
                Section = s == null ? "(None)" : s.SectionName
            }
    );
foreach (var p in query)
{
    Console.WriteLine("{0} : {1}", p.Name, p.Section);
}

public class Person
{
    public string Name { get; set; }
    public int SectionCode { get; set; }
}

public class Section
{
    public int Code { get; set; }
    public string SectionName { get; set; }
}
```

　GroupJoinで、Person単位でSectionをまとめます。「大久保利通」に対応するSectionはない
ので空のシーケンスになります。この結果をSelectManyで平坦化します。その際、空のシーケンスは
既定値がひとつあるシーケンスに置き換えられます。Section型は参照型であるため既定値はnullにな
ります。nullのときには「(None)」に置き換えることで、外部結合と同等の処理を行っています。

▼ 実行結果

坂本竜馬	： 営業部
吉田松陰	： 総務部
井伊直弼	： 製造部
桂小五郎	： 営業部
徳川慶喜	： 総務部
大久保利通	：(None)

関連項目

▶▶153 ふたつのシーケンスの要素を関連付けその結果をグループ化したい (GroupJoin)

▶▶154 階層構造になったオブジェクトのシーケンスを平坦化したい (SelectMany)

例外処理と後処理

Chapter

10

163 例外処理を記述したい

● try-catch構文

```
try
{
    …… (通常の処理。ここで発生した例外はキャッチ可能)
}
catch (例外クラス e)
{
    …… (指定した例外が発生した場合の処理)
}
```

　例外処理を記述するには、try-catch構文を利用します。tryブロック内で例外が発生すると、以降の処理を中断します。そして発生した例外が、catchブロックで指定した例外クラスかその派生クラスの場合、catchブロックに処理が移動します。つまりException例外を指定(もしくは例外クラスの指定を()ごと省略)すればすべての例外を捕捉することができます。

　以下のサンプルコードでは、DivideByZeroException例外をキャッチする例を示しています。

■ Recipe_163/Program.cs

```csharp
using System;

try
{
    var totalValue = 0;
    var value = 132;
    var rate = (value / totalValue) * 100; // ゼロで除算
}
catch (DivideByZeroException e)
{
    // ここに例外発生時の処理を書く
}
```

264

164 複数の例外に対応したい

Syntax

● 複数の例外に対応したtry-catch構文

```
try
{
    ......
}
catch（例外クラス1 e）
{
    ......
}
catch（例外クラス2 e）
{
    ......
}
catch（例外クラス3 e）
{
    ......
}
......
```

複数の例外に対応するには、以下に示すようにcatch句を例外の数だけつなげます。このとき、継承関係にある例外の場合は、派生クラスを先に記述する必要があります。

サンプルコードでは、FileNotFoundException、DirectoryNotFoundException、IOExceptionの3つの例外をキャッチしています。

■ Recipe_164/Program.cs

```
using System;
using System.IO;

try
{
    var lines = File.ReadAllLines((@"example\test.txt"));
```

```
        foreach (var line in lines)
        {
            Console.WriteLine(line);
        }
    }
    catch (FileNotFoundException e)
    {
        Console.WriteLine($"ファイルが見つかりません。'{e}'");
    }
    catch (DirectoryNotFoundException e)
    {
        Console.WriteLine($"指定されたパスが正しくありません。'{e}'");
    }
    catch (IOException e)
    {
        Console.WriteLine($"ファイル処理でエラーが発生しました。'{e}'");
    }
```

165 例外情報にアクセスしたい

Syntax

● Exceptionクラスの主要なプロパティ

プロパティ	型	意味
Exception.Message	string	例外を説明するメッセージ
Exception.Source	string	エラーの原因となったオブジェクトの名前
Exception.StackTrace	string	呼び出し履歴
Exception.TargetSite	MethodBas	例外をスローしたメソッド

例外オブジェクトには、共通で利用できるプロパティ(Exceptionクラスで定義されたプロパティ)があります。これらのプロパティは例外が発生した場所や原因を特定するのに役立ちます。

■ Recipe_165/Program.cs

```
using System;

namespace Gihyo
{
    class Program
    {
        static void Main()
        {
            try
            {
                var win = 0;
                var lose = 0;
                var rate = GetRate(win, lose);
            }
            catch (DivideByZeroException e)
            {
                // ここに例外発生時の処理を書く
                Console.WriteLine($"Message: {e.Message}");
                Console.WriteLine($"Source: {e.Source}");
                Console.WriteLine($"TargetSite: {e.TargetSite}");
```

$\wr\wr$

```
        Console.WriteLine($"StackTrace: {e.StackTrace}");
    }
  }

  static int GetRate(int win, int lose)
  {
    return (win / (win + lose)) * 100;
  }
 }
}
```

実行例

```
Message: Attempted to divide by zero.
Source: program
TargetSite: Int32 GetRate(Int32, Int32)
StackTrace:    at Gihyo.Program.GetRate(Int32 win, Int32 lose) in ⮐
/Users/hideyuki/csharprecipe/exception/example.cs:line 20
   at Gihyo.Program.Main() in /Users/hideyuki/csharprecipe/          ⮐
exception/example.cs:line 9
```

166 例外を発生させたい

Syntax

● 例外をスローする

```
throw new 例外クラス(パラメーター);
```

　例外を明示的に発生させるにはthrowキーワードを用います。以下に示す例では、GetRateメソッドの中でArgumentException例外を発生させています。

■ Recipe_166/Program.cs

```csharp
using System;

try
{
    var win = 0;
    var lose = 0;
    var rate = GetRate(win, lose);
}
catch (ArgumentException ex)
{
    Console.WriteLine(ex.Message);
}

static int GetRate(int win, int lose)
{
    if (win + lose == 0)
    {
        var msg = $"win+loseの値が0です。win={win} lose={lose}";
        // 例外をスローする
        throw new ArgumentException(msg);
    }
    return (win / (win + lose)) * 100;
}
```

▼ 実行結果

```
win+loseの値が0です。win=0 lose=0
```

167 例外を再スローしたい

Syntax

● 同じ例外を再スローする

```
try
{
    ......
}
catch (例外 e)
{
    throw;          // 例外を再スロー
}
```

● 別の例外をスローする

```
try
{
    ......
}
catch (例外A e)
{
    throw new 例外B(メッセージ, e);   // 別の例外をスロー
}
```

例外をキャッチした後、例外を再スローする方法はふたつあります。ひとつは、同じ例外のまま再スローする方法、もうひとつは別の例外にしてスローする方法です。

別の例外にする場合は、コンストラクターの引数にキャッチした例外オブジェクトを渡す必要があります。ここで渡した例外は、InnerExceptionプロパティに設定されます。

■ Recipe_167/Program.cs

```
using System;
using System.IO;

try
{
```

```
        ReadFromFile("example.txt");
    }
    catch (ArgumentException e)
    {
        Console.WriteLine(e.Message);
        if (e.InnerException != null)
            Console.WriteLine(e.InnerException.GetType());
    }
    catch (IOException e)
    {
        Console.WriteLine($"予期しないIOエラーです。 {e.Message}");
    }

    static void ReadFromFile(string file)
    {
        try
        {
            var lines = File.ReadAllLines(file);
            foreach (var line in lines)
            {
                Console.WriteLine(line);
            }
        }
        catch (FileNotFoundException e)
        {
            // 別の例外にしてスロー あまり良い例ではない。あくまでもサンプル用
            throw new ArgumentException($"'{file}'は存在しないファイルです", ⮐
e);
        }
        catch (IOException e)
        {
            // 同一例外を再スロー
            throw;
        }
    }
```

▼ 実行結果

```
'example.txt'は存在しないファイルです
System.IO.FileNotFoundException
```

〔 関連項目 〕

▶▶169 InnerExceptionプロパティを再帰的にたどりたい

補足

以下のような例外の再スローは書いてはいけません。

```
catch (FileNotFoundException e)
{
    throw e;
}
```

このように書くと例外オブジェクトからスタックトレース情報が消えてしまいます。そのため、根本原因を突き止めることが困難になり、デバッグや保守に支障をきたすことになります。

168 例外オブジェクトに独自の
データを追加したい

Syntax

● Exception.Dataプロパティ

```
public virtual IDictionary Data { get; }
```

　例外データに独自の情報を追加したい場合は、ExceptionクラスのDataプロパティを使うのが便利です。Dataプロパティの型はIDictionaryで、キーと値のペアを複数保持できる非ジェネリックコレクションです。そのため、データを取り出す際は要素の型であるDictionaryEntryを明示する必要があります。
　サンプルコードでは、例外オブジェクトに「subString」と「fruitsCount」のふたつのキーに対する情報を追加しています。

■ Recipe_168/Program.cs

```csharp
using System;
using System.Linq;
using System.Collections;
using System.Collections.Generic;

string[] fruits =
{
    "apple", "apricot", "banana", "cherry", "grape",
    "kiwi", "lemon"
};
try
{
    var fruit = FindFruit(fruits, "peach");
}
catch (ArgumentException e)
{
    Console.WriteLine(e.Message);
    // 例外からDataプロパティの値を取り出す
    // data変数にvarは使えない
    foreach (DictionaryEntry data in e.Data)
    {
```

```
        // KeyもValueもobject型
        // 場合によっては、キャストして元の型に戻す必要がある
        Console.WriteLine($"{data.Key}: {data.Value}");
    }
}

static string FindFruit(ICollection<string> fruits, string
subString)
{
    var first = fruits.FirstOrDefault(x => x.Contains(subString));
    if (first == null)
    {
        // リストに存在しない果物の名前が渡ってきたら例外発生
        // 例外オブジェクトのDataプロパティに独自のデータを追加する
        var ex = new ArgumentException("引数subStringに誤りがあります
");
        ex.Data.Add("subString", subString);
        ex.Data.Add("fruitsCount", fruits.Count);
        throw ex;
    }
    return first.ToUpper();
}
```

▼ 実行結果

```
引数subStringに誤りがあります
subString: peach
fruitsCount: 7
```

169 InnerExceptionプロパティを再帰的にたどりたい

Syntax

● Exception.InnerExceptionプロパティ

```
public Exception InnnerException{ get; }
```

　ExceptionクラスのInnerExceptionプロパティは、現在の例外を発生させた元となるエラー情報を格納したオブジェクトです。InnerExceptionプロパティをたどることで、大元となる例外情報を取得することができます。

　このプロパティには、例外インスタンスを生成する際に、コンストラクターに渡されたものが設定されます。内部例外がコンストラクターに渡されなかった場合はnullとなります。

　以下に示すGetAllExceptionsメソッドは、InnerExceptionプロパティを再帰的にたどり、その例外発生の原因となった元の例外を列挙しています。

　このメソッドは、再帰処理の中でyieldを使用した反復子を定義するサンプルコードにもなっています。

■ Recipe_169/Program.cs

```csharp
using System;
using System.Collections.Generic;

try
{
    // 何らかの処理
}
catch (Exception e)
{
    foreach (var ex in GetAllExceptions(e))
    {
        Console.WriteLine(ex.GetType());
    }
}

// InnerExceptionプロパティを再帰的に辿り列挙する
static IEnumerable<Exception> GetAllExceptions(Exception e)
```

```
{
    if (e == null)
    {
        yield break;
    }
    yield return e;
    foreach (var inex in GetAllExceptions(e.InnerException))
    {
        yield return inex;
    }
}
```

関連項目

▸▸167 例外を再スローしたい

170 独自例外を定義したい

アプリケーション独自の例外クラスを定義する場合は、Exceptionクラスを継承します。例外クラスの名前は、必ずExceptionで終わるようにします。

例外クラスの本体部分では、以下の3つのコンストラクターを定義します。

▶ **パラメーターなしのコンストラクター**
▶ **文字列メッセージを受け取るコンストラクター**
▶ **文字列メッセージと内部例外を受け取るコンストラクター**

サンプルコードでは、MyAppExceptionという名前の例外クラスを定義しています。このクラスにはExceptionから派生し、上記3つのコンストラクターが含まれています。

■ **Recipe_170/Program.cs**

```csharp
using System;

try
{
    throw new MyAppException("例外が発生しました");
}
catch (MyAppException e)
{
    Console.WriteLine(e.Message);
}

// 独自例外クラスの定義例
public class MyAppException : Exception
{
    // パラメーターなしのコンストラクター
    public MyAppException() { }

    // 文字列メッセージを受け取るコンストラクター
    public MyAppException(string message)
        : base(message) { }

    // 文字列メッセージと内部例外を受け取るコンストラクター
    public MyAppException(string message, Exception inner)
        : base(message, inner) { }
}
```

▼ 実行結果

> 例外が発生しました

補足

.NETには、Exceptionクラスから派生した様々な例外クラスが定義されています。可能な限りこれら定義済みの例外を利用してください。定義済みの例外では要件を満たさない場合に限り、独自の例外クラスを作成します。

171 例外処理で例外フィルターを
使い対象例外を絞りたい

例外フィルターを使うことで、例外をキャッチする際に対象の例外を絞り込むことが可能です。

例外を絞り込むには、catch句に続けてwhen句を記述します。when句で記述した式がtrueを返したときだけ、その例外処理が実行されます。

■ Recipe_171/Program.cs

```
using System;
using System.Data.SqlClient;

try
{
    // ここで、SqlExceptionが発生
}
catch (SqlException ex) when (ex.Number == 2601)
{
    // キー重複
    Console.WriteLine("キーが重複しています。" + ex.ToString());
}
catch (SqlException ex)
{
    // キー重複以外のSqlExceptionに関する処理
}
catch (Exception ex)
{
    // その他のすべての例外
}
```

172

条件演算子やnull合体演算子とともに例外を発生させたい

　C#7.0以降、条件演算子やnull合体演算子とともにthrow式を使うことで、例外を発生させることが可能です。

　以下の例では、メソッドにnullか空の文字列配列が渡された場合にArgumentExceptionをスローしています。

■ Recipe_172_(1)/Program.cs

```csharp
static void ExampleMethod1(string[] args)
{
    var arg = (args != null && args.Length >= 1)
                ? args[0] : throw new ArgumentException();
    …
}
```

　以下の例では、throw式を使用して、arg引数にnullが渡された場合に例外をスローしています。

■ Recipe_172_(2)/Program.cs

```csharp
static void ExampleMethod2(string arg)
{
    var name = arg ?? throw new ArgumentNullException();
    …
}
```

173 try-finallyで確実に 後処理をしたい

Syntax

- try-finally構文

```
try
{
    …… (処理本体)
}
finally
{
    …… (後処理)
}
```

try-finally構文を利用すると、確実に後処理をすることができます。tryブロック内で例外が発生した場合でも、return文が実行された場合でも、finallyブロック内の処理が確実に実行されます。

■ Recipe_173/Program.cs

```csharp
using System;

class Program
{
    static void Main()
    {
        try
        {
            Console.WriteLine("ここで何らかの処理を実行");
            return;
        }
        finally
        {
            Console.WriteLine("後処理を実行");
        }
    }
}
```

▼ 実行結果

```
ここで何らかの処理を実行
後処理を実行
```

（ **関連項目** ）

▸▸174 using文で確実にDisposeメソッドを呼び出したい

174 using文で確実に Disposeメソッドを呼び出したい

● using文

```
using (var 変数 = new 型(……))
{

}
```

IDisposableインターフェイスを実装したクラスを利用する際は、利用が終わったらDisposeメソッドでそのオブジェクトを破棄する必要があります。using文を使うと、Disposeメソッドを明示的に呼び出さなくても確実にオブジェクトを破棄することが可能になります。

以下のサンプルコードでは、usingブロックを抜ける際に、readerオブジェクトのDisposeメソッドが呼び出されます。

■ Recipe_174/Program.cs

```csharp
using System;
using System.IO;

class Program
{
    static void Main(string[] args)
    {
        using (var reader = new StreamReader("example.txt"))
        {
            while (!reader.EndOfStream)
            {
                var line = reader.ReadLine();
                Console.WriteLine(line);
            }
        }
    }
}
```

using文を使った前述のサンプルコードは、try-finallyを使った以下のコードと同等の処理になります。

```
static void Main(string[] args)
{
    var reader = new StreamReader("example.txt");
    try
    {
        while (!reader.EndOfStream)
        {
            var line = reader.ReadLine();
            Console.WriteLine(line);
        }
    }
    finally
    {
        reader.Dispose();
    }
}
```

実際のコードでは、using文を入れ子にする場合があります。このような時は以下のようにusing文を連続させてひとつのブロック内に処理を書くことができます。

```
using (var reader = new StreamReader("input.txt"))
using (var writer = new StreamWriter("output.txt"))
{
    // ここに処理を記述
}
```

175 using宣言を使い、より簡単にusing文を書きたい

Syntax

● using宣言

```
using var 変数 = new 型(……);
```

　using宣言は、usingキーワードが前に付いている変数宣言です。宣言されている変数がスコープの最後に達したときに、そのオブジェクトが破棄されます。通常は、newキーワードとともに利用されます。

　サンプルコードでは、Mainメソッドが終わるときにreaderオブジェクトのDisposeメソッドが呼び出されます。

■ Recipe_175/Program.cs

```
using System;
using System.IO;

class Program
{
    static void Main()
    {
        // using宣言
        using var reader = new StreamReader("example.txt");
        while (!reader.EndOfStream)
        {
            var line = reader.ReadLine();
            Console.WriteLine(line);
        }
    }
}
```

より高度な
クラスの定義

Chapter

11

176 ラムダ式を受け取るメソッドを定義したい

ラムダ式を受け取るメソッドを定義するには、引数の型にデリゲートを指定します。.NETに定義されているActionデリゲート、Funcデリゲート、Predicate<T>デリゲートがよく利用されます。

● よく利用される定義済みのデリゲート

名前	戻り値	意味
Action	void	引数なしで何らかの動作をする
Action<T>	void	ひとつの引数を受け取り何らかの動作をする
Action<T1, T2>	void	ふたつの引数を受け取り何らかの動作をする
Action<T1, T2, T3>	void	3つの引数を受け取り何らかの動作をする
Action<T1, T2, T3, T4>	void	4つの引数を受け取り何らかの動作をする
Func<TResult>	TResult	引数なしで、TResultを返す
Func<T, TResult>	TResult	ひとつの引数を受け取りTResultを返す
Func<T1, T2, TResult>	TResult	ふたつの引数を受け取りTResultを返す
Func<T1, T2, T3, TResult>	TResult	3つの引数を受け取りTResultを返す
Predicate<T>	bool	T型の引数を受け取りboolを返す

Actionデリゲート、Funcデリゲートは、とても汎用性の高いデリゲートとなっています。そのため、自分で独自のデリゲートを定義することはほとんどないと言ってよいでしょう。

Actionデリゲートを受け取るメソッド

Actionデリゲートは、戻り値を持たないメソッドを示すデリゲートです。引数のないものから、引数を9つ受け取るメソッドまで、全部で10個のActionデリゲートが.NETに定義されています。実際に利用するのは、引数が3つまでのActionデリゲートがほとんどだと思われます。

ここでは引数をひとつ受け取るActionデリゲートを利用する例を示します。

■ **Recipe_176_ActionDelegate/Program.cs**

```
using System;

// 利用例
```

〉〉

```
Repeat(3, n => Console.WriteLine($"{n + 1}回目"));

// Actionデリゲートを受け取るメソッド
static void Repeat(int n, Action<int> action)
{
    for (var i = 0; i < n; i++)
    {
        action(i);
    }
}
```

▼ 実行結果

```
1回目
2回目
3回目
```

Funcデリゲートを受け取るメソッド

Funcデリゲートは、戻り値を持つメソッドを示すデリゲートです。引数のないものから、引数を16個受け取るメソッドまで、全部で17個のFuncデリゲートが.NETに定義されています。実際に利用するのは、引数が4つまでのFuncデリゲートがほとんどだと思われます。

ここでは引数をひとつ受け取るFuncデリゲートを利用する例を示します。

■ Recipe_176_FuncDelegate/Program.cs

```
using System;
using System.Collections.Generic;

// 利用例
var seq = Generate(5,n => Math.Pow(2,n));
foreach (var x in seq)
{
    Console.WriteLine(x);
}

// Funcデリゲートを受け取るメソッド
static IEnumerable<T> Generate<T>(int n, Func<int, T> generator)
{
    for (int i = 0; i < n; i++)
    {
        yield return generator(i);
    }
}
```

```
1
2
4
8
16
```

■ Predicate<T>デリゲートを受け取るメソッド

Predicate<T>デリゲートは、あるオブジェクトを受け取り、bool型を返すメソッドを表しています。

サンプルコードでは、Predicate<T>デリゲートを引数として受け取るPrintIfメソッドを定義しています。

■ Recipe_176_PredicateDelegate/Program.cs

```csharp
using System;
using System.Collections.Generic;

// 利用例
var list = new TodoList();
list.Add("技術評論社との打ち合わせの日程調整", DateTime.Today.AddDays(3));
list.Add("JSON読み取り時のバグ調査", DateTime.Today.AddDays(1));
list.PrintIf(x => x.Finsihed == false);
// 定義例
public class Todo
{
    public string Title { get; set; }
    public bool Finsihed { get; set; } = false;
    public DateTime Deadline { get; set; }
}

public class TodoList
{
    private List<Todo> _list = new List<Todo>();

    public void Add(string title, DateTime deadline)
    {
        _list.Add(new Todo()
        {
            Title = title, Deadline = deadline
        });
    }

    // Predicateデリゲートを受け取るメソッド
```

〉〉

```
                                ))
    public void PrintIf(Predicate<Todo> predicate)
    {
        foreach (var item in _list)
        {
            if (predicate(item))
            {
                Console.WriteLine($"{item.Title} {item.Deadline:d} ▷
{item.Finsihed} ");
            }
        }
    }
}
```

実行例

```
技術評論社との打ち合わせの日程調整 2020/11/18 False
JSON読み取り時のバグ調査 2020/11/16 False
```

(関連項目)

▶▶186 ジェネリックメソッドを定義したい

177　インデクサを定義したい

Syntax

● インデクサの定義

```
public 要素の型 this [インデックスの型 index]
{
    get { …… }
    set { …… }
}
```

　独自のコレクションクラスでインデクサを定義すると、配列やList<T>と同じようにオブジェクトにインデックスでアクセスできるようになります。

　インデックスの型は、整数である必要はありません。文字列など他の型にすることも可能です。プロパティと同じように、getアクセサーで値の取得方法を記述し、setアクセサーで値の設定方法を記述します。違いはパラメーターにインデックスを指定する点です。

　以下の例は、BookCollectionクラスに、インデックスがint型のインデクサとインデックスが文字列のインデクサを定義しています。読み取り専用の場合は、getキーワードを省略して=>演算子を使いインデクサを定義することもできます。

■ Recipe_177/Program.cs

```csharp
using System;
using System.Collections.Generic;
using System.Linq;

// 利用例
var books = new BookCollection();
books["978-4041099124"] = new Book("人間失格", "太宰治",
                                    "978-4041099124");
books["978-4101010137"] = new Book("こころ", "夏目漱石",
                                    "978-4101010137");
var book1 = books[0];
var book2 = books["978-4101010137"];

Console.WriteLine($"{book1.Title} {book1.ISBN}");
```

〜〜

```csharp
Console.WriteLine($"{book2.Title} {book2.ISBN}");

// インデクサの定義例
class BookCollection
{
    private List<Book> _books = new List<Book>();

    // インデクサの定義。読み取りオンリー
    public Book this [int index] => _books.ElementAt(index);

    // インデクサの定義。読み書き可能（追加はできない）
    public Book this [string isbn]
    {
        get { return _books.First(x => x.ISBN == isbn); }
        set
        {
            var index = _books.FindIndex(x => x.ISBN == isbn);
            if (index < 0)
                _books.Add(value);
            else
                _books[index] = value;
        }
    }
}

class Book
{
    public Book(string title, string author, string isbn)
    {
        Title = title;
        Author = author;
        ISBN = isbn;
    }

    public string Title { get; set; }
    public string ISBN { get; set; }
    public string Author { get; set; }
}
```

▼ 実行結果

```
人間失格 978-4041099124
こころ 978-4101010137
```

178 イベントを定義し利用したい

　独自のイベントを定義し利用するには、イベントを発生させるクラスとイベントを受け取るクラスのふたつが必要になります。イベントを発生させるクラスを定義する際は、必要に応じてイベント情報を格納するカスタムEventArgsクラスも定義します。

　イベントを発生させるクラスでは以下の3つを実装します。

- ▶ **1. eventキーワードを使ったイベント**
- ▶ **2. イベントを発行するOnで始まるprivateメソッド**
- ▶ **3. 特定の事象が発生した際に、上記2を呼び出すコード**

　サンプルコードでは、Changedイベントを持つEventSampleクラスを定義しています。Addメソッド内で、_totalフィールドの値が、5で割り切れる値になったときだけChangedイベントが発生します。このときのパラメーターが、EventArgsから派生したSampleEventArgsクラスです。

　イベントを受け取るクラスでは、イベントハンドラを定義し、+=演算子を使い、イベントとイベントハンドラを結びつけます。サンプルコードでは、ChangedイベントにイベントハンドラOnChangedHandlerを設定しています。

　このイベントハンドラ（OnChangedHandlerメソッド）の最初のパラメーターはObject型で、イベントを発生させたインスタンスが渡ってきます。2番目のパラメーターはEventArgs型から派生したSampleEventArgsクラスで、イベントデータを保持します。

■ **Recipe_178/Program.cs**

```
using System;

// イベントの利用例
var obj = new EventSample();
obj.Changed += OnChangedHandler;
obj.Add(1);
obj.Add(4);
obj.Add(6);
obj.Add(7);
obj.Add(2);

// イベントハンドラ
static void OnChangedHandler(Object sender, SampleEventArgs e)
{
    Console.WriteLine($"Total= {e.Total}");
```

```
                                        ⟩⟩
    }

    // これ以降が、イベントの定義例
    class EventSample
    {
        // イベントを定義。EventHandler<TEventArgs>型を利用
        public event EventHandler<SampleEventArgs> Changed;

        // イベントハンドラを呼び出す内部メソッド
        private void OnChanged(SampleEventArgs e)
        {
            // Invokeメソッドでイベントハンドラを呼び出す
            Changed?.Invoke(this, e);
        }

        private int _total = 0;

        public void Add(int n)
        {
            _total += n;
            if (_total % 5 == 0)
            {
                // 5で割り切れたときだけイベントを発生させる
                var args = new SampleEventArgs { Total = _total };
                OnChanged(args);
            }
        }
    }

    // イベントハンドラが受け取るパラメーターの型を定義する
    // .NETが用意するEventArgsで代用できれば定義する必要はない
    class SampleEventArgs : EventArgs
    {
        public int Total { get; set; }
    }
```

▼ 実行結果

```
Total= 5
Total= 20
```

179 拡張メソッドでクラスを 拡張したい

● 拡張メソッドの定義

```
static class クラス名
{
    public static 型 メソッド名(this 型 引数, …… ) { …… }
    ……
}
```

拡張メソッドを定義すると、既存のクラス/構造体に手を加えることなく新たなメソッドを追加することができます。拡張メソッドを定義するクラスは必ず静的クラスにする必要があります。当然拡張メソッドも静的です。第1引数には、thisキーワードに続けて拡張したい型（クラスや構造体など）を指定します。

サンプルコードでは、Stringクラスを拡張する3つの拡張メソッドを定義しています。利用例を見ていただければわかるとおり、通常のインスタンスメソッドと同じように3つのメソッドを利用することができます。

■ Recipe_179/Program.cs

```csharp
using System;
using System.Text;
using System.Threading;

// 拡張メソッドの利用例
var name = "hello";
Console.WriteLine(name.ToTitleCase());
Console.WriteLine("world".ToTitleCase());
Console.WriteLine("wo r l d".ToTitleCase());

var base64str = "C# Programming".ToBase64String();
Console.WriteLine(base64str);
var original = base64str.FromBase64String();
Console.WriteLine(original);

// 拡張メソッドの定義例
static class StringExtensions
{
```

```
            〈〈
    public static string ToTitleCase(this string str)
    {
        var cultureInfo = Thread.CurrentThread.CurrentCulture;
        var textInfo = cultureInfo.TextInfo;
        return textInfo.ToTitleCase(str);
    }

    public static string ToBase64String(this string str, Encoding ⏎
encoding = null)
    {
        var bytes = (encoding ?? Encoding.UTF32).GetBytes(str);
        return Convert.ToBase64String(bytes);
    }

    public static string FromBase64String(this string               ⏎
base64String, Encoding encoding = null)
    {
        var bytes = Convert.FromBase64String(base64String);
        return (encoding ?? Encoding.UTF32).GetString(bytes);
    }
}
```

▼ 実行結果

```
Hello
World
Ｗ ｏ ｒ ｌ ｄ
QwAAACMAAAAgAAAAUAAAAHIAAABvAAAAZwAAAHIAAABhAAAAbQAAAG0AAABpAAAAbg ⏎
AAAGcAAAA=
C# Programming
```

〔 関連項目 〕

▸▸ 180 LINQ to Objectsに対応した拡張メソッドを定義したい

180 LINQ to Objectsに対応した 拡張メソッドを定義したい

IEnumerable<T>インターフェイスに対する拡張メソッドを定義することで、LINQ to Objectsを拡張することが可能です。

以下の例では、Predicate<T>デリゲートを引数に持つContainsメソッドを定義しています。このメソッドは、シーケンス内に条件に一致した要素があるかどうかを調べることができます。実際にはAnyメソッドで同様のことができますので、実用的な例ではないかもしれませんが、どうやってLINQ to Objectsを拡張するのかの参考になると思います。

■ Recipe_180/Program.cs

```csharp
using System;
using System.Collections.Generic;
using System.Linq;

var drinks = new[]
{
    "wine", "sake", "beer", "whisky", "liqueur",
    "cocktail", "champagne"
};
// 長さが8以上の要素が含まれているか
var contains = drinks.Contains(x => x.Length >= 8);
Console.WriteLine(contains);

var nums = new[] { 1, 3, 5, 7, 9, 11 };
// 3で割り切れる要素が含まれているか
var contains2 = nums.Contains(x => x % 3 == 0);
Console.WriteLine(contains2);

// LINQ to Objectsを拡張するクラス
public static class EnumerableExtensions
{
    public static bool Contains<T>(
        this IEnumerable<T> source, Predicate<T> predicate)
    {
        foreach (var element in source)
        {
            if (predicate(element) == true)
```

⟩⟩

```
                         ⟨⟩
            return true;
        }
        return false;
    }
}
```

▼ 実行結果

```
True
True
```

(関連項目)

▶▶179 拡張メソッドでクラスを拡張したい

▶▶186 ジェネリックメソッドを定義したい

▶▶190 yield構文を使いIEnumerable<T>を返すメソッドを定義したい

181 演算子をオーバーロードしたい

==や<=などの演算子をオーバーロードし、独自の動作をさせるには、operatorキーワードを使います。例えばMyClassの==演算子に独自の動作をさせるには、以下のような書式となります。

■ ==演算子のオーバーロード

```
public static bool operator ==(MyClass obj1, MyClass obj2) { …… }
```

==演算子のような二項演算子の場合は引数はふたつ、単項演算子の場合は引数はひとつです。

以下に示すサンプルコードでは、時分秒を表すTime構造体に対して、==、!=、<、>、<=、>=の6つの二項演算子をオーバーロードしています。これにより、ふたつのTimeオブジェクトの大小比較を直感的なコードで記述することが可能になります。

サンプルコードでは示していませんが、+、-、*、/などの算術演算子や!、++などの単項演算子もオーバーロードすることが可能です。

なお==演算子をオーバーロードする場合は、Equalsメソッド、GetHashCodeメソッドをオーバーライドすることも求められます。また、コードが複雑化するために割愛しますが、==演算子をオーバーロードする場合は、IEquatable<T>インターフェイスも実装するのが普通です。

■ Recipe_181/Program.cs

```csharp
using System;

// 利用例
var tm1 = new Time(13, 14, 5);
var tm2 = new Time(13, 14, 5);
var tm3 = new Time(13, 16, 21);
if (tm1 == tm2)
    Console.WriteLine("tm1 == tm2");
if (tm1 != tm3)
    Console.WriteLine("tm1 != tm3");
if (tm1 < tm3)
    Console.WriteLine("tm1 < tm3");

// 演算子をオーバーロードする例
public readonly struct Time
```

```
{
    public int Hour { get; }
    public int Minute { get; }
    public int Second { get; }

    public Time(int hour, int minute = 0, int second = 0)
    {
        Hour = hour;
        Minute = minute;
        Second = second;
    }

    // 比較するためにintに変換
    private int ToInt32()
        => Hour * 10000 + Minute * 100 + Second;

    public override bool Equals(object obj)
        => ((Time)obj).ToInt32() == this.ToInt32();

    public override int GetHashCode()
        => ToInt32().GetHashCode();

    // オペレーターをオーバーロードをする
    public static bool operator ==(Time time1, Time time2)
        => time1.Equals(time2);

    public static bool operator !=(Time time1, Time time2)
        => !(time1 == time2);

    public static bool operator <(Time time1, Time time2)
        => time1.ToInt32() < time2.ToInt32();

    public static bool operator >(Time time1, Time time2)
        => time1.ToInt32() > time2.ToInt32();
```

```
        public static bool operator <=(Time time1, Time time2)
            => time1.ToInt32() <= time2.ToInt32();

        public static bool operator >=(Time time1, Time time2)
            => time1.ToInt32() >= time2.ToInt32();
}
```

▼ 実行結果

```
tm1 == tm2
tm1 != tm3
tm1 < tm3
```

(関連項目)

▶▶191 IEquatable<T>インターフェイスを持つクラスを定義したい

182 独自の型でキャスト式を利用可能にしたい

独自の型でキャスト式を使った型変換を可能にするには、explicitキーワードとoperatorキーワードを使い、型変換用のメソッドを定義します。例えば、SourceクラスからTargetクラスへの型変換を可能にするには、以下のような静的メソッドを記述します。

■ 型変換演算子

```
public static explicit operator Target(Source obj) { …… }
```

以下のサンプルコードでは、独自に定義したTime構造体とTimeSpanクラスとでキャスト式を使った相互変換を行えるようにしています。この機能を使えば、独自に定義した型（クラスや構造体）とintやstringとの相互変換も可能になります。

■ Recipe_182/Program.cs

```
using System;

var time = new Time(13, 14, 5);
// TimeオブジェクトからTimeSpanオブジェクトへ型変換
var timeSpan = (TimeSpan)time;
Console.WriteLine($"{timeSpan.GetType().Name} {timeSpan}");
// TimeSpanオブジェクトからTimeオブジェクトへ型変換
var time2 = (Time)timeSpan;
Console.WriteLine($"{time2.GetType().Name} {time2.Hour}:{time2.
Minute}:{time2.Second}");

// キャスト式による型変換を可能にする例
public readonly struct Time
{
    public int Hour { get; }
    public int Minute { get; }
    public int Second { get; }

    public Time(int hour, int minute = 0, int second = 0)
```

〉〉

303

```
                            ⟩⟩
    {
        Hour = hour;
        Minute = minute;
        Second = second;
    }

    // (TimeSpan) による型変換を可能にする
    public static explicit operator TimeSpan(Time time)
        => new TimeSpan(time.Hour, time.Minute, time.Second);

    // (Time) による型変換を可能にする
    public static explicit operator Time(TimeSpan time)
        => new Time(time.Hours, time.Minutes, time.Seconds);
}
```

▼ 実行結果

```
TimeSpan 13:14:05
Time 13:14:5
```

■ 発展

explicitキーワードではなくimplicitキーワードを使えば、暗黙的な型変換が可能になります。上記のコードでexplicitキーワードをimplicitキーワードに変えると、以下のような暗黙的な型変換になります。

ただし、暗黙的な型変換の多用はコードの可読性を落とすことにつながりますので、implicitキーワードの利用には注意が必要です。

■ Recipe_182_Advance/Program.cs

```
var time = new Time(13, 14, 5);
// TimeオブジェクトからTimeSpanオブジェクトへの暗黙的な型変換
TimeSpan timeSpan = time;
Console.WriteLine($"{timeSpan.GetType().Name} {timeSpan}");
```

                            ⟩⟩

```
// TimeSpanオブジェクトからTimeオブジェクトへの暗黙的な型変換
Time time2 = timeSpan;
Console.WriteLine($"{time2.GetType().Name} {time2.Hour}:{time2.
Minute}:{time2.Second}");
```

183 動的にプロパティを追加できるdynamicクラスを作りたい

System.Dynamic名前空間のDynamicObjectクラスを継承することで、動的にプロパティを追加できるクラスを定義できます。オーバーライドするのは、TryGetMember、TrySetMemberメソッドです。

以下のサンプルクラスDynamicDataObjectでは、動的に追加されたプロパティとその値を管理するために、Dictionary<string, object>を利用しています。

このようなクラスを定義することで柔軟なコードを記述することが可能になります。しかし、C#コンパイラの型チェックが働かないため安全性が犠牲になってしまいます。濫用(らんよう)は禁物です。

■ **Recipe_183/Program.cs**

```
using System;
using System.Dynamic;
using System.Collections.Generic;

// 利用例
dynamic obj = new DynamicDataObject();
obj.Name = "出井";
obj.City = "宇都宮";
obj.HireDate = new DateTime(2020, 4, 1);
Console.WriteLine($"{obj.Name}: {obj.Name.GetType().Name}");
Console.WriteLine($"{obj.City}: {obj.City.GetType().Name}");
Console.WriteLine($"{obj.HireDate:D}: {obj.HireDate.GetType(). ⏎
Name}");
Console.WriteLine(obj.IsDefined("City"));

// 動的にプロパティを追加できるクラス
public class DynamicDataObject : DynamicObject
{
    private Dictionary<string, object> _data
        = new Dictionary<string, object>();

    public override bool TryGetMember(GetMemberBinder binder, out ⏎
object result)
        => _data.TryGetValue(binder.Name, out result);
```

≀≀

```
    public override bool TrySetMember(SetMemberBinder binder,
object value)
    {
        _data[binder.Name] = value;
        return true;
    }

    public bool IsDefined(string propertyName)
        => _data.ContainsKey(propertyName);
}
```

▼ 実行結果

```
出井: String
宇都宮: String
2020年4月1日: DateTime
True
```

⌒ 関連項目 ⌒

▶▶212 dynamic型を使いたい

184 レコード型で安全性を高めたい

C#9.0で導入されたレコード型を利用すると、いわゆるイミュータブル (不変) クラスを簡単に定義することが可能になります。レコード型の主な特徴は「参照型である」「変更不可である」「値ベースの比較が可能である」の3つです。

レコード型を定義することで、安全性の高いオブジェクトを定義することが可能です。レコード型を定義するには、classの代わりにrecordを使うだけです。

レコード型は、ToStringメソッド、GetHashCodeメソッド、==演算子、!=演算子がオーバーライドされています。

■ Recipe_184/Program.cs

```
using System;

// record型の利用例
var p1 = new Person("Bill", "Gates");
var p2 = new Person("Bill", "Gates");
var p3 = new Teacher("Bill", "Atkinson", "History");
Console.WriteLine(p1.ToString());
Console.WriteLine(p3.ToString());
Console.WriteLine($"p1 == p2: {p1 == p2}");
Console.WriteLine($"ReferenceEquals(p1, p2): {Object.
ReferenceEquals(p1, p2)}");
Console.WriteLine($"p1.GetHashCode(): {p1.GetHashCode()}");
Console.WriteLine($"p1 != p3: {p1 != p3}");
var p4 = p1;
Console.WriteLine($"p1 == p4: {p1 == p4}");
Console.WriteLine($"ReferenceEquals(p1, p4): {Object.
ReferenceEquals(p1, p4)}");

// record型の定義例
public record Person
{
    public string LastName { get; }
    public string FirstName { get; }

    public Person(string first, string last)
        => (FirstName, LastName) = (first, last);
```

〉〉

〴

```
}

public record Teacher : Person
{
    public string Subject { get; }

    public Teacher(string first, string last, string subject)
        : base(first, last) => Subject = subject;
}
```

▼ 実行結果

```
Person { LastName = Gates, FirstName = Bill }
Teacher { LastName = Atkinson, FirstName = Bill, Subject = History 🔁
}
p1 == p2: True
ReferenceEquals(p1, p2): False
p1.GetHashCode(): 1525408150
p1 != p3: True
p1 == p4: True
ReferenceEquals(p1, p4): True
```

発展

レコード型には、位置指定構文と呼ばれる簡潔な形式があります。前述のPersonとTeacherは以下のように定義できます。

■ Recipe_184_Advance1/Program.cs

```
public record Person(string FirstName, string LastName);

public record Teacher(string FirstName, string LastName, string 🔁
Subject)
    : Person(FirstName, LastName);
```

また、with式を使うとオブジェクトをコピーする際に指定したプロパティだけを別の値に変更することができます。

■ Recipe_184_Advance2/Program.cs

```csharp
using System;

var p1 = new NamedPoint("A", 100, 200);
var p2 = p1 with { Name = "B", X = 50 };
Console.WriteLine($"{nameof(p1)}: {p1}");
Console.WriteLine($"{nameof(p2)}: {p2}");

public record NamedPoint(string Name, int X, int Y);
```

▼ 実行結果

```
p1: NamedPoint { Name = A, X = 100, Y = 200 }
p2: NamedPoint { Name = B, X = 50, Y = 200 }
```

ジェネリックと
インターフェイス

Chapter

12

185 ジェネリッククラスを定義したい

● ジェネリッククラスの定義

```
public class クラス名<T> { …… }
```

　.NETには、List<T>やDictionary<TKey,TValue>などのジェネリッククラスが多数定義されていますが、この特定の型に依存しないジェネリッククラスは自分で定義することもできます。ジェネリッククラスを定義するには、クラス名の後ろに<T>といった型パラメーターを指定します。

　以下のサンプルコードでは、値の範囲を表すRangeValueジェネリッククラスを定義しています。このときの値は、数値型である必要はなく、大小比較ができる型なら何でも利用できるようにwhereキーワードを使い、型パラメーターIComparable<T>の制約を指定しています。

　こうすることで、型パラメーターTは、IComparable<T>を実装している型に限られます。DateTime型はIComparable<T>を実装していますので、DateTimeの範囲を表すRangeValue<DateTime>を定義することも可能です。

■ Recipe_185/Program.cs

```csharp
using System;

// ジェネリッククラスの利用例
var range = new RangeValue<double>(5.0, 10.0);
Console.WriteLine(range.WithinRange(4));
Console.WriteLine(range.OutOfRange(4));
var range2 = new RangeValue<DateTime>(
    new DateTime(2020,1,1), new DateTime(2020, 9, 30)
);

Console.WriteLine(range2.WithinRange(new DateTime(2020, 5, 10)));
Console.WriteLine(range2.OutOfRange(new DateTime(2020, 5, 10)));

// ジェネリッククラスの定義例
public class RangeValue<T> where T: IComparable<T>

{
```

```
                            ⟨ ⟩
    public RangeValue(T lower, T upper)
    {
        Lower = lower;
        Upper = upper;
    }
    public T Lower { get; }
    public T Upper { get; }

    public bool WithinRange(T value) =>
        Lower.CompareTo(value) <= 0 &&
        value.CompareTo(Upper) <= 0;

    public bool OutOfRange(T value) => !WithinRange(value);
}
```

― 発展

サンプルコードでは、whereキーワードを使い、型パラメーターTがIComparable<T>を実装している型に限定しましたが、インターフェイスの他に、基底クラスを指定することも可能です。また、structキーワード、classキーワードで値型か参照型かを指定することも可能です。newキーワードを指定すればパラメーターなしのパブリックコンストラクターを持つ型に制限することも可能です。詳しくは、以下のページを参照してください。

```
https://docs.microsoft.com/ja-jp/dotnet/csharp/programming-
guide/generics/constraints-on-type-parameters
```

▼ 実行結果

```
False
True
True
False
```

(関連項目)

▶▶186 ジェネリックメソッドを定義したい

▶▶193 IComparable<T>インターフェイスを実装し大小比較したい

Chap 12 ジェネリックとインターフェイス

186 ジェネリックメソッドを定義したい

　ジェネリックメソッドを定義すると特定の具象型に依存しないメソッドを定義することができます。ジェネリックメソッドを定義するには、メソッド名の後ろに<T>のような型パラメーターを指定します。

　以下のサンプルコードでは、シーケンスの中の最大の要素を出力するPrintMaxメソッドを定義しています。その際、whereキーワードを使って型パラメーターにIComparable<T>の制約を指定しています。こうすることで型パラメーターTは、IComparable<T>を実装している型に限定することができます。

■ Recipe_186/Program.cs

```csharp
using System;
using System.Collections.Generic;
using System.Linq;

// 型パラメーターを明示して呼び出す
PrintMax<int>(new[] { 1, 4, 8, 3, 10, 2, 7 });
PrintMax<DateTime>(new[] { new DateTime(2021, 3, 5),
                           new DateTime(2021, 1, 6) });
// 型パラメーターを省略して呼び出す
PrintMax(new[] { 1, 4, 8, 3, 10, 2, 7 });
PrintMax(new[] { new DateTime(2021, 3, 5),
                 new DateTime(2021, 1, 6) });

// ジェネリックメソッドの定義例
static void PrintMax<T>(IEnumerable<T> seq)
    where T : IComparable<T>
{
    T max = seq.First();
    foreach (var item in seq.Skip(1))
    {
        if (item.CompareTo(max) > 0)
            max = item;
    }
    Console.WriteLine(max);
}
```

▼ 実行結果

```
10
2021/03/05 0:00:00
10
2021/03/05 0:00:00
```

補足

　ジェネリックメソッドを定義する際は、サンプルコードで示したように引数にも型パラメーター付きの型を指定するのが一般的です。

```
static void PrintMax<T>(IEnumerable<T> seq)
```

　このように定義するとコンパイラが型推論を行ってくれます。この型推論により型パラメーターを省略してメソッドを呼び出せます。

```
PrintMax(new[] { 1, 4, 8, 3, 10, 2, 7 });
```

　以下のように、型パラメーターを指定する必要はありません。

```
PrintMax<int>(new[] { 1, 4, 8, 3, 10, 2, 7 });
```

187 インターフェイスを定義したい

Syntax

● インターフェイスの定義

```
アクセス修飾子 interface インターフェイス名
{
    メソッドやプロパティの宣言
}
```

● インターフェイスの実装

```
アクセス修飾子 class クラス： インターフェイス名
{
    インターフェイスで宣言したメソッドやプロパティの定義
    クラス独自のメンバーの定義
}
```

　インターフェイスを使えば、クラスが実装すべきメソッドやプロパティを規定することができます。インターフェイスを実装するクラスは、必ずインターフェイスで定義したメソッド、プロパティを定義しなければなりません。インターフェイスの名前には、先頭にアルファベットのIをつけることが推奨されています。

　以下にインターフェイスの定義例とインターフェイスを実装したクラスの定義例、そのクラスの利用例を示します。コードを見ていただければわかるように、インターフェイスでは、publicやprivateなどのアクセス修飾子は使いません。

■ Recipe_187/Program.cs

```csharp
using System;

var obj = new SampleClass();
obj.Repeat("+", 5);
Console.WriteLine(obj.RepeatCount);

// インターフェイスの定義
public interface IRepeatable
{
```

$\langle\langle$

```
        void Repeat(object item, int num);
        int RepeatCount { get; }
}

// インターフェイスの実装
public class SampleClass : IRepeatable
{
        public void Repeat(object item, int num)
        {
                for (var i = 0; i < num; i++)
                {
                        Console.Write(item.ToString());
                }
                Console.WriteLine();
                RepeatCount = num;
        }
        public int RepeatCount { get; private set; }
}
```

▼ 実行結果

```
+++++
5
```

　C#8.0から、インターフェイスに実装を加えることが可能になっています。これを既定のインターフェイスメソッドといいます。

　サンプルコードでは、ICustomerインターフェイスにDiscountRateメソッドを定義しています。このメソッドを利用する際は、オブジェクトをICustomerインターフェイスに型変換する必要があります。具象クラスのSampleCustomerにはDiscountRateメソッドが存在しないため、型変換しないとコンパイルエラーとなります。

　なお、自動実装プロパティの既定の実装はサポートされていません。ICustomerインターフェイスのNameプロパティ、Gradeプロパティは、ICustomerを実装する具象クラスで実装する必要があります。

■ Recipe_188/Program.cs

```csharp
using System;

// ICustomerを実装したSampleCustomerの利用例
ICustomer cust = new SampleCustomer();
cust.Grade = 2;
var price = 10000 * (1 - cust.DiscountRate());
Console.WriteLine(price);

public interface ICustomer
{
    string Name { get; }
    int Grade { get; set; }

    // 既定の動作を定義
    public decimal DiscountRate()
    {
        return Grade switch
        {
            2 => 0.05m,
            3 => 0.1m,
            _ => 0.0m
        };
    }
}
```

```
            ⟩⟩
public class SampleCustomer : ICustomer
{
    public string Name { get; set; }
    public int Grade { get; set; }
}
```

▼ 実行結果

```
9500.00
```

189 既定のインターフェイスメソッドを上書きしたい

既定のインターフェイスメソッドが定義されているインターフェイスがあり、そのインターフェイスを実装したクラスにおいて、既定のインターフェイスメソッドの動作を変更可能にしておきたい場合があります。

そのサンプルコードを以下に示します。ICustomerインターフェイスでは、protectedなDefaultDiscountRateメソッドを定義し、それをそのまま呼び出すDiscountRateメソッドを定義しています。

このICustomerインターフェイスを実装するSampleCustomerクラスでは、DiscountRateメソッドを上書きしていますが、ICustomer.DefaultDiscountRateメソッドを呼び出すことで、コードをうまく再利用しています。

■ Recipe_189/Program.cs

```csharp
using System;

var cust = new SampleCustomer();
cust.Grade = 2;
cust.JoinDate = new DateTime(2013, 6, 9);
var price = 10000 * (1 - cust.DiscountRate());
Console.WriteLine(price);

public interface ICustomer
{
    string Name { get; }
    int Grade { get; set; }
    // 既定の動作
    public decimal DiscountRate() => DefaultDiscountRate(this);

    // DefaultDiscountRate をpublicにしないためのテクニック
    protected static decimal DefaultDiscountRate(ICustomer c)
    {
        return c.Grade switch
        {
            2 => 0.05m,
            3 => 0.1m,
            _ => 0.0m
        };
    }
```

```
}

public class SampleCustomer : ICustomer
{
    public string Name { get; set; }
    public int Grade { get; set; }
    public DateTime JoinDate { get; set; }

    // 既定の動作を上書きする
    public decimal DiscountRate()
    {
        if (JoinDate.AddYears(3) < DateTime.Today)
            return 0.1m;
        return ICustomer.DefaultDiscountRate(this);
    }
}
```

▼ 実行結果

```
9000.0
```

190 yield構文を使い IEnumerable<T>を返す メソッドを定義したい

yieldキーワードを使うと、IEnumerable<T>を戻り値に持つメソッドを簡単に定義することができます。このようなメソッドを反復子と呼んでいます。

ここではyieldキーワードを使うサンプルコードとして、フィボナッチ数列を返すメソッドFibonacciを定義しています。Fibonacciメソッドの戻り値はIEnumerable<long>ですので、LINQが提供するメソッドを利用することができます。

■ Recipe_190/Program.cs

```
using System;
using System.Collections.Generic;
using System.Linq;

// f(0)……f(10)までを列挙する
var fibos = Fibonacci()
    .Select((Value, Index) => new { Index, Value })
    .TakeWhile(x => x.Index <= 10);
foreach (var f in fibos)
{
    Console.WriteLine($"f({f.Index}) = {f.Value}");
}

static IEnumerable<long> Fibonacci()
{
    yield return 0;
    yield return 1;
    // オーバーフローするまで列挙する
    long[] array = new long[] { 0, 1 };
    while (true)
    {
        var fibo = array[0] + array[1];
        if (fibo < array[1])
            yield break;   // 列挙を中止
        array[0] = array[1];
        array[1] = fibo;
```

```
            〳〵
        yield return fibo;
    }
}
```

▼ 実行結果

```
f(0) = 0
f(1) = 1
f(2) = 1
f(3) = 2
f(4) = 3
f(5) = 5
f(6) = 8
f(7) = 13
f(8) = 21
f(9) = 34
f(10) = 55
```

補足

　　yield構文を使ったメソッド（反復子）は、Unityによる開発の際には多用されており、MonoBehaviour基底クラスによるコルーチンの実装として（Unityメインループで DelayedCallManager::Updateからコールバックされます）、この反復子を定義します。

191 IEquatable<T>インターフェイスを持つクラスを定義したい

Syntax

● IEquatable<T>インターフェイス

```
public interface IEquatable<T>
{
    bool Equals(T other);
}
```

　IEquatable<T>インターフェイスは、オブジェクトの等価比較機能をクラスに付加するためのインターフェイスです。

　通常クラスのインスタンスでは参照の等価比較が行われますが、IEquatable<T>インターフェイスを実装することで、現在のオブジェクトが同じ型の別のオブジェクトと等しいかどうかをオブジェクトの内容を見て調べることが可能になります。

　IEquatable<T>インターフェイスを実装するには、IEquatable<T>インターフェイスのEqualsメソッドを定義する他に、Object.EqualsメソッドとObject.GetHashCodeメソッドをオーバーライドすることが求められます。

　以下に示すサンプルコードは、SquareクラスにIEquatable<T>インターフェイスを実装し、独自の等価比較を行えるようにしています。

■ Recipe_191 / Program.cs

```
using System;
using System.Collections.Generic;

var set = new HashSet<Square>();
set.Add(new Square { Height = 10, Width = 20 });
// 次のAddは、同一要素があるので追加されない
set.Add(new Square { Height = 10, Width = 20 });
set.Add(new Square { Height = 15, Width = 20 });
foreach (var item in set)
{
    Console.WriteLine($"{item.Height}, {item.Width}");
}
```

```
// IEquatable<T>を実装したクラス
public class Square : IEquatable<Square>
{
    public int Width { get; set; }
    public int Height { get; set; }

    // IEquatable<T>.Equalsを実装
    public bool Equals(Square other)
    {
        if (other == null)
            return false;
        return Height == other.Height && Width == other.Width;
    }

    // Object.Equalsをオーバーライド
    public override bool Equals(object obj)
    {
        if (obj is Square square)
            return Equals(square);
        return false;
    }

    // Object.GetHashCodeをオーバーライド
    public override int GetHashCode()
    {
        int hCode = Height ^ Width;
        return hCode.GetHashCode();
    }
}
```

Chap 12　ジェネリックとインターフェイス

▼ 実行結果

```
10, 20
15, 20
```

〔 関連項目 〕

192　IEqualityComparer<T>インターフェイスを実装したい

192 IEqualityComparer<T> インターフェイスを実装したい

● IEqualityComparer<T>インターフェイス

```
public interface IEqualityComparer<T>
{
    bool Equals(T x, T y);
    int GetHashCode(T obj);
}
```

　IEqualityComparer<T>インターフェイスは、対象となるクラスそのものではなく、クラスの外でオブジェクトの等価比較を定義し、Dictionary<TKey,TValue>やHashSet<T>を利用できるようにします。

　以下に示すサンプルコードは、SquareオブジェクトをHashSet<Square>コレクションに追加する例です。HashSet<Square>のインスタンス生成時にIEqualityComparer<Square>インターフェイスを実装したSquareEqualityComparerのオブジェクトを引数に渡している点に注目してください。

　IEqualityComparer<T>インターフェイスは、Squareクラスのソースに手を加えることができない場合や、SquareクラスにすでにIEquatable<Square>インターフェイスが実装されていて、それとは異なる等価比較を行いたい場合などに利用します。

■ Recipe_192/Program.cs

```csharp
using System;
using System.Collections.Generic;

// 利用例
var set = new HashSet<Square>(new SquareEqualityComparer());
set.Add(new Square { Height = 10, Width = 20 });
// 次のAddは、同一要素があるので追加されない
set.Add(new Square { Height = 10, Width = 20 });
set.Add(new Square { Height = 15, Width = 20 });
foreach (var item in set)
{
    Console.WriteLine($"{item.Height}, {item.Width}");
}
```

```
// Squareそのものは値の等価比較機能を持たない
public class Square
{
    public int Width { get; set; }
    public int Height { get; set; }
}

// IEqualityComparer<T>を実装し、Squareの等値比較を可能にする
public class SquareEqualityComparer : IEqualityComparer<Square>
{
    public bool Equals(Square s1, Square s2)
    {
        if (s1 == null && s2 == null)
            return true;
        if (s1 == null || s2 == null)
            return false;
        return s1.Height == s2.Height && s1.Width == s2.Width;
    }

    public int GetHashCode(Square bx)
    {
        int hCode = bx.Height ^ bx.Width;
        return hCode.GetHashCode();
    }
}
```

▼ 実行結果

```
10, 20
15, 20
```

(関連項目)

▶▶ 191　IEquatable<T>インターフェイスを持つクラスを定義したい

193 IComparable<T> インターフェイスを実装し 大小比較したい

Syntax

● IComparable<T>インターフェイス

```
public interface IComparable<T>
{
    int CompareTo(T other);
}
```

IComparable<T>インターフェイスを実装すると、インスタンスの並べ替えが可能になります。

独自のクラスや構造体でSortedList<T>、SortedDictionary<TKey,TValue>などのジェネリックコレクションを利用する場合にも、IComparable<T>インターフェイスを実装していると便利です。

以下に示すサンプルコードでは、カスタムTime構造体にIComparable<T>インターフェイスを実装して並べ替えを可能にしています。なおIComparable<T>を実装する場合は、IEquatable<T>インターフェイスも実装するのが普通ですが、ここでは省略しています。

■ Recipe_193/Program.cs

```
using System;
using System.Collections.Generic;

// 利用例
var list = new List<Time>
{
    new Time(13, 34, 0),
    new Time(21, 51, 5),
    new Time(8, 16, 21),
    new Time(8, 23, 59),
};
list.Sort();
foreach (var tm in list)
{
    Console.WriteLine($"{tm.Hour}:{tm.Minute}:{tm.Second}");
}
```

```
// IComparable<T>を実装したクラス
public readonly struct Time: IComparable<Time>
{
    public int Hour { get; }
    public int Minute { get; }
    public int Second { get; }

    public Time(int hour, int minute = 0, int second = 0)
    {
        Hour = hour;
        Minute = minute;
        Second = second;
    }

    private int ToInt32() => Hour * 10000 + Minute * 100 + Second;

    // IComparableの実装
    // 通常はジェネリック型ではない IComparable.CompareToも実装する
    public int CompareTo(object obj)
    {
        if (obj is Time tm)
            return this.CompareTo(tm);
        else
            throw new ArgumentException("引数はTime型ではありません");
    }

    // IComparable<T>の実装
    public int CompareTo(Time obj) =>
        this.ToInt32().CompareTo(obj.ToInt32());
}
```

▼ 実行結果

```
8:16:21
8:23:59
13:34:0
21:51:5
```

(関連項目)

▶▶191 IEquatable<T>インターフェイスを持つクラスを定義したい

194 IComparer<T> インターフェイスを 実装してソートしたい

Syntax

- IComparer<T>インターフェイス

```
public interface IComparer<T>
{
    int Compare(T x, T y);
}
```

　IComparer<T>インターフェイスを実装するクラスを定義すると、通常の並べ替えとは異なる並べ替えができるようになります。List<T>.SortやLINQのOrderByメソッドなどとともに利用されます。

　以下に示すサンプルコードでは、DateTime構造体を時（Hour）で比較するクラスHourComparerを定義しています。List<T>.Sortメソッドの引数にHourComparerのインスタンスを渡すことで、DateTime.Hourプロパティの値で並べ替えを行っています。

■ Recipe_194/Program.cs

```
using System;
using System.Collections.Generic;

// 利用例
var list = new List<DateTime>
{
    new DateTime(2020, 5, 1, 12, 30, 4),
    new DateTime(2020, 5, 2, 5, 10, 12),
    new DateTime(2020, 5, 3, 19, 3, 20),
    new DateTime(2020, 5, 4, 1, 45, 59),
};
list.Sort(new HourComparer());
foreach (var date in list)
{
    Console.WriteLine(date);
}
```

```
// IComparer<T>インターフェイスを実装
public class HourComparer : IComparer<DateTime>
{
    // 時（Hour）だけを比較する
    public int Compare(DateTime x, DateTime y)
    {
        return x.Hour.CompareTo(y.Hour);
    }
}
```

▼ 実行結果

```
2020/05/04 1:45:59
2020/05/02 5:10:12
2020/05/01 12:30:04
2020/05/03 19:03:20
```

(関連項目)

193 IComparable<T>インターフェイスを実装し大小比較したい

195 IDisposableインターフェイスを実装したい

Syntax

● IDisposableインターフェイス

```
public interface IDisposable
{
    void Dispose();
}
```

IDisposableインターフェイスは、リソースを解放するためのメカニズムを提供します。

クラスに定義したフィールドの型が、IDisposableインターフェイスを実装していた場合は、そのクラスもIDisposableインターフェイスを実装し、フィールドが示すオブジェクトを安全にかつ確実に破棄できるようにする必要があります。

以下に示すサンプルコードは、Disposeパターンと呼ばれる、典型的なIDisposableインターフェイスの実装例です。

DisposableTypeクラスは、フィールドでStreamクラスのインスタンスを保持しています。このStreamクラスは、IDisposableインターフェイスを実装したクラスです。

IDisposableインターフェイスを実装したクラスを保持するクラスでは、Disposeパターンを使い、そのクラス自身もIDisposableインターフェイスを実装しなければなりません。Disposeパターンで実装したクラスは、ふたつのDisposeメソッドを持ち、ファイナライザを持っています。

■ Recipe_195/Program.cs

```
using System;
using System.IO;

using (var obj = new DisposableType())
{
    // ここでobjを使った処理を記述
}

// IDisposableインターフェイスの実装例
public class DisposableType : IDisposable
{
    private bool _disposed;   // 破棄済みかどうかを示す
```

〜〜

```
private Stream _stream;

public DisposableType()
{
    _stream = new FileStream(@"example.txt", FileMode.Open);
}

protected virtual void Dispose(bool disposing)
{
    if (_disposed)
        return;
    if (disposing)
        _stream.Dispose();
    _disposed = true;
}

public void Dispose()
{
    Dispose(true);
    GC.SuppressFinalize(this);
}

~DisposableType() => Dispose(false);
}
```

ー 発展

IDisposableインターフェイスを実装するクラスから派生したクラスは、IDisposableの基底クラスでの実装が派生クラスに継承されるため、publicなIDisposable.Dispose()を実装してはいけません。代わりに、派生クラスのリソースを破棄するために、次のようなコードを書く必要があります。

■ Recipe_195/Program.cs

```csharp
public class DelivedType : DisposableType
{
    bool _disposed = false;
    private Stream _stream;
    public DelivedType(string path)
    {
        _stream = File.Open(path, FileMode.Open);
    }

    ~DelivedType() => Dispose(false);

    // Disposeメソッドをオーバーライドする
    protected override void Dispose(bool disposing)
    {
        if (_disposed)
            return;
        if (disposing)
            _stream.Dispose();
        _disposed = true;
        base.Dispose(disposing);   // 基底クラスのリソースを破棄する
    }
}
```

(関連項目)

▶▶174 using文で確実にDisposeメソッドを呼び出したい
▶▶175 using宣言を使い、より簡単にusing文を書きたい

196 オブザーバー デザインパターンを実装したい

Syntax

- IObservable\<T>インターフェイス

```
public interface IObservable<T>
{
    IDisposable Subscribe(IObserver<T> observer);
}
```

- IObserver\<T>インターフェイス

```
public interface IObserver<T>
{
    void OnCompleted();
    void OnError(Exception error);
    void OnNext(T value);
}
```

　IObservable\<T>およびIObserver\<T>を実装したクラスを定義すると、統一的な方法でオブジェクト間の通知メカニズムを実装することができます。

　IObservable\<T>インターフェイスを実装するクラス（通知用プロバイダー）とIObserver\<T>インターフェイスを実装するクラス（受信用オブザーバー）を定義することで、通知用プロバイダー内で起こった変化を受信用オブザーバー（複数可）に通知することが可能になります。これをオブザーバーデザインパターンと呼んでいます。

　オブザーバーデザインパターンを利用することで、ビジネスロジック層とユーザーインターフェイス層を明確に分離しつつ、オブジェクト間の通知メカニズムを提供できるようになります。

　以下のサンプルコードでは、素数を生成するPrimeGeneratorクラスと生成された素数を順次出力するPrimePrinterクラスを定義しています。PrimeGeneratorクラスもPrimePrinterクラスもお互いの存在を知ることなく、素数生成の通知と受信が可能になっています。

■ Recipe_196/Program.cs

```
using System;
using System.Collections.Generic;
```

```csharp
// 利用例
var pg = new PrimeGenerator();
var pp = new PrimePrinter();
pg.Subscribe(pp);
pg.Generate(10);

// 通知を受け取る側のクラス
// PrimeGeneratorクラスのことは知らない
class PrimePrinter : IObserver<int>
{
    public void OnCompleted() =>
        Console.WriteLine("終了");

    public void OnError(Exception error) =>
        Console.WriteLine(error.ToString());

    public void OnNext(int value) =>
        Console.WriteLine(value);
}

// 通知する側のクラス
// PrimePrinterクラスのことは知らない
class PrimeGenerator : IObservable<int>
{
    public void Generate(int maxCount)
    {
        var count = 0;
        for (int i = 2; i < int.MaxValue; i++)
        {
            if (IsPrime(i))
            {
                Publish(i);
                if (++count >= maxCount)
                    break;
            }
```

〟

```
        }
        Complete();
    }

    private List<IObserver<int>> _observers = new
List<IObserver<int>>();

    // 終了を通知する
    private void Complete() =>
        _observers.ForEach(o => o.OnCompleted());

    // 状況変化を知らせるために購読者（受信者）に通知する
    private void Publish(int prime) =>
        _observers.ForEach(o => o.OnNext(prime));

    // 購読（受信）する
    public IDisposable Subscribe(IObserver<int> observer)
    {
        _observers.Add(observer);
        return observer as IDisposable;
    }

    // 素数かどうかを判断する
    private static bool IsPrime(int num)
    {
        if (num == 1 || num == 2)
            return true;
        var boundary = Math.Floor(Math.Sqrt(num));
        for (var i = 2; i <= boundary; ++i)
        {
            if (num % i == 0)
                return false;
        }
        return true;
    }
}
```

Chap 12 ジェネリックとインターフェイス

▼ 実行結果

```
2
3
5
7
11
13
17
19
23
29
終了
```

よりスマートに
コードを書く

197 最上位レベルステートメントを使いたい

C#9.0で導入された最上位レベルステートメント (Top-level statements) を使うと、多くの定型句を省略し、usingステートメントと処理を行う実際のステートメントだけにすることができます。

■ Recipe_197/Program.cs (従来のコード)

```
using System;

namespace HelloWorld
{
    class Program
    {
        static void Main(string[] args)
        {
            Console.WriteLine("Hello World!");
        }
    }
}
```

■ Recipe_197/Program.cs (最上位レベルステートメント)

```
using System;

Console.WriteLine("Hello World!");
```

　最上位レベルステートメントを使用できるのは、プロジェクト内のひとつのファイルだけです。複数のソースファイルで最上位レベルステートメントを使うことはできません。

　この機能は、小規模なコンソールアプリケーションやちょっとした実験用のプログラムに最適です。また本書のような教材にも有用な機能です。本書に掲載したコードのほとんどは、この最上位レベルステートメントを使用し、完全なC#のプログラムとしています。

　最上位レベルステートメントでは、awaitキーワードを使った非同期メソッドの呼び出しも可能です。

198 クラス名を省略して メソッドを呼び出したい

Syntax

● using staticディレクティブ

```
using static 完全修飾型名;
```

C#6.0で導入されたusing staticディレクティブを利用すると、その型の静的メンバーに型名を指定することなくアクセス可能になります。

サンプルコードでは、System.Console.WriteLine静的メソッドをメソッド名だけで呼び出しています。

■ Recipe_198/Program.cs

```csharp
using static System.Console;

class Program
{
    static void Main()
    {
        WriteLine("Hello World!");
    }
}
```

▼ 実行結果

```
Hello World!
```

341

199 nameof式でシンボルの名前の間違いをなくしたい

Syntax

● nameof式

nameof(識別名)

　C#6.0で導入されたnameof式を使うと、変数、型、メンバーの名前が文字列として生成されます。生成される文字列には名前空間名は含まれません。nameof式はコンパイル時に評価され、実行時には影響を与えません。
　以下のサンプルコードでは、型名、プロパティ名、メソッド名を文字列にして、コンソールに出力しています。

■ Recipe_199/Program.cs

```csharp
using System;

// 型名を取得
var name1 = nameof(System.DateTime);
Console.WriteLine(name1);

// プロパティ名を取得
var name2 = nameof(DateTime.Year);
Console.WriteLine(name2);

// メソッド名を取得
var name3 = nameof(DateTime.AddDays);
Console.WriteLine(name3);
```

▼ 実行結果

```
DateTime
Year
AddDays
```

▬ 発展

nameof式は、属性のパラメーターとしてメンバー名などを指定したいときによく利用されます。nameof式を使うことでタイプミスを防ぐことができます。

■ Recipe_199/Program.cs

```csharp
using System.ComponentModel.DataAnnotations;

public class UserInfo
{
    [Required]
    public string Password { get; set; }

    [Required]
    [Compare(nameof(Password), ErrorMessage = "パスワードが異なります。⏎
")]
    public string ConfirmPassword { get; set; }
}
```

Compare属性は、他のプロパティと値が同じかどうか調べる属性です。

スマートにコードを書く

343

200 defaultキーワードで オブジェクトの既定値を 指定したい

Syntax

● defaultリテラル

```
型名 変数 = default;
```

　C#7.0以前では、既定値を表すのにdefault演算子を使い、default(型名)と記述する必要がありましたが、C#7.1以降では、defaultリテラルを使い、型名を省略することが可能になりました。
　defaultリテラルを省略可能引数で使ったサンプルコードを示します。

■ Recipe_200/Program.cs

```
using System;

PrintValue();
PrintValue(new DateTime(2021, 5, 18));

static void PrintValue(DateTime dt = default)
{
    Console.WriteLine(dt.ToString("yyyy/MM/dd"));
}
```

▼ 実行結果

```
0001/01/01
2021/05/18
```

201 new式でインスタンス生成の コードを簡略化したい

C#9.0で導入されたnew式を使うと、インスタンス生成時の型を省略することができます。このnew式が使えるのは、作成されるオブジェクトの型がすでにわかっている場合に限ります。

フィールドとプロパティの初期化で利用すると便利です。

■ Recipe_201/Program.cs

```
public class TodoList
{
    private List<Todo> _list = new();

    ......
}
```

また、インスタンスを生成して返す場合にも利用することができます。

■ Recipe_201/Program.cs

```
public MyRetryOption Create()
{
    // MyRetryOption(定義は省略)インスタンスが生成される
    return new() {
        Count = 3,
        Interval = 100,
    };
}
```

202 out変数で引数宣言を
簡略化したい

　int.TryParseメソッドなど、outパラメーターを持つメソッドでは、パラメーターをメソッドに渡すときに変数の宣言も同時にできます。これはC#7.0で導入された機能でout変数と呼びます。
　out変数を使うことにより、TryParseメソッドの呼び出し前に変数を宣言する必要がなくなります。

■ Recipe_202/Program.cs

```
using System;

if (Double.TryParse("3.14", out var value))
{
    Console.WriteLine(value);
}
```

▼ 実行結果

```
3.14
```

203 メソッド呼び出しで名前付き引数を使用したい

メソッドを呼び出す際、通常は定義された順番に引数を渡しますが、名前付き引数を使うことで、定義された順番に関係なく引数を渡すことが可能になります。また、省略可能引数が指定されたメソッドでは、任意の引数だけを指定することが可能になります。名前付き引数はC#6.0で導入されました。

■ Recipe_203/Program.cs

```csharp
using System;

// 名前付き引数を利用しメソッドを呼び出す例
ExampleMethod(5, optionalInt: 20);
ExampleMethod(optionalStr: "hello", required: 10);

//メソッドの定義例
static void ExampleMethod(
    int required,
    string optionalStr = "default string",
    int optionalInt = 10)
{
    Console.Write($"required={required}, ");
    Console.Write($"optionalStr={optionalStr}, ");
    Console.WriteLine($"optionalInt={optionalInt}");
}
```

▼ 実行結果

```
required=5, optionalStr=default string, optionalInt=20
required=10, optionalStr=hello, optionalInt=10
```

204

switch式を利用したい

● switch式

```
式 switch
{
    値1 => 式1,
    値2 => 式2,
    ……
    _ => 式x,
}
```

C#8.0で導入されたswitch式を用いると、switch文とは異なりswitch式そのものが値を持つようになります。多くの場合でより簡潔な記述が可能になります。

■ Recipe_204/Program.cs

```csharp
using System;
using System.IO;

var driveType = DriveType.Network;
var drivetext = driveType switch
{
    DriveType.Fixed => "固定ディスク",
    DriveType.Network => "ネットワークドライブ",
    DriveType.Removable => "リムーバブルディスク",
    DriveType.CDRom => "光ディスクドライブ",
    _ => "その他のドライブ"
};
Console.WriteLine(drivetext);
```

▼ 実行結果

```
ネットワークドライブ
```

■ 発展

C#9.0では、以下のように比較演算子を利用することも可能です。

■ Recipe_204/Program.cs

```csharp
var num = 10;
var str = num switch {
    < 0 => "マイナス",
    0 => "ゼロ",
    > 0 => "プラス"
};
Console.WriteLine(str);
```

▼ 実行結果

```
プラス
```

205 switch文のcaseラベルに条件を付加したい

switch文でcaseラベルにwhen句を追加することで、条件を加えることが可能になります。これはC#7.0で導入された機能です。

■ Recipe_205/Program.cs

```csharp
using System;

object obj = 10;
switch (obj)
{
    case int i when i >= 1:
    case short s when s >= 1:
        Console.WriteLine("1以上の整数です");
        break;
    case double d when d >= 1.0:
    case float f when f >= 1.0:
        Console.WriteLine("1以上の浮動小数点数です");
        break;
    default:
        Console.WriteLine("それ以外の値です");
        break;
}
```

▼ 実行結果

```
1以上の整数です
```

206 is演算子で パターンマッチングを使いたい

C#9.0で導入されたパターンマッチング（andパターン、orパターン、notパターン）を利用すると、より直感的な記述で条件式を書くことができます。

■ Recipe_206/Program.cs

```csharp
using System;

var c = 'Q';
var letterOrSeparator =
    c is (>= 'a' and <= 'z') or (>= 'A' and <= 'Z') or '.' or ',';
Console.WriteLine(letterOrSeparator);

var pos = new { X = 1, Y = 5 };
var notnull = pos is not null;
Console.WriteLine(notnull);
```

▼ 実行結果

```
True
True
```

207 ローカル関数を定義したい

クラスを定義しているとひとつのメソッドからしか呼び出されないメソッドを定義したい場面があります。このようなときにC#7.0で導入されたローカル関数を使うと、そのメソッドが特定のメソッドからしか呼び出されないことを明確にすることができます。また、チームプロジェクトの場合は、別の開発者が誤って別の箇所からメソッドを呼び出すことができなくなります。

サンプルコードでは、Mainメソッドの中にローカル関数ToSnakeCaseを定義しています。この例では示すことができませんが、親メソッドのすべてのローカル変数と引数は、ローカル関数からアクセスすることが可能です。

■ Recipe_207/Program.cs

```csharp
using System;
using System.Linq;

class Program
{
    static void Main()
    {
        var words = new[]
        {
            "StringBuilder", "ToSnakeCase", "IsLetter", "ToLower"
        };
        foreach (var word in words) {
            var snakecase = ToSnakeCase(word);
            Console.WriteLine(snakecase);
        }

        // ローカル関数（メソッドの中に定義できる）
        string ToSnakeCase(string value)
        {
            var seq = value.Select((x, i) =>
                i > 0 && char.IsUpper(x) ? "_" + x.ToString()
                                         : x.ToString());
            return string.Concat(seq).ToLower();
        }
    }
}
```

▼ 実行結果

```
string_builder
to_snake_case
is_letter
to_lower
```

208 プロパティのgetアクセサー、setアクセサーを式形式で書きたい

C#7.0以降では、プロパティのget/setアクセサーを式形式として実装できます。
以下の例では、Labelプロパティのgetアクセサーとsetアクセサーを式形式で実装しています。

■ Recipe_208/Program.cs

```csharp
using System;

var obj = new SampleClass();
obj.Label = null;
Console.WriteLine(obj.Label);

public class SampleClass
{
    private string _label;

    public string Label
    {
        get => _label;
        set => _label = value ?? "Default label";
    }
}
```

▼ 実行結果

```
Default label
```

209 init専用セッターでクラスの安全性を高めたい

　C#9.0で導入されたinit専用セッターを使うと、プロパティの初期化をオブジェクト初期化子での初期化に限定することができます。初期化完了後は、プロパティは読み取り専用になります。

■ Recipe_209/Program.cs

```csharp
using System;

// オブジェクト初期化子での初期化はOK
var book = new Book
{
    Title = "源氏物語",
    Author = "紫式部"
};
// 以下のコードはビルドエラー
book.Author = "清少納言";

public class Book
{
    public string Title { get; init; }
    public string Author { get; init; }
}
```

210 メソッドでタプルを利用し ふたつの値を返したい

　C#7.0以降では、タプルをメソッドの戻り値として使用できます。複数の値を返したい場合に便利な機能です。

　以下にその例を示します。GetItemメソッドの (string name, string color) の部分がタプルを表しています。nameとcolorのふたつの値をメソッドの戻り値としています。

■ Recipe_210/Program.cs

```
using System;

// タプルを受け取る
var tuple = GetItem();
Console.WriteLine($"{tuple.name} {tuple.color}");

// タプルを分解して受け取る
var (name, color) = GetItem();
Console.WriteLine($"{name} {color}");

// タプルを返すメソッド
static (string name, string color) GetItem()
{
    var named = ("Banana", "Yellow");
    return named;
    // もちろん、return ("Banana", "Yellow"); でもOK
}
```

▼ 実行結果

```
Banana Yellow
Banana Yellow
```

211 配列でより高度な インデックス操作をしたい

C#8.0では、配列のインデックスの機能が強化されています。末尾からのインデックスを表す「^n」という表記や、範囲を表す「n..m」という表記ができるようになっています。

末尾を表すインデックスは、^1が最後尾、^2が後ろから2番目を指します。範囲を表すインデックスは要素と要素の間にインデックスが振ってあると考えるとよいでしょう。以下のサンプルコードを例にとると、[2..4]の場合、2は「you」と「can」の間を指します。4は「dream」と「you」の間を指します。

■ Recipe_211/Program.cs

```csharp
using System;

var words = new [] {
    "If", "you", "can", "dream", "you", "can", "do", "it" };
string last = words[^1];                /// 最後の要素
string[] candream = words[2..4];        // 2〜4の範囲
string[] doit = words[^2..^0];          // 後ろから数えて2〜0の範囲
string[] first4 = words[..4];           // 先頭〜4の範囲
string[] from4 = words[4..];            // 4〜最後までの範囲
Range range = 3..^2;                    // 3〜最後から2までの範囲
string[] items = words[range];

Console.WriteLine(last);
Console.WriteLine(string.Join(",", candream));
Console.WriteLine(string.Join(",", doit));
Console.WriteLine(string.Join(",", first4));
Console.WriteLine(string.Join(",", from4));
Console.WriteLine(string.Join(",", items));
```

▼ 実行結果

```
it
can,dream
do,it
If,you,can,dream
you,can,do,it
dream,you,can
```

Chap 13 よりスマートにコードを書く

212 dynamic型を使いたい

dynamic型は、コンパイル時に静的な型チェックがバイパスされ、すべての操作がサポートされるものとみなされます。もしその操作 (メソッドなど) が無効な場合は実行時に例外が発生します。

サンプルコードのDynamicSampleメソッドは、ExampleClass1とExampleClass2という継承関係のないクラスのオブジェクトをdynamic型として受け取り、Executeメソッドを呼び出しています。

■ Recipe_212/Program.cs

```csharp
using System;

static void DynamicSample(dynamic obj)
{
    obj.Execute("Hello");
}

DynamicSample(new ExampleClass1());
DynamicSample(new ExampleClass2());

class ExampleClass1
{
    public void Execute(string msg)
        => Console.WriteLine($"<{msg}>");
}

class ExampleClass2
{
    public void Execute(string msg)
        => Console.WriteLine($"[{msg}]");
}
```

▼ 実行結果

```
<Hello>
[Hello]
```

(関連項目)

▶▶183 動的にプロパティを追加できるdynamicクラスを作りたい

並列処理と
非同期処理

Chapter

14

BackgroundWorkerクラスを利用してバックグラウンドで処理を動かしたい

Windows.FormsアプリケーションやWPFアプリケーションでは、System.ComponentModel名前空間のBackgroundWorkerクラスを利用すると簡単にバックグラウンドで処理を動かすことが可能です。

BackgroundWorkerクラスのRunWorkerAsyncメソッドを呼び出すとバックグラウンド処理が開始し、処理が進行するたびにProgressChangedイベントが発生します。処理が終了するとRunWorkerCompletedイベントが発生します。

■ Recipe_213/Program.cs

```
using System;
using System.ComponentModel;

class Program
{
    static void Main()
    {
        var bw = new BackgroundWorker();
        bw.WorkerSupportsCancellation = true;
        bw.WorkerReportsProgress = true;
        bw.DoWork += DoWork;
        bw.ProgressChanged += ProgressChanged;
        bw.RunWorkerCompleted += WorkerCompleted;
        bw.RunWorkerAsync();
        while (bw.IsBusy)
        {
            if (Console.KeyAvailable)
            {
                bw.CancelAsync();
                break;
            }
            Console.Write("F");
            System.Threading.Thread.Sleep(600);
        }
        // 確実にWorkerCompletedが呼ばれるように少し待つ
        // コンソールアプリなので、そうしないとその前にプログラムが終了してしまう
        System.Threading.Thread.Sleep(500);
```

```csharp
        Console.WriteLine("end");
    }

    private static void DoWork(object sender, DoWorkEventArgs e)
    {
        var bw = sender as BackgroundWorker;
        for (int i = 1; i <= 20; i++)
        {
            if (bw.CancellationPending)
            {
                e.Cancel = true;
                return;
            }
            System.Threading.Thread.Sleep(350);
            // ProgressChangedイベントを発生させる
            bw.ReportProgress(i, null);
        }
    }

    private static void WorkerCompleted(object sender,
RunWorkerCompletedEventArgs e)
    {
        if (e.Cancelled)
            Console.WriteLine("\nCaneled");
        else
            Console.WriteLine("\nComplete");
    }

    private static void ProgressChanged(object sender,
ProgressChangedEventArgs e)
    {
        Console.Write("b");
    }
}
```

　DoWorkがバックグラウンドで動作するメソッドです。バックグラウンドで動作しているのがわかるように、DoWorkではbを出力し、Mainメソッドではバックグラウンドの処理が終わるか何かのキーが押されるまで、Fを繰り返し出力しています。

　実行結果をみてわかるように、Fが出力される間に、bの出力が間に挟み込まれて、処理がバックグラウンドで動作しているのがわかります。

　サンプルコードでは、バックグラウンド処理をキャンセルできるようにしています。Mainメソッドでは、何かキーが押されると、BackgroundWorker.CancelAsyncメソッドを呼び出して処理をキャンセルしています。

　一方、DoWorkメソッドでは、BackgroundWorker.CancellationPendingプロパティを参照し、処理がキャンセルされたかどうかを調べ、trueならば処理を中断しています。

　以下の実行例は、キーを押さずに処理が完了するまで待ったときの例です。

実行例

```
FbFbbFbbFbFbbFbbFbbFbFbbFbbFbFbb
Complete
end
```

214

awaitを使用して
非同期メソッドを呼び出したい

非同期メソッドを同期処理のように記述するための演算子がawait演算子です。await演算子は、asyncキーワードで修飾されているメソッド内でのみ使用することが可能です。メソッドからの戻り値についても通常のメソッド呼び出しと同様に受け取ることが可能です。

サンプルコードでは、HttpClientクラスのGetStringAsync非同期メソッドを呼び出しています。

■ Recipe_214/Program.cs

```csharp
using System;
using System.Threading.Tasks;
using System.Net.Http;
using System.Text.RegularExpressions;

class Program
{
    static async Task Main()
    {
        // 非同期メソッドの呼び出し
        await DownloadPageAsync("https://docs.microsoft.com/ja-
jp/");
    }

    private static HttpClient _client = new HttpClient();

    // 非同期メソッド
    static async Task DownloadPageAsync(string url)
    {
        var text = await _client.GetStringAsync(url);
        var m = Regex.Match(text, @"<title>([^<]+)</title>");
        Console.WriteLine(m.Groups[1]);
    }
}
```

▼ 実行結果

```
開発者向けツール、テクニカル ドキュメント、コード サンプル | Microsoft Docs
```

同期メソッドを非同期メソッドに変更したい

● Task.Runメソッド

```
public static Task<TResult> Run<TResult>(Func<TResult> function);
```

同期メソッドを非同期メソッドに変更するには、TaskクラスのRunメソッドを利用します。

以下に示すサンプルコードでは、同期メソッドの例と非同期メソッドの例を示しています。非同期メソッドTriangularNumberAsyncでは、戻り値の型がintからTask<int>に変更されていることに注目してください。

なおジェネリックメソッドの型推論が働きますので、Runメソッドの呼び出しでは型パラメーターを指定する必要はありません。

■ Recipe_215/Program.cs

```csharp
using System;
using System.Threading.Tasks;

var sum1 = TriangularNumber(100);
Console.WriteLine(sum1);
var sum2 = await TriangularNumberAsync(100);
Console.WriteLine(sum2);

// 同期メソッド
static int TriangularNumber(int n)
{
    // 三角数の公式は利用していない
    var sum = 0;
    for (var i = 1; i <= n; i++)
    {
        sum += i;
    }
    return sum;
}

// 非同期メソッド
```

```
static Task<int> TriangularNumberAsync(int n)
{
    return Task.Run(() =>
    {
        var sum = 0;
        for (var i = 1; i <= n; i++)
        {
            sum += i;
        }
        return sum;
    });
}
```

▼ 実行結果

```
5050
5050
```

補足

サンプルコードは、C#9.0で導入された最上位ステートメントを利用しています。最上位ステートメント
内でもawaitキーワードが利用可能です。

216 Taskクラスで起動したタスクを最大N秒まで待ちたい

Syntax

● Task.Waitメソッド

```
public bool Wait(int millisecondsTimeout);
```

Taskクラスを使って起動したタスクを指定した時間だけ待つには、Task.Waitメソッドを利用します。

引数で指定した時間内にタスクが終了したか、指定時間だけ待ってもタスクが終了しない場合は、処理がWaitメソッドから戻ってきます。注意しないといけないのは、指定時間を過ぎてもタスクそのものがキャンセルされるわけではないということです。

以下のサンプルコードでは、そのことを示しています。実行結果を見ると、「Timeout」が表示されたあとに、「Task End」が表示され、Taskが最後まで実行されたことがわかります。

最終行のConsole.ReadLineは、Task.Runで起動したタスクが終わる前に、プログラム自体が終了するのを防ぐためのコードです。

■ Recipe_216/Program.cs

```
using System;
using System.Threading.Tasks;

// 2秒かかるタスクを起動
var task = Task.Run(() =>
{
    System.Threading.Thread.Sleep(2000);
    Console.WriteLine("Task End");
});
// 最大1秒待つ
task.Wait(1000);
// taskは終わっていないので、completedはfalseになる
bool completed = task.IsCompleted;
Console.WriteLine($"IsCompleted: {completed}, Status: {task.
Status}");
if (!completed)
    // タイムアウトが発生するが、タスクそのものがキャンセルされるわけではない
    Console.WriteLine("Timeout");
Console.ReadLine();
```

▼ 実行結果

```
IsCompleted: False, Status: Running
Timeout
Task End
```

217 指定した時間だけ処理を待機させたい

Syntax

● Task.Delayメソッド

```
public static Task Delay(int millisecondsDelay);
```

　指定した時間、処理を待機するには、TaskクラスのDelayメソッドを利用します。System. Threading.Thread.Sleepメソッドと違い、当該スレッドをブロックすることはありません。

　サンプルコードは1秒間待機する例です。awaitキーワードを使っていますので、asyncキーワードで修飾されたメソッドで利用可能です。

■ Recipe_217/Program.cs

```
using System;
using System.Threading.Tasks;

Console.WriteLine(DateTime.Now);
await Task.Delay(1000);
Console.WriteLine(DateTime.Now);
```

実行例

```
2020/12/16 20:40:20
2020/12/16 20:40:21
```

補足

　TimeSpanを引数にとるDelayメソッドも用意されています。上記サンプルコードのTaskDelayの呼び出しは以下のように書くことも可能です。

```
await Task.Delay(TimeSpan.FromSeconds(1));
```

218 Taskをキャンセルしたい

Syntax

- CancellationTokenSource.Cancelメソッド

```
public void Cancel(bool throwOnFirstException);
```

- CancellationToken.ThrowIfCancellationRequestedメソッド

```
public void ThrowIfCancellationRequested();
```

起動したTaskをキャンセルするには、Taskの呼び出し元と呼び出し先の両方の対応が必要になります。

Task呼び出し元では、CancellationTokenSource.Cancelメソッドを使用し、キャンセルすることをTaskに伝えます。

呼び出されたTask側では、CancellationToken.IsCancellationRequestedプロパティを参照して、キャンセルがリクエストされたかを調べます。Trueになったら（キャンセルされたら）、CancellationToken.ThrowIfCancellationRequestedメソッドを呼び出します。

CancellationToken.ThrowIfCancellationRequestedメソッドが呼び出されると、OperationCanceledException例外が発生しますので、呼び出し元でこの例外をキャッチし、キャンセルされたかどうかを調べます。

以下のサンプルコードは、タスクをキャンセルする基本的なパターンを示しています。

■ **Recipe_218/Program.cs**

```
using System;
using System.Threading.Tasks;
using System.Threading;

using (var tokenSource = new CancellationTokenSource())
{
    var task = DoWork(tokenSource.Token);
    while (!task.IsCompleted)
```

```
        {
            if (Console.KeyAvailable)
            {
                // 何かのキーが押されたらキャンセルする
                tokenSource.Cancel(true);
                break;
            }
            Thread.Sleep(100);
        }
        try
        {
            await task;
        }
        catch (OperationCanceledException e)
        {
            // キャンセルされた
            Console.WriteLine("キャンセルしました");
        }
}

// Taskを起動する
static Task DoWork(CancellationToken cancelToken)
{
    return Task.Run(() =>
    {
        // 100回繰り返すか、キャンセルされるまでループ
        for (int i = 0; i < 100; i++)
        {
            if (cancelToken.IsCancellationRequested)
                cancelToken.ThrowIfCancellationRequested();
            Console.Write(".");
            System.Threading.Thread.Sleep(200);
        }
    }, cancelToken);
}
```

実行例

```
.............キャンセルしました
```

起動したタスクが完了する前に、キーを押してタスクをキャンセルした例です。

219 Parallelクラスを使用して並列処理をさせたい

Syntax

● Parallel.ForEachメソッド

```
public static ParallelLoopResult ForEach<TSource>(
    IEnumerable<TSource> source, Action<TSource> body);
```

System.Threading.Tasks名前空間にあるParallelクラスを利用すると、あるコレクションに対する反復処理を簡単に並列処理にすることができます。利用するメソッドはForEachメソッドです。

サンプルコードでは、collectionに格納されているそれぞれの要素に対して、Processメソッドを並列で実行しています。

実行結果を見れば、Processメソッドが4つ並列で動作していることが確認できます。

■ Recipe_219/Program.cs

```csharp
using System;
using System.Threading.Tasks;

var collection = new int[] { 1, 2, 3, 4 };
Parallel.ForEach(collection, item => Process(item));

static void Process(int item)
{
    Console.WriteLine($"Begin: {item}");
    System.Threading.Thread.Sleep(10);
    Console.WriteLine($"{item}");
    Console.WriteLine($"End:   {item}");
}
```

実行例

```
Begin: 3
Begin: 2
Begin: 1
Begin: 4
4
End:    4
3
End:    3
1
2
End:    1
End:    2
```

PLINQで並列処理をしたい

Syntax

● **AsParallel拡張メソッド**

```
public static ParallelQuery<TSource> AsParallel<TSource>(
    this IEnumerable<TSource> source);
```

PLINQ（Parallel LINQ）を使いコレクション処理を並列化するには、AsParallelメソッドを利用します。AsParallelメソッドは、IEnumerable<T>をParallelQuery<T>に変換し、継続するLINQ処理を並列化します。

サンプルコードでは、AsParallelメソッドに続けて、WithDegreeOfParallelismメソッドで並列化の次数を設定しています。並列化の次数とは並列で実行されるタスクの最大数です。

並列処理をした結果得られる要素の順番は、ソースシーケンスの順番になる保証はありません。サンプルコードの実行結果でもlistコレクションの要素順とは別の順序で結果が出力されています。

■ Recipe_220/Program.cs

```csharp
using System;
using System.Linq;

var list = new []
{
    new { Name = "武田", Attempts = 20, Success = 10 },
    new { Name = "町田", Attempts = 17, Success = 11 },
    new { Name = "文挾", Attempts = 22, Success = 18 },
    new { Name = "高山", Attempts = 21, Success = 12 },
};
var query = list.AsParallel()
    .WithDegreeOfParallelism(4)
    .Select(x => new
    {
        x.Name,
        SuccessRate = (x.Success * 100.0) / x.Attempts
    });
```

```
foreach (var item in query)
{
    Console.WriteLine($"{item.Name}: {item.SuccessRate:0.0}%");
}
```

実行例

```
町田: 64.7%
文挾: 81.8%
高山: 57.1%
武田: 50.0%
```

221 PLINQで並列処理の結果の順序を制御したい

Syntax

● AsOrdered拡張メソッド

```
public static ParallelQuery<TSource> AsOrdered<TSource>(
    this ParallelQuery<TSource> source);
```

PLINQのAsOrdered拡張メソッドを利用すると、PLINQクエリの結果の順序をソースシーケンスの順序と同じ順序に維持することができます。

■ Recipe_221 / Program.cs

```csharp
using System;
using System.Linq;

var list = new[]
{
    new { Name = "武田", Attempts = 20, Success = 10 },
    new { Name = "町田", Attempts = 17, Success = 11 },
    new { Name = "文挟", Attempts = 22, Success = 18 },
    new { Name = "高山", Attempts = 21, Success = 12 },
};
var query = list.AsParallel()
    .AsOrdered()
    .WithDegreeOfParallelism(4)
    .Select(x => new
    {
        x.Name,
        SuccessRate = (x.Success * 100.0) / x.Attempts
    });
foreach (var item in query)
{
    Console.WriteLine($"{item.Name}: {item.SuccessRate:0.0}%");
}
```

▼ 実行結果

```
武田：50.0%
町田：64.7%
文挟：81.8%
高山：57.1%
```

222

PLINQで並列処理の
結果に対しても並列処理したい

● ForAll拡張メソッド

```
public static void ForAll<TSource>(
    this ParallelQuery<TSource> source, Action<TSource> action);
```

PLINQで並列処理された結果に対して、さらに反復処理を行いたい場合には、ForAll拡張メソッドを利用します。これによりその反復処理も並列処理となり、foreach文での反復処理よりも高速に処理できる可能性があります。

以下のサンプルコードでは、Selectメソッドに続いてForAllメソッドを呼び出し並列処理させています。

■ Recipe_222/Program.cs

```
using System;
using System.Linq;

var list = new[]
{
    new { Name = "武田", Attempts = 20, Success = 10 },
    new { Name = "町田", Attempts = 17, Success = 11 },
    new { Name = "文挟", Attempts = 22, Success = 18 },
    new { Name = "高山", Attempts = 21, Success = 12 },
};
list.AsParallel()
    .WithDegreeOfParallelism(4)
    .Select(x => new
    {
        x.Name,
        SuccessRate = (x.Success * 100.0) / x.Attempts
    })
    .ForAll(item =>
    {
        Console.WriteLine($"{item.Name}: {item.
SuccessRate:0.0}%");
    });
```

> **実行例**
>
> 文挟: 81.8%
> 武田: 50.0%
> 町田: 64.7%
> 高山: 57.1%

PLINQで例外処理を記述したい

処理する内容によっては、PLINQで並列処理をしている最中に例外が発生することもあります。PLINQクエリの実行時にスローされるのは、System.AggregateException例外です。

PLINQは通常のLINQと同様、遅延処理が適用されますので、Selectメソッドでは実際のクエリ処理が走りません。そのため、例外をキャッチするのはクエリの結果を取り出すときになります。

AggregateExceptionには、InnerExceptionsプロパティ（読み取り専用コレクション）が定義されています。実際の例外を知るにはこのプロパティを参照することになります。

■ Recipe_223/Program.cs

```
using System;
using System.Linq;

var list = new[]
{
    null,
    new { Name = "武田", Attempts = 20, Success = 10 },
    new { Name = "町田", Attempts = 17, Success = 11 },
    new { Name = "文挾", Attempts = 22, Success = 18 },
    new { Name = "高山", Attempts = 21, Success = 12 },
};
var query = list.AsParallel()
    .WithDegreeOfParallelism(4)
    .Select(x => new
    {
        x.Name,
        SuccessRate = (x.Success * 100.0) / x.Attempts
    });
try
{
    foreach (var item in query)
    {
        Console.WriteLine($"{item.Name}: {item.                ❷
SuccessRate:0.0}%");
    }
}
```

〈〈

≀≀

```
catch (AggregateException e)
{
    foreach (var ex in e.InnerExceptions)
    {
        Console.WriteLine(ex.Message);
    }
}
```

実行例

```
町田: 64.7%
高山: 57.1%
文挟: 81.8%
Object reference not set to an instance of an object.
```

224 複数のTaskを並列で走らせたい

Syntax

● Task.WhenAllメソッド

```
public static Task WhenAll(IEnumerable<Task> tasks);
```

　Taskは非同期処理のためだけのクラスではありません。複数のタスクを並列で動作させることも可能です。awaitキーワードを付けずに、Task.Runメソッドを複数呼び出して、並列にタスクを動作させます。起動した複数のタスクの終了を待ちたい場合には、Task.WhenAllメソッドを利用します。Task.WhenAllメソッドは、配列内のすべてのTaskオブジェクトが完了したときに完了するタスクを作成します。

■ Recipe_224/Program.cs

```csharp
using System;
using System.Threading.Tasks;

// タスクをふたつ起動する
var tasks = new Task[2];
tasks[0] = Task.Run(async () =>
{
    await Task.Delay(3000);
    Console.WriteLine("Task 1");
});
tasks[1] = Task.Run(async () =>
{
    await Task.Delay(2000);
    Console.WriteLine("Task 2");
});
// ふたつのTaskが完了するまで待機する
await Task.WhenAll(tasks);
Console.WriteLine("End");
```

▼ 実行結果

```
Task 2
Task 1
End
```

381

225 lock構文で安全に並列処理をしたい

Syntax

● lockステートメント

```
lock （ロックオブジェクト）
{
    // 処理.
}
```

　ThreadやTask、PLINQなどを使い並列処理を行うとき、それぞれのタスクが同じリソースにアクセスしたい場合があります。このようなときには、リソースに対して排他ロックを行うことが求められます。このときに利用するのがlockステートメントです。

　ロックオブジェクトには、lock用のオブジェクトを指定します。通常は、Object型の静的インスタンスを指定します。

　以下にそのサンプルコードを示します。MyTaskクラスのExecuteメソッドは、並列処理されるメソッドで、このメソッド内でMaxRateプロパティの値を更新しています。MaxRateプロパティに正しい値を設定するために、lockステートメントで排他ロックを行っています。

■ Recipe_225/Program.cs

```csharp
using System;
using System.Linq;

var list = new[]
{
    new Player { Name = "武田", Attempts = 19, Success = 10 },
    new Player { Name = "町田", Attempts = 17, Success = 11 },
    new Player { Name = "文挟", Attempts = 22, Success = 18 },
    new Player { Name = "高山", Attempts = 21, Success = 12 },
};
var task = new MyTask();
list.AsParallel()
    .ForAll(o => task.Execute(o));

foreach (var p in list)
```

```
{
    Console.WriteLine($"{p.SuccessRate:#.00}");
}
Console.WriteLine($"Max = {task.MaxRate:#.00}");

// Playerクラス MyTaskクラスで利用
class Player
{
    public string Name { get; set; }
    public int Attempts { get; set; }
    public int Success { get; set; }
    public double SuccessRate { get; set; }
}

// MyTaskクラス
class MyTask
{
    private static object _lockobj = new Object();

    public double MaxRate { get; set; } = -1;

    // Executeは同時に並列で実行されるため、
    // MaxRateを更新する際は、lock構文で排他処理をする
    public void Execute(Player player)
    {
        player.SuccessRate = (player.Success * 100.0) / player.
Attempts;
        lock (_lockobj)
        {
            if (MaxRate < player.SuccessRate)
                MaxRate = player.SuccessRate;
        }
    }
}
```

▼ 実行結果

```
52.63
64.71
81.82
57.14
Max = 81.82
```

(関連項目)

▶▶226 フィールドをvolatile宣言して安全に並列処理をしたい

▶▶227 Interlockedクラスを使用して安全に並列処理をしたい

▶▶228 並列処理で安全にコレクションにアクセスしたい

226 フィールドをvolatile宣言して安全に並列処理をしたい

Syntax

● volatile宣言

```
volatile 型名 変数名;
```

　lock構文は、並列処理を安全に行うための確実な方法ですが、コストが高くつく場合があります。特にlockしている時間が長いと、そのあいだlockされているリソースにアクセスする他のスレッドが待機状態になり、ハードウェアの性能をうまく引き出せません。C#のvolatileキーワードを使うと、そういった問題の一部を解決することができます。

　通常C#コンパイラやランタイムシステムは、パフォーマンスをあげるために、フィールドへのアクセスに対して最適化を行いますが、volatileが宣言されているフィールドは、この最適化の対象にはなりません。これによりvolatile宣言されたフィールドへの書き込みは、ソースコードの見た目と同じ順序で確実に実行されることになります。つまり、並列処理でもそのまま排他制御を意識することなく処理することが出来るようになります。

　ただし、volatile宣言が使用できる型は、以下のデータ型だけです。doubleやlong、decimalなどの型には volatileを指定できません。

▶ **参照型: 参照型そのもの。参照型のメンバーは対象外**
▶ **ポインター型: ポインターそのもの。ポインターの指し示すオブジェクトは対象外**
▶ **単純型: byte、byte、short、ushort、int、uint、char、float、bool**
▶ **enum型: 基本型が byte、sbyte、short、ushort、int、uint のみ**
▶ **参照型であることが判明しているジェネリック型パラメーター**
▶ **IntPtr および UIntPtr**

　以下に示したサンプルコードでは、Workerクラスの_shouldStopフィールドへの書き込みと読み込みは別のスレッドで実行されますが、volatile宣言していますので安全に読み書きが可能になっています。なお、volatileキーワードを付けなかった場合、Releaseモードでビルドしたプログラムは正しく動作しません。

■ Recipe_226/Program.cs

```
using System;
using System.Threading;
using System.Threading.Tasks;
```

〉〉

```
var worker = new Worker();
var task = Task.Run(() => worker.DoWork());
Console.WriteLine("メインスレッド: Taskを開始");

while (task.Status != TaskStatus.Running)
    ;

Thread.Sleep(500);
worker.RequestStop();

task.Wait();
Console.WriteLine("メインスレッド: Taskが終了");

public class Worker
{
    private volatile bool _shouldStop;

    public void DoWork()
    {
        bool work = false;
        while (!_shouldStop)
        {
            // _shouldStopがtrueになるまで、ここでなんらかの処理
            work = !work;
        }
        Console.WriteLine("DoWork 正常に終了します");
    }

    public void RequestStop() => _shouldStop = true;
}
```

▼ 実行結果

```
メインスレッド: Taskを開始
DoWork 正常に終了します
メインスレッド: Taskが終了
```

補足

int型に対する num += 10 のような記述は、実行する段階でメモリの読み出し、書き込みという2段階で動作するため、複数のスレッド間で一方が書き込む前に他方が書き込んでしまう等の問題が発生します。そのため、volatile宣言したとしても、処理結果が意図したとおりにならなくなります。

227 Interlockedクラスを使用して 安全に並列処理をしたい

lock構文は、並列処理を安全に行うための確実な方法ですが、コストが高くつくのが欠点です。特にlockしている時間が長いと、他のスレッドが長い間待機状態になり、多数のコアを持つ最近のコンピュータの性能をうまく引き出せません。

この問題を解決するひとつの手段がInterlocked静的クラスを使うことです。Interlockedクラスには、加算、減算、ビット操作(AND, OR)、値の置き換えなどがアトミックなメソッドとして提供されています。アトミックとは、分解不可能な操作のことで、他のTaskから割り込むことができません。そのため、lock構文で排他処理をする必要がなく、lock構文よりも低いコストで並列処理を行うことが可能になります。Interlockedクラスは万能なクラスではありませんが、ひとつのフィールドの更新をするような場面では利用価値が高いクラスです。

以下に示したサンプルコードは、3つのTaskを並列処理させています。それぞれが同じResultフィールドを更新していますが、Interlocked.Addメソッドを利用することで、常に正しい結果が得られます。

■ Recipe_227/Program.cs

```
using System;
using System.Linq;
using System.Threading;
using System.Threading.Tasks;

var workers = new[] { new Worker(), new Worker(), new Worker() };
var tasks = workers.Select(x => Task.Run(() => x.DoWork()))
                   .ToArray();
Task.WaitAll(tasks);
Console.WriteLine(Worker.Result);

public class Worker
{
    private const int _maxloop = 100;
    public static int Result = 0;

    public void DoWork()
    {
        for (int i = 0; i < _maxloop; i++)
        {
            UseResource();
```

〈〈

```
            Thread.Sleep(5);
        }
    }

    // ここで複数のTaskが同じフィールドにアクセス
    private void UseResource()
    {
        // Result += 10を排他的に実行
        Interlocked.Add(ref Result, 10);
    }
}
```

▼ 実行結果

```
3000
```

補足

UseResourceメソッドを以下のように書いてしまった場合は、結果が3000とはならない可能性があります。筆者のPCで実行した場合は、2980という値が表示されました。

```
    private void UseResource()
    {
        Result += 10;
    }
```

並列処理で安全に コレクションにアクセスしたい

System.Collections.Concurrent名前空間には、スレッドセーフ（複数のスレッドが並列処理しても問題が生じない）なコレクションが用意されています。これらのコレクションクラスを使うと、並列処理で安全にコレクションにアクセスすることが可能です。lock構文を使った排他処理の必要がなく、lock構文よりもパフォーマンスに優れています。

ここでは、ConcurrentDictionaryクラスを使用したサンプルを示します。あまり実用的ではありませんが、並列処理させているふたつのTaskで、ConcurrentDictionaryオブジェクトに同じ値を追加しています。ここで利用しているTryAddメソッドはアトミックなメソッドで他のスレッドから割り込まれることがありません。ConcurrentDictionaryクラスには他に、TryUpdate、TryRemove、AddOrUpdateなどのメソッドが用意されています。

■ Recipe_228/Program.cs

```
using System;
using System.Collections.Concurrent;
using System.Threading.Tasks;

ConcurrentDictionary<string, Lake> Cities = new();

var lakes = new Lake[]
{
    new Lake { Name = "サロマ湖", Place = "北海道", Area = 151.59 },
    new Lake { Name = "猪苗代湖", Place = "福島県", Area = 103.24 },
    new Lake { Name = "霞ヶ浦", Place = "茨城県", Area = 168.10 },
    new Lake { Name = "浜名湖", Place = "静岡県", Area = 64.91 },
    new Lake { Name = "琵琶湖", Place = "滋賀県", Area = 669.26 },
    new Lake { Name = "宍道湖", Place = "島根県", Area = 79.24 },
    new Lake { Name = "池田湖", Place = "鹿児島県", Area = 10.91 },
};

await Task.WhenAll(
    Task.Run(() => TryAddLakes(lakes, 1)),
    Task.Run(() => TryAddLakes(lakes, 2))
);

void TryAddLakes(Lake[] lakes, int id)
{
```

〉〉

```
        foreach (var lake in lakes)
        {
            if (Cities.TryAdd(lake.Name, lake))
            {
                Console.WriteLine($"TaskId={id}, 成功 {lake.Name}.");
            }
            else
            {
                Console.WriteLine($"TaskId={id}, 失敗 {lake.Name}, すでに 
追加済み");
            }
        }
    }

    class Lake
    {
        public string Name { get; init; }
        public string Place { get; init; }
        public double Area { get; init; }
    }
```

```
TaskId=1, 成功 サロマ湖.
TaskId=2, 失敗 サロマ湖, すでに追加済み
TaskId=1, 成功 猪苗代湖.
TaskId=1, 成功 霞ヶ浦.
TaskId=2, 失敗 猪苗代湖, すでに追加済み
TaskId=1, 成功 浜名湖.
TaskId=2, 失敗 霞ヶ浦, すでに追加済み
TaskId=1, 成功 琵琶湖.
TaskId=2, 失敗 浜名湖, すでに追加済み
TaskId=1, 成功 宍道湖.
TaskId=2, 失敗 琵琶湖, すでに追加済み
TaskId=1, 成功 池田湖.
TaskId=2, 失敗 宍道湖, すでに追加済み
TaskId=2, 失敗 池田湖, すでに追加済み
```

　2つのTaskが同時実行しているため、実行例の表示順が直感的ではありませんが、これは正しい動作です。

Progress<T>で
進行状況を表示したい

Progress<T>クラスを使うと、簡単に進捗状況を通知することができます。通知を受け取る側は、Progress<T>のインスタンス生成時に、通知を受け取る処理を指定します。Progress<T>クラスは、IProgress<T>インターフェイスを実装しています。

型パラメーターTは、通知を受け取るときに受け取れるオブジェクトの型です。intのような単純型でもよいですし、独自に定義したカスタムクラスも利用できます。

一方、通知を行う側は、IProgress<T>のインスタンスを受け取り、IProgress<T>.Reportメソッドを呼び出すことで通知を行います。注意点は、Progress<T>ではなく、IProgress<T>でないと、Reportメソッドを呼び出せない点です。

■ Recipe_229/Program.cs

```csharp
using System;
using System.Threading;
using System.Threading.Tasks;

// IProgress<T> インターフェイスにしないと、利用できない。
IProgress<int> p = new Progress<int>(progress =>
{
    // 通知を受け取り進捗状況を表示する
    Console.WriteLine("Step: {0}", progress);
});
var worker = new MyWorker(p);
await worker.ExecuteAsync(10);

// MyWorkerは進捗状況を通知できる
class MyWorker
{
    private IProgress<int> _progress;
    public MyWorker(IProgress<int> progress)
    {
        _progress = progress;
    }

    public async Task ExecuteAsync(int count)
    {
        await Task.Run(async () =>
```

〉〉

```
            ⟩⟩
    {
        for (int i = 0; i < count; i++)
        {
            await Task.Delay(100);
            // 進捗状況を通知
            _progress.Report(i);
        }
    });
    }
}
```

▼ 実行結果

```
Step: 0
Step: 1
Step: 2
Step: 3
Step: 4
Step: 5
Step: 6
Step: 7
Step: 8
Step: 9
```

リフレクション

Chapter

15

230 オブジェクトの型情報を取得したい

Syntax

● Object.GetTypeメソッド

```
public Type GetType();
```

　リフレクションを利用すると、プログラム実行時にオブジェクトから型情報を取得してそのオブジェクトのメソッドを呼び出したり、フィールドやプロパティにアクセスしたりできます。このリフレクションの出発点となるのが、Object.GetTypeメソッドです。Object.GetTypeメソッドを利用すると、プログラム実行時に、指定したオブジェクトの型情報を取得することができます。

■ Recipe_230/Program.cs

```csharp
using System;

var objects = new object[]
{
    10,
    1.5,
    100M,
    DateTime.Now,
    "Hello",
    new System.ArgumentException(),
};
foreach (var obj in objects)
{
    // オブジェクトの型情報を得る
    var type = obj.GetType();
    Console.WriteLine($"{type.Namespace}, {type.Name}, {type.FullName}");
}
```

▼ 実行結果

```
System, Int32, System.Int32
System, Double, System.Double
System, Decimal, System.Decimal
System, DateTime, System.DateTime
System, String, System.String
System, ArgumentException, System.ArgumentException
```

補足

リフレクションはとても強力な機能ですが、型チェックやセキュリティチェック等様々な処理が行われるため、実行速度はあまり速くありません。そのため、処理速度が求められる場面では頻繁に呼び出すことのないように配慮してください。

231 リフレクションを利用し プロパティの値を取得したい

Syntax

● Type.GetPropertyメソッド

```
public PropertyInfo GetProperty(string name);
```

● PropertyInfo.GetValueメソッド

```
public object GetValue(object obj);
```

Type.GetPropertyメソッドを利用するとプロパティの情報を表すSystem.Reflection.PropertyInfoオブジェクトを取得できます。このPropertyInfoクラスのGetValueメソッドを利用すると、プロパティの値を取得することができます。

サンプルコードでは、BookオブジェクトのTitleプロパティとAuthorプロパティの値を取得しています。

■ Recipe_231 / Program.cs

```csharp
using System;

var book = new Book
{
    Title = "吾輩は猫である",
    Author = "夏目漱石"
};
var title = GetPropertyValue(book, "Title");
Console.WriteLine(title);
var author = GetPropertyValue(book, "Author");
Console.WriteLine(author);

// objのnameプロパティの値を取得する
static object GetPropertyValue(object obj, string name)
{
    var type = obj.GetType();
    var propertyInfo = type.GetProperty(name);
    return propertyInfo.GetValue(obj);
```

```
                                    ⟩⟩
}

class Book
{
    public string Title { get; set; }
    public string Author { get; set; }
}
```

▼ 実行結果

```
吾輩は猫である
夏目漱石
```

232 リフレクションを利用し プロパティに値を設定したい

Syntax

● Type.GetPropertyメソッド

```
public PropertyInfo GetProperty(string name);
```

● PropertyInfo.SetValueメソッド

```
public void SetValue(object obj, object value);
```

Type.GetPropertyメソッドを利用するとプロパティの情報を表すSystem.Reflection. PropertyInfoオブジェクトを取得できます。このPropertyInfoクラスのSetValueメソッドを利用すると プロパティに値を設定することができます。PropertyInfo.SetValueメソッドの第1引数には値を設定 する対象のオブジェクトを、第2引数にはセットしたい値を渡します。

サンプルコードでは、BookオブジェクトのTitleプロパティとAuthorプロパティに値を設定しています。

■ Recipe_232/Program.cs

```csharp
using System;

// 文字列で与えたプロパティに値をセットする
var book = new Book();
SetPropertyValue(book, "Title", "吾輩は猫である");
Console.WriteLine(book.Title);
SetPropertyValue(book, "Author", "夏目漱石");
Console.WriteLine(book.Author);

// objのnameプロパティに値 (value) を設定する
static void SetPropertyValue(object obj, string name, object
value)
{
    var type = obj.GetType();
    var propertyInfo = type.GetProperty(name);
    propertyInfo.SetValue(obj, value);
}
```

```
                              ⟩⟩
class Book
{
    public string Title { get; set; }
    public string Author { get; set; }
}
```

▼ 実行結果

```
吾輩は猫である
夏目漱石
```

233 指定した型のプロパティの一覧を取得したい

Syntax

- Type.GetPropertiesメソッド

```
public abstract PropertyInfo[] GetProperties(
    BindingFlags bindingAttr);
```

- BindingFlagsの主なフィールド

フィールド	意味
Instance	インスタンスメンバーを検索に含める
Public	パブリックメンバーを検索に含める
NonPublic	パブリックメンバー以外のメンバーを検索に含める
Static	静的メンバーを検索に含める
DeclaredOnly	指定した型の階層のレベルで宣言されたメンバーのみを対象にする。継承されたメンバーは対象外

　Type.GetPropertiesメソッドを利用すると、Typeオブジェクトが示す型のプロパティ一覧を取得できます。引数はBindingFlags列挙型で、プロパティを検索する方法を示す組み合わせを指定します。GetPropertiesメソッドの戻り値の型は、PropertyInfo型の配列です。

　サンプルコードでは、DateTime構造体のpublicなインスタンスプロパティをすべて取得しています。

■ Recipe_233/Program.cs

```csharp
using System;
using System.Reflection;

var type = typeof(System.DateTime);
// publicなインスタンスプロパティの一覧を得る
var properties = type.GetProperties(BindingFlags.Instance |
                                    BindingFlags.Public);
foreach (var p in properties)
{
    Console.WriteLine($"{p.Name}, {p.CanWrite}, {p.
PropertyType}");
}
```

```
Date, False, System.DateTime
Day, False, System.Int32
DayOfWeek, False, System.DayOfWeek
DayOfYear, False, System.Int32
Hour, False, System.Int32
Kind, False, System.DateTimeKind
Millisecond, False, System.Int32
Minute, False, System.Int32
Month, False, System.Int32
Second, False, System.Int32
Ticks, False, System.Int64
TimeOfDay, False, System.TimeSpan
Year, False, System.Int32
```

DateTime構造体には、書き込み可能なプロパティはひとつもないことが確認できます。

234 リフレクションを利用し メソッドを呼び出したい

- Type.GetMethodメソッド

```
public MethodInfo GetMethod(string name);
```

- MethodInfo.Invokeメソッド

```
public object Invoke(object obj, object[] parameters);
```

　リフレクションを利用してメソッドを呼び出したいときには、Type.GetMethodなどでMethodInfoのインスタンスを取得し、MethodInfo.Invokeメソッドを呼び出します。MethodInfo.Invokeの第1引数には呼び出す対象のオブジェクト、第2引数にはメソッドの引数をobjectの配列として渡します。

　サンプルコードでは、DateTimeオブジェクトのAddDaysメソッドをリフレクションを使って呼び出しています。

■ Recipe_234/Program.cs

```csharp
using System;

var date = new DateTime(2020, 12, 1);
var type = date.GetType();
var methodInfo = type.GetMethod("AddDays");
var result = methodInfo.Invoke(date, new object[] { 3 });
Console.WriteLine(result);
```

▼ 実行結果

```
2020/12/04 0:00:00
```

　MethodInfo.Invokeメソッドの戻り値はobject型ですので、実際に利用する際は、適切な型にキャストする必要があります。

235 指定した型のメソッドの一覧を取得したい

> Syntax

● Type.GetMethodsメソッド

```
public abstract MethodInfo[] GetMethods(BindingFlags bindingAttr);
```

Type.GetMethodsメソッドを利用すると、Typeオブジェクトが示す型のメソッド一覧を取得できます。引数はBindingFlags列挙型で、メソッドを検索する方法を示す組み合わせを指定します。

GetMethodsメソッドの戻り値の型は、MethodInfo型の配列です。

サンプルコードでは、Objectクラスのpublicなインスタンスメソッド一覧を取得しています。

■ Recipe_235/Program.cs

```
using System;
using System.Reflection;

var type = typeof(System.Object);
var methods = type.GetMethods(BindingFlags.Instance |
                             BindingFlags.Public);
foreach (var m in methods)
{
    Console.WriteLine($"{m.Name}, {m.ReturnType}, {m.
GetParameters().Length}");
}
```

▼ 実行結果

```
GetType, System.Type, 0
ToString, System.String, 0
Equals, System.Boolean, 1
GetHashCode, System.Int32, 0
```

(関連項目)

>> 233 指定した型のプロパティの一覧を取得したい

236 コンストラクターを動的に呼び出したい

Syntax

● Type.GetConstructorメソッド

```
public ConstructorInfo GetConstructor(Type[] types);
```

● ConstructorInfo.Invokeメソッド

```
public object Invoke(object[] parameters);
```

　ConstructorInfoクラスのInvokeメソッドを呼び出すことで、コンストラクターを呼び出しオブジェクトを生成することができます。ConstructorInfoオブジェクトは、Type.GetConstructorメソッド等で得ることができます。通常は、コーディング時に未知の型のインスタンスを生成したい場合に利用します。

■ Recipe_236/Program.cs

```csharp
using System;

var type = typeof(DateTime);
var argTypes = new Type[] { typeof(int), typeof(int), typeof(int) 
};
var ctor = type.GetConstructor(argTypes);
var instance = ctor.Invoke(new object[] { 2020, 11, 23 });
Console.WriteLine(instance);
```

▼ 実行結果

```
2020/11/23 0:00:00
```

補足

Activator.CreateInstanceメソッドでもインスタンスを生成することが可能です。

```csharp
var parameters = new object[] {2020, 11, 23 };
var dt = Activator.CreateInstance(type, parameters);
```

237 コンストラクターの一覧を得たい

Syntax

- Type.GetConstructorsメソッド

```
public abstract ConstructorInfo[] GetConstructors(
    BindingFlags bindingAttr);
```

Type.GetConstructorsメソッドを利用することで、Typeが示す型のコンストラクターの一覧を取得できます。動的にインスタンスを生成したいときに利用します。

サンプルコードではDateTime構造体のコンストラクターとその引数の型を調べています。

■ Recipe_237/Program.cs

```
using System;
using System.Reflection;
using System.Linq;

var type = typeof(System.Exception);
var constructors = type.GetConstructors(BindingFlags.Instance |
                                        BindingFlags.Public);
foreach (var c in constructors)
{
    // コンストラクターのパラメーターを得る
    var parameters = c.GetParameters()
        .Select(x => x.ParameterType.Name).ToArray();
    var argstr = string.Join(",", parameters);
    Console.WriteLine($"{c.Name} {argstr}");
}
```

▼ 実行結果

```
.ctor
.ctor String
.ctor String,Exception
```

238 現在のクラス名、メソッド名を取得したい

Syntax

● MethodBase.GetCurrentMethodメソッド

```
public static MethodBase GetCurrentMethod();
```

● MethodBase.DeclaringTypeプロパティ

```
public abstract Type DeclaringType { get; }
```

System.Reflection.MethodBaseクラスのGetCurrentMethodメソッドを利用すると、現在実行しているメソッドを表すMethodInfoのオブジェクト（MethodBaseの派生クラス）を得ることができます。このオブジェクトのDeclaringTypeプロパティを参照することで、このメソッドを宣言するクラスを取得できます。

■ Recipe_238/Program.cs

```csharp
using System;
using System.Reflection;

namespace Gihyo
{
    class Program
    {
        static void Main()
        {
            SampleMethod();
        }

        static void SampleMethod()
        {
            // 現在実行中のメソッド名を得る
            var method = MethodBase.GetCurrentMethod();
            Console.WriteLine(method.Name);
            // 現在実行中のクラスを得る
```

```
                            ⟩⟩
            string className = MethodBase.GetCurrentMethod()
                                        .DeclaringType.FullName;
            Console.WriteLine(className);
        }
    }
}
```

▼ 実行結果

```
SampleMethod
Gihyo.Program
```

実行時にオブジェクトの型の種類を調べたい

Syntax

● Typeクラスの主要なプロパティ

プロパティ	意味
Type.IsValueType	値型か
Type.IsEnum	列挙型か
Type.IsArray	配列か
Type.IsClass	クラスか
Type.IsGenericType	ジェネリック型か

Typeクラスに定義されている様々なbool型のプロパティの値を参照することで、その型がどんな型なのかを知ることができます。

■ Recipe_239/Program.cs

```
using System;
using System.Collections.Generic;

Console.WriteLine($"          名前\t値型\t列挙型\t配列\tクラス\tジェネリック型 ⏎
");
CheckType(10.3);
CheckType("Hello");
CheckType(DayOfWeek.Saturday);
CheckType(new int[4]);
CheckType(new List<int>());

static void CheckType(object obj)
{
    Console.Write($"{obj.GetType().Name,10}");
    var type = obj.GetType();
    Console.Write($"\t{type.IsValueType}");
    Console.Write($"\t{type.IsEnum}");
    Console.Write($"\t{type.IsArray}");
    Console.Write($"\t{type.IsClass}");
```

```
        ⟨⟩
    Console.WriteLine($"\t{type.IsGenericType}");
}
```

▼ 実行結果

名前	値型	列挙型	配列	クラス	ジェネリック型
Double	True	False	False	False	False
String	False	False	False	True	False
DayOfWeek	True	True	False	False	False
Int32[]	False	False	True	True	False
List`1	False	False	False	True	True

― 発展

Type.GenericTypeArgumentsプロパティを参照することで、ジェネリック型の型引数を調べることも可能です。以下にDictionaryジェネリッククラスの型引数を調べるコードを示します。

■ Recipe_239/Program.cs

```
using System;
using System.Collections.Generic;

var dict = new Dictionary<int, string>();
Type type = dict. GetType();
foreach (Type arg in type. GenericTypeArguments)
{
    Console.WriteLine(arg.FullName);
}
```

▼ 実行結果

```
System.Int32
System.String
```

Chap 15 リフレクション

409

240 プロパティに指定した属性が付加されているか調べたい

- Type.GetPropertyメソッド

```
public PropertyInfo GetProperty(string name);
```

- CustomAttributeExtensions.IsDefined拡張メソッド

```
public static bool IsDefined(
    this MemberInfo element, Type attributeType);
```

MemberInfoクラスに対するIsDefined拡張メソッドを利用すると、引数で指定した属性がプロパティに付加されているかを調べることができます。IsDefined拡張メソッドは、System.Reflection.CustomAttributeExtensionsクラスに定義されています。

以下のサンプルコードは、ProductクラスのNameプロパティにMaxLengthAttributeが付加されているかどうかを調べる例です。

■ Recipe_240/Program.cs

```csharp
using System;
using System.ComponentModel.DataAnnotations;
using System.Reflection;

Type type = typeof(Product);
var prop = type.GetProperty("Name");
var isDefined = prop.IsDefined(typeof(MaxLengthAttribute));
if (isDefined)
{
    Console.WriteLine("MaxLengthAttributeが適用されています");
}

public class Product
{
    [MaxLength(100)]
```

```
            ⟨⟩
    public string Name { get; set; }
    public int UnitPrice { get; set; }
}
```

▼ 実行結果

```
MaxLengthAttributeが付加されています
```

241 プロパティに付加された属性の値を取得したい

Syntax

● Type.GetPropertyメソッド

```
public PropertyInfo GetProperty(string name);
```

● CustomAttributeExtensions.GetCustomAttributes拡張メソッド

```
public static T GetCustomAttribute<T>(
    this ParameterInfo element) where T : Attribute;
```

ParameterInfoクラスに対するGetCustomAttribute拡張メソッドを利用すると、プロパティに付加されている属性の値を取得できます。GetCustomAttribute拡張メソッドは、System.Reflection.CustomAttributeExtensionsクラスに定義されています。

サンプルコードでは、ProductクラスのProductNameプロパティとUnitPriceプロパティに付加されているDisplayAttribute属性を取得して、そのNameプロパティの値を表示しています。

■ Recipe_241/Program.cs

```csharp
using System;
using System.ComponentModel.DataAnnotations;
using System.Reflection;

Type type = typeof(Product);
PrintDisplayName(type, nameof(Product.ProductName));
PrintDisplayName(type, nameof(Product.UnitPrice));

// Display属性のNameプロパティの値をプリントする
static void PrintDisplayName(Type type, string name)
{
    var prop = type.GetProperty(name);
    var attr = prop.GetCustomAttribute<DisplayAttribute>();
    if (attr != null)
    {
        Console.WriteLine($"{name} = {attr.Name}");
```

```
                                  ⟨⟨
    }
}

public class Product
{
    [Display(Name = "商品名")]
    public string ProductName { get; set; }

    [Display(Name = "商品単価")]
    public int UnitPrice { get; set; }
}
```

▼ 実行結果

```
ProductName = 商品名
UnitPrice = 商品単価
```

242 メソッドに付加された属性を取得したい

Syntax

* Type.GetMethodメソッド

```
public MethodInfo GetMethod(string name);
```

* CustomAttributeExtensions.GetCustomAttributes拡張メソッド

```
public static T GetCustomAttribute<T>(
    this ParameterInfo element) where T : Attribute;
```

　ParameterInfoクラスに対するGetCustomAttributes拡張メソッドを利用すると、オブジェクトが示すメソッドに付加されている属性の一覧を取得できます。GetCustomAttributes拡張メソッドは、System.Reflection.CustomAttributeExtensionsクラスに定義されています。

　サンプルコードでは、MySampleクラスのOutputメソッドに付加されている属性一覧を取得しています。

■ Recipe_242/Program.cs

```csharp
using System;
using System.Reflection;
using System.Diagnostics;

Type type = typeof(MySample);
var method = type.GetMethod(nameof(MySample.Output));
var attrs = method.GetCustomAttributes();
foreach (var attr in attrs)
{
    Console.WriteLine(attr);
}

public class MySample
{
    [DebuggerStepThrough()]
    [Conditional("ShowTrace")]
```

```
                        ⟩⟩
    public void Output(double num)
    {
        Console.Write($"num = {num}");
    }
}
```

▼ 実行結果

```
System.Diagnostics.DebuggerStepThroughAttribute
System.Diagnostics.ConditionalAttribute
```

243 列挙型のフィールドに付加された属性を取得したい

Syntax

● Type.GetFieldメソッド

```
public FieldInfo GetField(string name);
```

● CustomAttributeExtensions.GetCustomAttributes拡張メソッド

```
public static T GetCustomAttribute<T>(
    this ParameterInfo element) where T : Attribute;
```

列挙型の識別子に付加された属性を取得するには、ParameterInfoクラスに対するGetCustomAttribute拡張メソッドを利用します。引数には、Type.GetFieldメソッド等で得たFieldInfoオブジェクトを指定します。GetCustomAttribute拡張メソッドは、System.Reflection.CustomAttributeExtensionsクラスに定義されています。

サンプルコードでは、Importance列挙型のHighフィールドに付加されたDisplayAttribute属性を取得し、そのNameプロパティの値を取り出しています。

■ Recipe_243/Program.cs

```
using System;
using System.ComponentModel.DataAnnotations;
using System.Reflection;

var value = Importance.High;
var fi = value.GetType().GetField(value.ToString());
var attr = fi.GetCustomAttribute<DisplayAttribute>();
Console.WriteLine($"{attr.Name}");

enum Importance
{
    [Display(Name = "低")]
    Low,

    [Display(Name = "中")]
```

```
                              ⟩⟩
    Medium,

    [Display(Name = "高")]
    High
}
```

▼ 実行結果

```
高
```

ン ョ シ ク レ フ リ

クラスに付加された属性を取得したい

Syntax

● CustomAttributeExtensions.GetCustomAttributes拡張メソッド

```
public static Attribute[] GetCustomAttributes(
    this MemberInfo element);
```

　MemberInfoクラスに対するGetCustomAttributes拡張メソッドを利用すると、その型に付加された属性一覧を取得することができます。TypeクラスはMemberInfoの派生クラスであるため、Typeオブジェクトに対してGetCustomAttributes拡張メソッドを利用することができます。GetCustomAttributes拡張メソッドは、System.Reflection.CustomAttributeExtensionsクラスに定義されています。

　サンプルコードでは、MySampleClassに付加された属性の一覧を取得しています。

■ Recipe_244/Program.cs

```csharp
using System;
using System.ComponentModel.DataAnnotations.Schema;
using System.Reflection;

Type type = typeof(MySampleClass);
var attrs = type.GetCustomAttributes();
foreach (var attr in attrs)
{
    Console.WriteLine(attr);
}

[Table("MyCustom")]
[Serializable]
[Obsolete]
public class MySampleClass
{
    // ……
}
```

▼ 実行結果

```
System.SerializableAttribute
System.ComponentModel.DataAnnotations.Schema.TableAttribute
System.ObsoleteAttribute
```

245 オブジェクトのプロパティ名と値をDictionary<TKey, TValue>に変換したい

　リフレクションの応用として、「あるオブジェクトからプロパティ名と値のペアを取り出し、それをDictionary<TKey,TValue>に変換する方法」を示します。例えば以下のようなオブジェクトがあったとします。

```
var time = new { Hour = 13, Minute = 16, Second = 21 };
```

　これを以下のようなDictionary<TKey,TValue>オブジェクトに変換したい場合に利用できます。

```
var dictionary = new Dictionary<string, string>
{
    ["Hour"] = "13",
    ["Minute"] = "16",
    ["Second"] = "21",
}
```

　以下のサンプルコードでは、匿名クラスのオブジェクトからプロパティとその値を取り出し、Dictionary<K,V>に格納しています。ここで定義したObjectToDictionaryジェネリックメソッドはどんな型に対しても利用できる汎用的なものになっています。

■ Recipe_245/Program.cs

```
using System;
using System.Collections.Generic;

var obj = new { Name = "貴史", Weight = 65, Height = 174 };
var dir = ObjectToDictionary(obj);
foreach (var item in dir)

{
    Console.WriteLine($"{item.Key}: {item.Value}");
}
```

```
// プロパティ名と値を対にしたDictionaryオブジェクトを生成
static Dictionary<string, string> ObjectToDictionary<T>(T data)
{
    var dict = new Dictionary<string, string>();
    var type = typeof(T);
    foreach (var prop in type.GetProperties())
    {
        var value = prop.GetValue(data);
        dict[prop.Name] = value?.ToString() ?? "";
    }
    return dict;
}
```

▼ 実行結果

```
Name: 貴史
Weight: 65
Height: 174
```

〔 関連項目 〕

▶▶186 ジェネリックメソッドを定義したい

文字列プロパティの値が
nullならすべて空文字列にしたい

あるオブジェクトの文字列プロパティがnullだったら、空文字列に置き換えたいとします。本章で提示したこれまでのコードを応用すれば、nullを空文字列に置き換える処理を汎用的なメソッドとして定義することができます。

サンプルコードで示したNullToEmptyStringジェネリックメソッドは、任意のオブジェクトを受け取り、string型のプロパティの値がnullだったら、空文字列に変更しています。

■ Recipe_246/Program.cs

```csharp
using System;
using System.Reflection;

var product = new Product();
if (product.Name == null && product.Description == null &&
    product.ImageUrl == null)
{
    Console.WriteLine("すべてがnullです");
}
NullToEmptyString(product);
if (product.Name == "" && product.Description == "" &&
    product.ImageUrl == "")
{
    Console.WriteLine("すべてが空文字列です");
}

// String型のプロパティがnullなら空文字列に変更
static void NullToEmptyString<T>(T value)
{
    var type = value.GetType();
    var props = type.GetProperties(BindingFlags.Public |
                                   BindingFlags.Instance);
    foreach (var prop in props)
    {
        if (prop.PropertyType != typeof(string))
            continue;
        if (!prop.CanWrite)
```

〉〉

```
            continue;
        if (prop.GetValue(value) == null)
            prop.SetValue(value, String.Empty);
    }
}

public class Product
{
    public int ProductId { get; set; }
    public string Name { get; set; }
    public int UnitPrice { get; set; }
    public string Description { get; set; }
    public string ImageUrl { get; set; }
}
```

▼ 実行結果

```
すべてがnullです
すべてが空文字列です
```

〔 関連項目 〕

▶▶186 ジェネリックメソッドを定義したい

247 独自の属性を定義したい

C#の属性はクラスですので、自分で属性を定義することができます。System.Attributeクラスを継承することで独自の属性を定義できます。属性クラスを定義する手順は以下のとおりです。

▶ **1. 基底クラスSystem.Attributeクラスを継承する**
▶ **2. AttributeUsage属性を適用する**
▶ **3. 属性クラスにコンストラクターを定義する（任意）**
▶ **4. 属性クラスにプロパティを定義する（任意）**

AttributeUsage属性は、定義したい属性の使用方法を指定するために利用します。クラスに適用できるのか、プロパティに適用できるのか、メソッドに適用できるのかなどを指定します。

コンストラクターの引数は、属性をクラスやプロパティに適用する際に指定できる引数になります。

プロパティは、その属性をクラスやプロパティに適用する際に指定できる名前付き引数になります。

サンプルコードは、「246 文字列プロパティの値がnullならすべて空文字列にしたい」で示したコードに機能を追加しています。EmptyStringAttributeという属性を定義し、この属性が適用されたプロパティだけが、空文字変換の対象になるようにしています。

■ **Recipe_247/Program.cs**

```
using System;
using System.Reflection;

var product = new Product();
if (product.Name == null &&
    product.Description == null &&
    product.ImageUrl == null)
{
    Console.WriteLine("すべてがnullです");
}
NullToEmptyString(product);
Console.WriteLine($"Name: <{product.Name ?? "null"}>");
Console.WriteLine($"Description: <{product.Description ??
"null"}>");
Console.WriteLine($"ImageUrl: <{product.ImageUrl ?? "null"}>");

// String型のプロパティがnullなら空文字列に変更
// EmptyStringAttributeが適用されているプロパティが対象
```

〈〈

〽

```
static void NullToEmptyString<T>(T value)
{
    var type = value.GetType();
    var props = type.GetProperties(BindingFlags.Public |
                                   BindingFlags.Instance);
    foreach (var prop in props)
    {
        if (prop.PropertyType != typeof(string))
            continue;
        if (!prop.CanWrite)
            continue;
        // プロパティにEmptyStringAttributeが適用されているか調べる
        var attr = prop.GetCustomAttribute<EmptyStringAttribu
te>();
        if (attr == null || attr.Target == false)
            continue;
        // 適用されていて、かつ null ならば、"" に置き換える
        if (prop.GetValue(value) == null)
            prop.SetValue(value, String.Empty);
    }
}

public class Product
{
    public int ProductId { get; set; }
    public string Name { get; set; }
    public int UnitPrice { get; set; }
    [EmptyString(true)]
    public string Description { get; set; }
    [EmptyString(true)]
    public string ImageUrl { get; set; }
}

// AttributeTargets.Property:
```

〽

```
// EmptyStringAttributeは、プロパティだけに適用できる
// AllowMultiple = false:
// ひとつのプロパティには、この属性はひとつだけ適用できる
[AttributeUsage(AttributeTargets.Property, AllowMultiple = false)]
public class EmptyStringAttribute : Attribute
{
    // readonlyなので、Targetプロパティは名前付き引数では使用できない
    public bool Target { get; }
    // 属性適用時には、bool型の引数を必ず与える必要がある
    public EmptyStringAttribute(bool target)
    {
        this.Target = target;
    }
}
```

▼ 実行結果

```
すべてがnullです
Name: <null>
Description: <>
ImageUrl: <>
```

（ 関連項目 ）

▶▶246 文字列プロパティの値がnullならすべて空文字列にしたい

正規表現

Chapter

16

248 文字列が指定したパターンと 一致するか調べたい

● Regex.IsMatchメソッド

```
public static bool IsMatch(string input, string pattern);
```

　文字列が指定したパターンと一致するかを調べるには、System.Text.RegularExpressions.Regexクラスの IsMatchメソッドを利用します。文字列全体が一致するかを調べる場合には、正規表現の行頭 (^)、行末 ($) 記号を必ず指定する必要があります。

　以下のサンプルコードでは、単語の「The」で始まり「.」で終わる文字列かどうかを調べています。

■ Recipe_248/Program.cs

```csharp
using System;
using System.Text.RegularExpressions;

var text = "The quick onyx goblin jumps over the lazy dwarf.";
var isMatch = Regex.IsMatch(text, @"^The\b.+\.$");
if (isMatch)
{
    // マッチしたときの処理
    Console.WriteLine(isMatch);
}
```

▼ 実行結果

```
True
```

- **サンプルコードで利用している正規表現**

記号	意味
\\.	.そのものと一致
\b	\w（単語を構成する文字）と\W（\w以外）の文字の境界位置で一致
^	文字列の先頭で一致
$	文字列の末尾で一致

補足

正規表現で使われる構文については、Microsoft Docsの以下のページを参照してください。

■ **正規表現言語 - クイックリファレンス**

```
https://docs.microsoft.com/ja-jp/dotnet/standard/base-types/
regular-expression-language-quick-reference
```

249

文字列の中から
パターンに一致する箇所を
ひとつ取り出したい

Syntax

● Regex.Matchメソッド

```
public static Match Match(string input, string pattern);
```

　文字列の中からあるパターンに一致する箇所をひとつ抜き出すには、RegexクラスのMatchメソッドを利用します。Matchメソッドから返るMatchオブジェクトを参照することで、一致した文字列を知ることができます。

　以下のサンプルコードではふたつの方法を示しています。ひとつはMatch.Valueプロパティを参照する方法、もうひとつは正規表現のキャプチャグループ機能（丸括弧でくくる）を使ってMatch.Groupsプロパティを参照する方法です。

■ Recipe_249/Program.cs

```csharp
using System;
using System.Text.RegularExpressions;

var text = "The quick onyx goblin jumps over the lazy dwarf.";

// 4文字からなる単語を取り出す
var m1 = Regex.Match(text, @"\b\w{4}\b");
if (m1.Success)
{
    Console.WriteLine($"{m1.Value}");
}
Console.WriteLine("---");
// 単語theの次に来る単語を取り出す
var m2 = Regex.Match(text, @"\bthe\s+(\w+)\b");
if (m2.Success)
{
    Console.WriteLine($"{m2.Groups[1].Value}");
}
```

▼ **実行結果**

```
onyx
---
lazy
```

● サンプルコードで利用している正規表現

記号	意味
\w	単語に使用される任意の文字と一致
\b	\wと\W (\w以外) の境界位置で一致
{N}	直前の要素とN回一致
\s	空白 (\t、\n、\r、\f含む) と一致
+	直前の要素と1回以上一致
(……)	一致した部分式をキャプチャして、1から始まる序数で参照可能にする

250 文字列の中からパターンに一致する箇所をすべて取り出したい

● Regex.Matchesメソッド

```
public static MatchCollection Matches(string input, string
pattern);
```

　文字列の中からあるパターンに一致する箇所をすべて取り出すには、RegexクラスのMatchesメソッドを利用します。Matchesメソッドから返るMatchCollectionオブジェクトを参照することで一致した文字列を知ることができます。

　以下のサンプルコードではふたつの方法を示しています。ひとつはMatch.Valueプロパティを参照する方法、もうひとつは正規表現のキャプチャグループ機能（丸括弧でくくる）を使ってMatch.Groupsプロパティを参照する方法です。

■ Recipe_250/Program.cs

```csharp
using System;
using System.Text.RegularExpressions;

var text = "The quick onyx goblin jumps over the lazy dwarf.";

// 5文字からなる単語をすべて取得する
var matches1 = Regex.Matches(text ,@"\b(\w{5})\b");
foreach (Match m in matches1)
{
    Console.WriteLine(m.Value);
}
Console.WriteLine("---");

// 単語The/theのあとに続く単語をすべて取得する
var matches2 = Regex.Matches(text ,@"\b[Tt]he\s+(\w+)\b");
foreach (Match m in matches2)
{
    Console.WriteLine(m.Groups[1].Value);
}
```

▼ 実行結果

```
quick
jumps
dwarf
---
quick
lazy
```

● サンプルコードで利用している正規表現

記号	意味
\w	単語に使用される任意の文字と一致
\b	\wと\W（\w以外）の境界位置で一致
{N}	直前の要素とN回一致
[……]	[]内で指定した文字のいずれかと一致
\s	空白（\t、\n、\r、\f含む）と一致
+	直前の要素と1回以上一致
(……)	一致した部分式をキャプチャして、1から始まる序数で参照可能にする

251 正規表現を使い 高度な置換処理をしたい

Syntax

● Regex.Replaceメソッド

```
public string Replace(string input, string replacement);
```

　RegexクラスのReplaceメソッドを利用すると、String.Replaceメソッドよりも高度な文字列置換が可能になります。

　以下のサンプルコードでは、5文字の単語を'['と']'で囲む処理をたった1行で行っています。

■ Recipe_251/Program.cs

```
using System;
using System.Text.RegularExpressions;

var text = "The quick onyx goblin jumps over the lazy dwarf.";
var result = Regex.Replace(text, @"(\b)(\w{5})(\b)", @"$1[$2]$3");
Console.WriteLine(result);
```

▼ 実行結果

```
The [quick] onyx goblin [jumps] over the lazy [dwarf].
```

● サンプルコードで利用している正規表現

記号	意味
\w	単語に使用される任意の文字と一致
\b	\wと\W（\w以外）の境界位置で一致
{N}	直前の要素とN回一致
(……)	一致した部分式をキャプチャして、1から始まる序数で参照可能にする
$number	グループのnumberと一致した部分文字列を参照（置換で利用）

発展

MatchEvaluatorデリゲートを受け取るもうひとつのReplaceメソッドを使えば、さらに高度な置き換えが可能になります。

以下のサンプルコードは、単語の先頭文字をすべて大文字に変換しています。

■ Recipe_251/Program.cs

```
using System;
using System.Text.RegularExpressions;

var text = "The quick onyx goblin jumps over the lazy dwarf.";
var result2 = Regex.Replace(text, @"\b\w+\b",
    (Match m) =>
        m.Value.Length > 1
            ? Char.ToUpper(m.Value[0]) + m.Value[1..^0]
            : m.Value.ToUpper()
);
Console.WriteLine(result2);
```

▼ 実行結果

```
The Quick Onyx Goblin Jumps Over The Lazy Dwarf.
```

252 文字列を指定したパターンで分割したい

Syntax

● Regex.Splitメソッド

```
public static string[] Split(string input, string pattern);
```

　RegexクラスのSplitメソッドを利用すると、指定したパターンで文字列を分割することができます。正規表現の書き方を工夫すれば、String.Splitメソッドでは実現不可能な分割も可能になります。

　以下のサンプルコードでは、Pascalケースで書かれた識別子をひとつひとつの単語に分割しています。正規表現のパターンを丸括弧でくくると、パターンに一致した文字列も結果に含まれるようになります。なおSplitメソッドの結果には、空文字列が含まれてしまうため、それを取り除いています。

■ Recipe_252/Program.cs

```
using System;
using System.Text.RegularExpressions;
using System.Linq;

var text = "Regex.GroupNumberFromName(String)";
var items = Regex.Split(text, @"([A-Z]+[a-z0-9]*)|\W");
// 次のWhereメソッドで空文字列を取り除いている。
// 「125 条件に該当する要素だけ取得したい(Where)」を参照
foreach (var s in items.Where(x => x != ""))
{
    Console.WriteLine(s);
}
```

▼ 実行結果

```
Regex
Group
Number
From
Name
String
```

● サンプルコードで利用している正規表現

記号	意味
[*first-last*]	*first*から*last*までの範囲にある任意の1文字と一致
+	直前の要素と1回以上一致
*	直前の要素と0回以上一致
(……)	一致した部分式をキャプチャして、1から始まる序数で参照可能にする
|	縦棒 (|) 文字で区切られたいずれかの要素と一致
\W	単語に使用される文字以外の任意の文字と一致

253 大文字小文字を区別せず マッチさせたい

　正規表現を使った処理において、大文字小文字の区別をしたくない場合には、RegexOptions.IgnoreCaseオプションを利用します。

　RegexOptions列挙型は、Matchesメソッド、Matchメソッド、IsMatchメソッド、Replaceメソッド、Splitメソッドなどで利用できます。

　サンプルコードでは、Regex.Matchesメソッドを使い、大文字小文字を区別しないで文字列の中から単語「the」を見つけています。

■ Recipe_253/Program.cs

```
using System;
using System.Text.RegularExpressions;

var text = @"The quick onyx goblin jumps over the lazy dwarf.";
var matches = Regex.Matches(text, @"\bthe\b",
                            RegexOptions.IgnoreCase);
foreach (Match m in matches)
{
    Console.WriteLine($"{m.Value} : {m.Index}");
}
```

▼ 実行結果

```
The : 0
the : 33
```

● サンプルコードで利用している正規表現

記号	意味
\b	\w（単語を構成する文字）と\W（\w以外）の文字の境界位置で一致

254 複数行モードで正規表現を使いたい

　操作対象となる文字列が改行コードを含んだ文字列であった場合、RegexOptions.Multilineオプションを利用すると、^および$の解釈が変わり、入力文字列の先頭および末尾ではなく、行の先頭および末尾に一致するものとなります。

　以下に示すサンプルコードでは、Regex.Matchesメソッドを使い、行末にある数値を抜き出しています。

■ Recipe_254/Program.cs

```
using System;
using System.Text.RegularExpressions;

var lines = "武田 24\n文挟 28\n町田 21\n高橋 31";
var matches = Regex.Matches(lines, @"(\d+)$",
                            RegexOptions.Multiline);
foreach (Match m in matches)
{
    Console.Write($"{m.Groups[1]} ");
}
Console.WriteLine();
```

▼ 実行結果

```
24 28 21 31
```

● サンプルコードで利用している正規表現

記号	意味
\d	10進数字と一致
+	直前の要素と1回以上一致
(……)	一致した部分式をキャプチャして、1から始まる序数で参照可能にする
$	行の末尾で一致(RegexOptions.Multiline指定時)

ファイルとディレクトリ

Chapter

17

255 ファイルパスを組み立てたい

Syntax

● Path.Combineメソッド

```
public static string Combine(params string[] paths);
```

　Pathクラスの Combine 静的メソッドを利用すると、パスを構成する複数の文字列をひとつのパスに結合できます。

　サンプルコードでは、ディレクトリ名とファイル名を結合し、ひとつのパス文字列にしています。

■ Recipe_255/Program.cs

```
using System;
using System.IO;

var dir = "./temp";
var fname = "test.txt";
var path = Path.Combine(dir, fname);
Console.WriteLine(path);
```

▼ 実行結果

```
./temp/test.txt
```

補足

　.NET Coreおよび.NET 5以降では、複数のプラットフォームで実行されるアプリケーションを開発する場合においては、ディレクトリの区切り文字のハードコーディングには、スラッシュ (/) を利用します。本章では原則スラッシュを利用しています。

256 パス名を構成要素に分割したい

Syntax

● Path.GetDirectoryNameメソッド (ディレクトリ名を返す)

```
public static string GetDirectoryName(string path);
```

● Path.GetFileNameメソッド (拡張子も含めたファイル名を返す)

```
public static string GetFileName(string path);
```

● Path.GetFileNameWithoutExtensionメソッド (拡張子を除いたファイル名を返す)

```
public static string GetFileNameWithoutExtension(string path);
```

● Path.GetExtensionメソッド (拡張子を返す)

```
public static string GetExtension(string path);
```

Pathクラスには、パス名を各構成要素に分解する上記のメソッドが用意されています。
これらのメソッドを使ったサンプルコードを以下に示します。

■ Recipe_256/Program.cs

```csharp
using System;
using System.IO;

var fullpath = "./example/mydoc.txt";
var dirname = Path.GetDirectoryName(fullpath);
var fname = Path.GetFileName(fullpath);
var fnameWithoutExtension =
    Path.GetFileNameWithoutExtension(fullpath);
var ext = Path.GetExtension(fullpath);

Console.WriteLine(dirname);
```

〉〉

```
Console.WriteLine(fname);
Console.WriteLine(fnameWithoutExtension);
Console.WriteLine(ext);
```

▼ 実行結果

```
./example
mydoc.txt
mydoc
.txt
```

257 相対ファイルパスを 絶対パスに変換したい

Syntax

● Path.GetFullPathメソッド

```
public static string GetFullPath(string path);
```

　相対パスを絶対パスに変換するには、PathクラスのGetFullPath静的メソッドを利用します。
　以下のサンプルコードでは、カレントディレクトリの「program.cs」の絶対パスを求めています。カレントディレクトリが、「/Users/hideyuki/example」だった場合は、「/Users/hideyuki/example/program.cs」が出力されます。

■ Recipe_257/Program.cs

```
using System;
using System.IO;

var path = "./program.cs";
var fullpath = Path.GetFullPath(path);
Console.WriteLine(fullpath);
```

実行例 | macOSでの実行例

```
/Users/hideyuki/example/program.cs
```

258 ファイルを操作したい

- File.Existsメソッド

```
public static bool Exists(string path);
```

- File.Copyメソッド

```
public static void Copy(string sourceFileName,
                        string destFileName, bool overwrite);
```

- File.Deleteメソッド

```
public static void Delete(string path);
```

- File.Moveメソッド

```
public static void Move(string sourceFileName,
                        string destFileName);
```

　Fileクラスを利用するとファイルの存在確認、複写、削除、移動、リネームを行うことができます。
　Existsメソッドは存在確認、Copyメソッドは複写、Deleteメソッドは削除、Moveメソッドは移動とリネームを行うメソッドです。
　以下にこれらの4つのメソッドを利用したサンプルコードを示します。

■ Recipe_258/Program.cs

```
using System;
using System.IO;

var srcPath = "./example.txt";
var destPath = "sub/clone.txt";
// ファイルの存在確認
if (File.Exists(srcPath))
```

```
                          ⟨⟩
{
    // ファイルを複写。既存ファイルの上書きは許可しない
    File.Copy(srcPath, destPath, overwrite: false);
    // ファイルを削除する
    File.Delete(srcPath);
}
else if (File.Exists(destPath))
{
    // カレントフォルダへ移動する
    var destPath2 = "./clone.txt";
    File.Move(destPath, destPath2);
    // ファイルをリネームする（同一フォルダならリネームと同じ）
    File.Move(destPath2, srcPath);
}
```

補足

　File.Copyメソッドは、コピー元のファイルが存在しない場合、FileNotFoundException例外が発生します。コピー先のファイルがすでに存在していた場合は、IOException例外が発生します。

　File.Moveメソッドは、移動元のファイルが存在しない場合、FileNotFoundException例外が発生します。移動先のファイルがすでに存在していた場合は、IOException例外が発生します。

　File.Deleteメソッドの場合、削除するファイルが存在していなくても、例外は発生しません。

Chap 17 ファイルとディレクトリ

447

259 ファイルの拡張子を変更したい

Syntax

● Path.ChangeExtensionメソッド

```
public static string ChangeExtension(string path,
                                     string extension);
```

● File.Moveメソッド

```
public static void Move(string sourceFileName,
                        string destFileName);
```

　ファイルの拡張子を別の拡張子に変更するには、PathクラスのChangeExtensionメソッドでパス
文字列の拡張子を変更したあと、FileクラスのMoveメソッドを呼び出します。
　以下のサンプルコードでは、「./test.htm」を「./test.html」に変更しています。

■ Recipe_259/Program.cs

```
using System;
using System.IO;

var path = "./test.htm";
var newpath = Path.ChangeExtension(path, "html");
File.Move(path, newpath);
Console.WriteLine(newpath);
```

▼ 実行結果

```
./test.html
```

260 ファイルサイズを取得したい

Syntax

● FileInfo.Lengthプロパティ

```
public long Length { get; }
```

　ファイルのサイズを取得するには、FileInfoクラスのLengthプロパティを利用します。Lengthプロパティは、バイト単位の長さを返します。

　サンプルコードでは、「example.txt」のファイルサイズを求めコンソールに出力しています。

■ Recipe_260/Program.cs

```csharp
using System;
using System.IO;

var fi = new FileInfo("example.txt");
var size = fi.Length;
Console.WriteLine(size);
```

261 ファイルの更新日時を 取得/更新したい

Syntax

● FileInfo.LastWriteTimeプロパティ

```
public DateTime LastWriteTime { get; set; }
```

FileInfoクラスのLastWriteTimeプロパティを利用すると、ファイルの更新日時を取得したり、変更したりすることができます。

サンプルコードでは、更新日時の取得と設定の両方のコードを示しています。

■ Recipe_261/Program.cs

```csharp
using System;
using System.IO;

var fi = new FileInfo("example.txt");
// 更新日時の取得
Console.WriteLine(fi.LastWriteTime);
// 更新日時の設定
fi.LastWriteTime = new DateTime(2020, 12, 15, 1, 0, 0);
var fi2 = new FileInfo("example.txt");
Console.WriteLine(fi2.LastWriteTime);
```

— 発展

FileInfoクラスには、LastWriteTimeプロパティの他に、作成日時、最終アクセス日時を示すプロパティも用意されています。

プロパティ	型	意味
CreationTime	DateTime	作成日時を取得または設定
LastAccessTime	DateTime	最後にアクセスした時刻を取得または設定

262 ファイルの読み取り専用属性を取得または設定したい

Syntax

● FileInfo.IsReadOnlyプロパティ

```
public bool IsReadOnly { get; set; }
```

　FileInfoクラスのIsReadOnlyプロパティは、指定したファイルが読み取り専用であるかどうかを判断する値を取得または設定します。

　サンプルコードでは、「ファイルが読み取り専用かどうかを調べる」「読み取り専用ファイルを書き込み可能にする」「ファイルを読み取り専用にする」の3つの例を示しています。

■ Recipe_262/Program.cs

```csharp
using System;
using System.IO;

var fi = new FileInfo("example.txt");
// ファイルが読み取り専用かどうかを調べる
if (fi.IsReadOnly)
{
    Console.WriteLine("ReadOnly");
    // 読み取り専用ファイルを書き込み可能にする
    fi.IsReadOnly = false;
}
else
{
    Console.WriteLine("Not Readonly");
    // ファイルを読み取り専用にする
    fi.IsReadOnly = true;
}
```

263 ディレクトリを操作したい

Syntax

● Directory.Existsメソッド

```
public static bool Exists(string path);
```

● Directory.CreateDirectoryメソッド

```
public static DirectoryInfo CreateDirectory(string path);
```

● Directory.Moveメソッド

```
public static void Move(string sourceDirName, string destDirName);
```

● Directory.Deleteメソッド

```
public static void Delete(string path, bool recursive);
```

Directoryクラスを利用することでディレクトリを操作（存在確認、作成、移動、リネーム、削除）することができます。

Existsメソッドは存在確認、CreateDirectoryメソッドは作成、Moveメソッドは移動とリネーム、Deleteメソッドは削除を行います。

サンプルコードは、これら4つのメソッドを利用する例です。

■ Recipe_263/Program.cs

```
using System;
using System.IO;

var dirPath = "pictures/2020/flower";
// ディレクトリが存在しているかを確認する
if (Directory.Exists(dirPath))
{
    // dirPathに配下のファイルも含め削除する
    // recursive: true -> すべてのサブディレクトリも含め削除する
```

```
                              〳〵
    Directory.Delete(dirPath, recursive: true);
    // ファイルがあるときには削除させたくないならば、
    // Directory.Delete(dirPath);
}
else
{
    // 存在していなかったらディレクトリを作成する
    // "pictures"ディレクトリや"pictures/2020/"ディレクトリが
    // 存在しなかった場合は、それらのディレクトリも含めて作成
    // すでにディレクトリが存在していた場合には何も行わない
    Directory.CreateDirectory(dirPath);
    // サブディレクトリ内のファイルも含め別のディレクトリに移動
    var newPath = "pictures/flowers";
    Directory.Move(dirPath, newPath);
    // ディレクトリをリネームする
    // 同一フォルダへの移動はリネームと同じ
    var newPath2 = "pictures/favoriteFlowers";
    Directory.Move(newPath, newPath2);
}
```

補足

Directory.Moveメソッドは、第1引数で指定したディレクトリが存在しない場合、Directory NotFoundException例外が発生します。第2引数で指定したディレクトリがすでに存在していた場合は、IOException例外が発生します。

Directory.Deleteメソッドは、引数で指定したディレクトリが存在しない場合、Directory NotFoundException例外が発生します。

Directory.CreateDirectoryメソッドは、引数で指定したディレクトリがすでに存在していた場合でも例外は発生しません。

264 指定したディレクトリにある ファイル一覧を得たい

Syntax

● Directory.GetFilesメソッド

```
public static string[] GetFiles(string path, string searchPattern,
                                SearchOption searchOption);
```

DirectoryクラスのGetFiles静的メソッドを利用すると、指定したディレクトリ内のファイル名一覧を取得することができます。

引数searchPatternには、検索パターンを指定します。検索パターンにはワイルドカード（*と?）が使えます。

ワイルドカード文字	意味
*	0個以上の任意の文字
?	0個または1個の任意の文字

引数searchOptionには以下のいずれかを指定します。

値	意味
SearchOption.AllDirectories	検索対象に現在のディレクトリとすべてのサブディレクトリを含める
SearchOption.TopDirectoryOnly	検索対象に現在のディレクトリのみを含める

サンプルコードでは、カレントディレクトリ直下にある拡張子「.exe」のファイル一覧を求めています。

■ Recipe_264/Program.cs

```
using System;
using System.IO;

var dir = ".";
var files = Directory.GetFiles(dir, "*.exe",
                               SearchOption.TopDirectoryOnly);
```

〳〵

```
foreach (var fname in files)
{
    Console.WriteLine(fname);
}
```

　取得できるファイル名には、先頭に第1引数pathで与えたパスが付加されます。サンプルコードでは、引数pathに"."を与えていますから、例えば、以下のような結果が得られます。

実行例

```
./ConsoleApp.exe
```

265 指定したディレクトリにある ディレクトリ一覧を得たい

Syntax

● Directory.GetDirectoriesメソッド

```
public static string[] GetDirectories(
    string path, string searchPattern,
    EnumerationOptions enumerationOptions);
```

　DirectoryクラスのGetDirectories静的メソッドを利用すると、指定したディレクトリ内のサブディレクトリ名の一覧を取得することができます。

　引数searchPatternには、検索パターンを指定します。検索パターンにはワイルドカード（*と?）が使えます。

ワイルドカード文字	意味
*	0個以上の任意の文字
?	0個または1個の任意の文字

　引数searchOptionには以下のいずれかを指定します。

値	意味
SearchOption.AllDirectories	検索対象に現在のディレクトリとすべてのサブディレクトリを含める
SearchOption.TopDirectoryOnly	検索対象に現在のディレクトリのみを含める

　サンプルコードでは、カレントディレクトリ直下にあるディレクトリ名の一覧を求めています。

■ Recipe_265/Program.cs

```
using System;
using System.IO;

var dir = ".";
var dirs = Directory.GetDirectories(dir, "*",
                              SearchOption.TopDirectoryOnly);
foreach (var name in dirs)
```

```
                          ⟨ ⟨
{
    Console.WriteLine(name);
}
```

　取得できるディレクトリ名には、第1引数pathで与えたパスが先頭に付加されます。サンプルコードでは、引数pathに"."を与えていますから、例えば、以下のような結果が得られます。

```
./document
./source
```

266 現在の作業ディレクトリを取得したい

Syntax

● Directory.GetCurrentDirectoryメソッド

```
public static string GetCurrentDirectory();
```

　DirectoryクラスのGetCurrentDirectory静的メソッドを利用すると、実行中のプログラムの作業ディレクトリ（カレントディレクトリ）を取得することができます。

■ Recipe_266/Program.cs

```csharp
using System;
using System.IO;

var dir = Directory.GetCurrentDirectory();
Console.WriteLine(dir);
```

実行例

```
/Users/hideyuki/example
```

267 一時的に利用するファイルを作成したい

- Path.GetTempFileNameメソッド

```
public static string GetTempFileName();
```

- Path.GetTempPathメソッド

```
public static string GetTempPath();
```

PathクラスのGetTempFileName静的メソッドを利用すると、一時的に利用するファイルを作成することができます。呼び出しが成功すると0バイトのファイルが作成され、そのパス名が返ります。

Path.GetTempPath静的メソッドを利用すると、現在のユーザーの一時フォルダのパスを知ることができます。

サンプルコードでは、GetTempFileNameメソッドとGetTempPathメソッドを呼び出し、その結果をコンソールに出力しています。出力結果は、macOS上で実行したものです。

■ Recipe_267/Program.cs

```csharp
using System;
using System.IO;

// 一時ファイル名を取得する
var name = Path.GetTempFileName();
Console.WriteLine(name);

// 一時ディレクトリへのパスを取得する
var tempdir = Path.GetTempPath();
Console.WriteLine(tempdir);
```

実行例

```
/var/folders/b9/p8k20y995dq5kn7q3rtvy8r00000gn/T/tmprFFMW6.tmp
/var/folders/b9/p8k20y995dq5kn7q3rtvy8r00000gn/T/
```

268 特殊なフォルダ名を取得したい

Syntax

● Environment.GetFolderPathメソッド

```
public static string GetFolderPath(Environment.SpecialFolder
folder);
```

　EnvironmentクラスのGetFolderPath静的メソッドを利用すると、Environment.SpecialFolder
列挙型が示すシステムの特別なフォルダへのパスを取得できます。
　Environment.SpecialFolder列挙型にはたくさんのフィールドがありますが、そのいくつかを使った
コードと実行例（macOSで実行）を示します。

■ Recipe_268/Program.cs

```
using System;
using static System.Environment;

var myDocument = Environment.GetFolderPath(SpecialFolder.
MyDocuments);
Console.WriteLine(myDocument);

var myPictures = Environment.GetFolderPath(SpecialFolder.
MyPictures);
Console.WriteLine(myPictures);

var applicationData = Environment.GetFolderPath(SpecialFolder.
ApplicationData);
Console.WriteLine(applicationData);

var system = Environment.GetFolderPath(SpecialFolder.System);
Console.WriteLine(system);

var programFiles = Environment.GetFolderPath(SpecialFolder.
ProgramFiles);
Console.WriteLine(programFiles);
```

実行例

```
/Users/hideyuki
/Users/hideyuki/Pictures
/Users/hideyuki/.config
/System
/Applications
```

269 テキストファイルを読み込みたい

Syntax

● File.ReadLinesメソッド

```
public static IEnumerable<string> ReadLines(string path);
```

　FileクラスのReadLines静的メソッドを利用すると、テキストファイルを読み込むことができます。ReadLinesはファイル全体を読み込む前に行の列挙を開始しますので、大きなファイルで効率的な処理が可能です。

　なお、UTF-8でエンコーディングされたテキストファイルが対象です。サンプルコードでは、ファイルを読み込み先頭の10行をコンソールに出力しています。

■ Recipe_269/Program.cs

```csharp
using System;
using System.IO;
using System.Linq;

var lines = File.ReadLines("example.txt").Take(10);
foreach (var line in lines)
{
    Console.WriteLine(line);
}
```

270 テキストファイルを作成したい

Syntax

● File.WriteAllLinesメソッド

```
public static void WriteAllLines(string path, IEnumerable<string>
contents);
```

　Fileクラスの WriteAllLines静的メソッドを利用すると、新しいファイルを作成し、文字列のコレクションをそのファイルに書き込むことができます。ファイルはバイトオーダーマーク (BOM) なしでUTF-8エンコーディングで作成されます。指定したファイルがすでに存在している場合はファイルは上書きされます。
　サンプルコードでは、文字列の配列を「平家物語.txt」に書き出しています。

■ Recipe_270/Program.cs

```
using System;
using System.IO;

var lines = new string[]
{
    "祇園精舎の鐘の声、諸行無常の響きあり。",
    "沙羅双樹の花の色、盛者必衰の理をあらはす。",
    "驕れる人も久しからず、ただ春の夜の夢のごとし。",
    "猛き者も遂にはほろびぬ、ひとへに風の前の塵におなじ。"
};
// 既存ファイルは上書きされる
File.WriteAllLines("平家物語.txt", lines);
```

271 テキストファイルに追記したい

Syntax

● File.AppendAllLinesメソッド

```
public static void AppendAllLines(string path,
                                  IEnumerable<string> contents);
```

　FileクラスのAppendAllLines静的メソッドを利用すると、既存のファイルに行を追加することができます。指定したファイルが存在しない場合、ファイルが作成されます。
　サンプルコードでは、既存の「平家物語.txt」の最後尾に配列の内容を書き出しています。

■ Recipe_271/Program.cs

```
using System.IO;

var lines = new string[]
{
    "遠く異朝をとぶらへば、秦の趙高、漢の王莽、",
    "梁の周伊、唐の禄山、これらは皆、旧主先皇の政にも従はず、",
    "楽しみを極め、諫めをも思ひ入れず、天下の乱れんことを悟らずして、",
    "民間の愁ふるところを知らざつしかば、久しからずして、亡じにし者どもなり。"
};
File.AppendAllLines("平家物語.txt", lines);
```

Shift-JISのファイルを扱いたい

● Encoding.RegisterProviderメソッド

```
public static void RegisterProvider(EncodingProvider provider);
```

　.NET Core、.NET 5以降では、Shift-JISのファイルを読み書きするには、実際の読み書きの前に、Encoding.RegisterProvider静的メソッドを呼び出す必要があります。これでShift-JISのファイルを読み書きできるようになります。
　ここでは、Shift-JIS形式のファイルを新規に作成した後、そのファイルを読み込むサンプルコードを示します。

■ Recipe_272/Program.cs

```csharp
using System;
using System.IO;
using System.Text;

var lines = new string[] {
    "祇園精舎の鐘の声、諸行無常の響きあり。",
    "沙羅双樹の花の色、盛者必衰の理をあらはす。",
    "驕れる人も久しからず、ただ春の夜の夢のごとし。",
    "猛き者も遂にはほろびぬ、ひとへに風の前の塵におなじ。"
};
Encoding.RegisterProvider(CodePagesEncodingProvider.Instance);
var sjis = Encoding.GetEncoding("Shift_JIS");
using (var sw = new StreamWriter("平家物語.txt", false, sjis))
{
    foreach (var line in lines)
    {
        sw.WriteLine(line);
    }
}
using (var sr = new StreamReader("平家物語.txt", sjis))
{
```

〉〉

〈〈

```
    while (!sr.EndOfStream)
    {
        Console.WriteLine(sr.ReadLine());
    }
}
```

▼ 実行結果

祇園精舎の鐘の声、諸行無常の響きあり。
沙羅双樹の花の色、盛者必衰の理をあらはす。
驕れる人も久からず、ただ春の夜の夢のごとし。
猛き者も遂にはほろびぬ、ひとへに風の前の塵におなじ。

273 バイナリファイルを読み込みたい

Syntax

● FileStream.Readメソッド

```
public int Read(byte[] array, int offset, int count);
```

バイナリファイルを読み込むには、FileStreamクラスのReadメソッドを利用します。

引数arrayに読み込まれた値がセットされます。引数offsetには、読み取ったデータを配置するarrayの開始位置を指定します。offsetの位置は0から始まります。引数countには、読み取る最大バイト数を指定します。

サンプルコードでは、バイナリファイルを読み込むメソッドReadBinaryを定義し、その利用例を示しています。ReadBinaryメソッドは、引数sizeで指定したバイト単位でデータを読み込み配列にセットし、それをyield returnを使い順次返しています。

ファイル以外のStreamにも対応できるように、引数は、FileStreamの基底クラスであるStreamクラスを受け取るようにしています。そのため、ネットワークストリームからデータをbyte配列として読み取る場合にもReadBinaryメソッドはそのまま利用することができます。

■ Recipe_273/Program.cs

```csharp
using System;
using System.Collections.Generic;
using System.IO;
using System.Linq;

// バイナリファイルを読み込む
var path = "program.dll";
using (var fs = new FileStream(path, FileMode.Open,
                              FileAccess.Read))
{
    foreach (var buff in ReadBinaryFile(fs, 1000))
    {
        // byte[size]単位でなんらかの処理をする
        Console.WriteLine(buff.Length);
    }
}
```

```
static IEnumerable<byte[]> ReadBinaryFile(Stream stream, int size)
{
    byte[] buff = new byte[size];
    int readSize; // Readメソッドで読み込んだバイト数
    while ((readSize = stream.Read(buff, 0, size)) > 0)
    {
        yield return buff.Take(readSize).ToArray();
    }
}
```

274 byte配列のデータを ファイルに出力したい

Syntax

● FileStream.Writeメソッド

```
public void Write(byte[] array, int offset, int count);
```

byte配列のデータをファイルストリームに出力するには、FileStreamクラスのWriteメソッドを利用します。

引数offsetには、書き込みを開始するarray内の位置を指定します。offsetの位置は0から始まります。引数countには書き込む最大バイト数を指定します。

サンプルコードでは、文字列をbyte配列に変換しその内容をすべてファイルに出力しています。

■ Recipe_274/Program.cs

```csharp
using System.IO;
using System.Text;

var path = "test.dat";
var str = "The quick onyx goblin jumps over the lazy dwarf.";
var bytes = Encoding.GetEncoding("utf-8").GetBytes(str);
// FileMode.Create: 新しいファイルを作成することを指定します。
// ファイルがすでに存在する場合は上書きされます
using (var fs = new FileStream(path, FileMode.Create,
                              FileAccess.Write))
{
    fs.Write(bytes, 0, bytes.Length);
}
```

275 文字列をStreamとして扱いたい

● MemoryStreamクラスのコンストラクター

```
public MemoryStream(byte[] buffer);
```

　プログラミングをしていると文字列をStreamとして扱いたい場合がまれにあります。そのようなときには、文字列をbyte配列に変換後、MemoryStreamクラスのコンストラクターの引数に渡すことで、文字列をStreamとして扱うことが可能になります。MemoryStreamクラスは、Streamクラスから派生していますので、Streamとして扱うことが可能です。
　以下に示すサンプルコードでは、改行を含む文字列からMemoryStreamオブジェクトを生成し、そこからStreamReaderオブジェクトを生成しています。StreamReaderクラスのReadLineメソッドを利用することで、1行単位でデータを読み込むことができます。

■ Recipe_275/Program.cs

```csharp
using System;
using System.IO;
using System.Text;

var str = @"祇園精舎の鐘の声、諸行無常の響きあり。
沙羅双樹の花の色、盛者必衰の理をあらはす。
驕れる人も久しからず、ただ春の夜の夢のごとし。
猛き者も遂にはほろびぬ、ひとへに風の前の塵におなじ。";

using (var reader = CreateStreamReader(str))
{
    while (!reader.EndOfStream)
    {
        var line = reader.ReadLine();
        Console.WriteLine($"<{line}>");
    }
}

// 文字列からStreamオブジェクトを作成する
```

```
static StreamReader CreateStreamReader(string str)
{
    byte[] byteArray = Encoding.UTF8.GetBytes(str);
    var stream = new MemoryStream(byteArray);
    return new StreamReader(stream);
}
```

実行例

```
<祇園精舎の鐘の声、諸行無常の響きあり。>
<沙羅双樹の花の色、盛者必衰の理をあらはす。>
<驕れる人も久しからず、ただ春の夜の夢のごとし。>
<猛き者も遂にはほろびぬ、ひとへに風の前の塵におなじ。>
```

補足

StringReaderクラスを利用しても似たようなことが行えます。ただし、StringReaderクラスは
Streamクラスから派生していないため、Streamを要求するクラスに対しては利用できません。

■ Recipe_275/Program.cs

```
using (var reader = new StringReader(str))
{
    string line;
    while ((line = reader.ReadLine()) != null)
    {
        Console.WriteLine($"<{line}>");
    }
}
```

Zipファイル

Chapter

18

276 ディレクトリから Zipアーカイブを作成したい

Syntax

- **ZipFile.CreateFromDirectoryメソッド**

```
public static void CreateFromDirectory(
    string sourceDirectoryName, string destinationArchiveFileName);
```

Zipアーカイブファイルを作成するには、System.IO.Compression名前空間のZipFile.CreateFromDirectoryメソッドを利用します。

サンプルコードでは、「./source/example」フォルダにあるファイルをディレクトリ構造を維持したまま「./archives/myarchive.zip」にアーカイブしています。

■ **Recipe_276/Program.cs**

```csharp
using System.IO.Compression;

var src = "./source/example";
var dest = "./archives/myarchive.zip";
ZipFile.CreateFromDirectory(src, dest);
```

例えば、「./source/example」フォルダに以下のようなファイルがあった場合は、subディレクトリも含めてZipファイルが作成されます。なおexampleというディレクトリは、Zipファイルには作成されません。

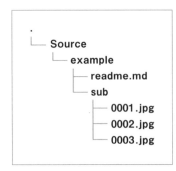

補足

macOS上でこのプログラムを実行すると、.DT_StoreというOSが利用する隠しファイルもアーカイブされます。このファイルが不要ならば、「278 Zipアーカイブからファイルを削除したい」で示したコードを利用して、.DS_Storeファイルをアーカイブから削除してください。

277

Zipアーカイブに
新しいファイルを追記したい

既存のZipアーカイブファイルにファイルを追加するには、以下の手順を踏みます。

- ▶ 1. **ZipFileクラスのOpenメソッドで、アーカイブファイルをオープンする**
- ▶ 2. **ZipArchive.CreateEntryメソッドで、空のエントリをZipファイルに作成する**
- ▶ 3. **作成したエントリを開いてStreamを取得する**
- ▶ 4. **3のStreamに対して、ファイルを出力する**

サンプルコードでは、既存のZipファイルのルートディレクトリに、「readme.md」ファイルを追加しています。

■ Recipe_277/Program.cs

```csharp
using System.IO;
using System.IO.Compression;

var zipfile = "./archives/myarchive.zip";
var file = "./readme.md";
using (var archive = ZipFile.Open(zipfile, ZipArchiveMode.Update))
{
    var entry = archive.CreateEntry(Path.GetFileName(file));
    using (var writer = entry.Open())
    using (var reader = File.Open(file, FileMode.Open))
    {
        reader.CopyTo(writer);
    }
}
```

Chap **18** Zipファイル

278 Zipアーカイブから ファイルを削除したい

Zipアーカイブファイルからエントリ（ファイル）を削除するには、以下の手順を踏みます。

▶ 1. **System.IO.Compression.ZipFileクラスのOpenメソッドでアーカイブファイルをオープンする**
▶ 2. **ZipArchive.GetEntryメソッドで指定したエントリ（ZipArchiveEntryオブジェクト）を取得する**
▶ 3. **エントリが存在すれば、ZipArchiveEntry.Deleteメソッドでエントリを削除する**

サンプルコードでは、既存のZipファイルから「sub/0001.jpg」を削除しています。

■ Recipe_278/Program.cs

```csharp
using System;
using System.IO.Compression;

// Zip アーカイブからファイルを削除する
var zipfile = "./archives/myarchive.zip";
var entry = "sub/0001.jpg";
using (ZipArchive a = ZipFile.Open(zipfile,
                                   ZipArchiveMode.Update))
{
    ZipArchiveEntry e = a.GetEntry(entry);
    if (e == null)
    {
        //見つからなかったとき
        Console.WriteLine($"{entry}が見つかりませんでした。");
    }
    else
    {
        //見つかったときは削除する
        e.Delete();
    }
}
```

279

Zipアーカイブファイルに格納されているファイルの一覧を取得したい

Syntax

• ZipArchive.Entriesプロパティ

```
public ReadOnlyCollection<ZipArchiveEntry> Entries { get; }
```

Zipアーカイブファイルに格納されているファイルの一覧（エントリ一覧）を取得するには、ZipArchiveクラスのEntriesプロパティを参照します。

サンプルコードでは、「./archives/myarchive.zip」のファイルに格納されているファイル一覧をコンソールに出力しています。

■ Recipe_279/Program.cs

```csharp
using System;
using System.IO.Compression;

var zipfile = "./archives/myarchive.zip";
using (var archive = ZipFile.OpenRead(zipfile))
{
    // EntriesプロパティからEntryを取り出す
    foreach (var entry in archive.Entries)
    {
        Console.WriteLine(entry.FullName);
    }
}
```

「276 ディレクトリからZipアーカイブを作成したい」で作成したZipファイルの場合は、以下のような出力が得られます。

実行例

```
readme.md
sub/0001.jpg
sub/0002.jpg
sub/0003.jpg
```

280 Zipアーカイブ内の ファイルをすべて抽出したい

Syntax

● ZipFile.ExtractToDirectoryメソッド

```
public static void ExtractToDirectory(
    string sourceArchiveFileName, string destinationDirectoryName);
```

Zipアーカイブファイルに格納されているすべてのファイルを抽出するには、System.IO. Compression.ZipFileクラスのExtractToDirectoryメソッドを利用します。

サンプルコードでは、「./archives/myarchive.zip」のファイルに格納されているすべてのファイルを 「./extract」ディレクトリに抽出しています。

■ Recipe_280/Program.cs

```
using System.IO.Compression;

var path = "./archives/myarchive.zip";
ZipFile.ExtractToDirectory(path, "./extract");
```

「276 ディレクトリからZipアーカイブを作成したい」で作成したZipファイルの場合は、以下のように ファイルが抽出されます。

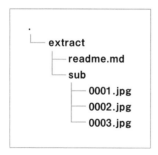

```
.
└── extract
    ├── readme.md
    └── sub
        ├── 0001.jpg
        ├── 0002.jpg
        └── 0003.jpg
```

281 Zipアーカイブから 指定したファイルを抽出したい

Zipアーカイブファイルから指定したファイルを抽出するには、以下のような手順を踏みます。

▶ **1. ZipFileクラスのOpenメソッドでアーカイブファイルをオープンする**
▶ **2. ZipArchive.GetEntryメソッドで抽出したいファイルのエントリを得る**
▶ **3. 作成したエントリを開いてStreamを取得する**
▶ **4. 3のStreamから内容を読み込みファイルに出力する**

サンプルコードでは、既存のZipファイルから「sub/0002.jpg」を抽出し、カレントディレクトリに同じファイル名で出力しています。

■ **Recipe_281 / Program.cs**

```
using System.IO;
using System.IO.Compression;

var path = "./archives/myarchive.zip";
var file = "sub/0002.jpg";
var outpath = "0002.jpg";
using (var archive = ZipFile.Open(path, ZipArchiveMode.Read))
{
    var entry = archive.GetEntry(file);
    using (var reader = entry.Open())
    using (var writer = File.OpenWrite(outpath))
    {
        reader.CopyTo(writer);
    }
}
```

ロギング

Chapter

19

282 ILoggerでログを出力したい

.NET Coreから採用されたILogger<T>を使用したログ出力の基本的な使い方を示します。.NET の汎用ホストを利用するアプリケーションでは、Host.CreateDefaultBuildメソッドを呼び出すと、コンソール、デバッグ、およびイベントソース出力に記録するようにILoggerFactoryが構成されます。

アプリケーションでこれをオーバーライドするには、ConfigureLogging拡張メソッドで ClearProvidersを呼び出し、必要なログプロバイダーを追加します。

サンプルコードでは、既定の設定をクリアしたあとに、.NETに組み込まれているConsoleプロバイダーを登録し、コンソール上にログを表示しています。

なお本書で示したILoggerを利用したサンプルコードを実行するには、以下のコマンドで3つのパッケージをインストールしておく必要があります。バージョンは本書執筆時点のものです。

■ パッケージのインストール (.NET CLI)

```
dotnet add package Microsoft.Extensions.Hosting --version 5.0.0
dotnet add package Microsoft.Extensions.Logging --version 5.0.0
dotnet add package Microsoft.Extensions.Logging.Console --version ⏎
5.0.0
```

■ Recipe_282/Program.cs

```
using System.Threading.Tasks;
using Microsoft.Extensions.Hosting;
using Microsoft.Extensions.Logging;

namespace Gihyo
{
    class Program
    {
        static async Task Main(string[] args) =>
            await CreateHostBuilder(args).Build().RunAsync();

        private static IHostBuilder CreateHostBuilder(string[] ⏎
args) =>
            Host.CreateDefaultBuilder()
                .ConfigureAppConfiguration((context, config) =>
```

```
            }
              // ……
            })
            .ConfigureLogging((context, logging) =>
            {
                logging.ClearProviders();
                logging.AddConsole();
            })
            .ConfigureServices((context, services) =>
            {
                new Startup(context.Configuration).
ConfigureServices(services);
            });
    }
}
```

■ Recipe_282/MyWorker.cs

```
using Microsoft.Extensions.Logging;
using System.Threading.Tasks;

namespace Gihyo
{
    public class MyWorker : IConsoleWorker
    {
        private readonly ILogger _logger;

        public MyWorker(ILogger<MyWorker> logger)
        {
            _logger = logger;
        }

        public Task Run()
```

```
            {
                _logger.LogTrace("LogTrace Example message");
                _logger.LogDebug("LogDebug Example message");
                _logger.LogInformation("LogInformation Example
message");
                _logger.LogWarning("LogWarning Example message");
                _logger.LogError("LogError Example message");
                _logger.LogCritical("LogCritical Example message");
                return Task.CompletedTask;
            }
        }
    }
```

　MyWorkerコンストラクターで記述しているILogger<MyWorker>の型パラメーターMyWorkerが
出力するログのカテゴリを表します。MyWorkerの完全修飾名である「Gihyo.MyWorker」がログカテ
ゴリとなります。ILogger<T>ではこのログカテゴリごとに、ログ出力の有無を指定できます。

▼ 実行結果

```
info: Gihyo.MyWorker[0]
      LogInformation Example message
warn: Gihyo.MyWorker[0]
      LogWarning Example message
fail: Gihyo.MyWorker[0]
      LogError Example message
crit: Gihyo.MyWorker[0]
      LogCritical Example message
info: Microsoft.Hosting.Lifetime[0]
      Application is shutting down...
info: Microsoft.Hosting.Lifetime[0]
      Application started. Press Ctrl+C to shut down.
---以下省略 ---
```

　appsettings.jsonでログレベルを指定していない場合は、TraceとDebugのログ出力がされません。
ログレベルを設定するには、「283 appsettings.jsonでログレベルを設定したい」を参照してください。

補足

　当サンプルコードは、コンソールアプリケーションの例ですが、ASP.NET Coreとほぼ同様のコード
になるように、.NETの汎用ホスト(Generic Host)を利用しています。プログラムの全体はソースコー
ドをダウンロードしてお確かめください。

関連項目

▶▶ 383 コンソールアプリケーションで汎用ホストを利用したい

283 appsettings.jsonで ログレベルを設定したい

ILogger<T>を使用したログ出力で、ログレベルをappsettings.jsonで設定するサンプルコードを示します。

サンプルコードのappsettings.jsonでは、「Gihyo」カテゴリのログレベルをErrorに設定しています。設定したログレベルより上のレベルが出力対象となりますので、LogErrorメソッドとLogCriticalメソッドのログだけが出力されます。

appsettings.jsonから「Gihyo」の行を削除すれば、DefaultのWarningが適用されます。ログレベルをTraceに設定すればすべてのログが出力されます。

ログレベルは以下の7種類が用意されています。

Level	値	意味
None	6	ログメッセージを出力しない
Critical	5	重大な障害
Error	4	エラー
Warning	3	警告
Information	2	一般的な情報
Debug	1	デバッグ用
Trace	0	詳細なログ（開発時にのみ利用）

■ Recipe_283/appsettings.json

```
{
  "Logging": {
    "LogLevel": {
      "Default": "Warning",
      "System": "Warning",
      "Microsoft": "Warning",
      "Gihyo": "Error"
    }
  }
}
```

```csharp
using System.Threading.Tasks;
using Microsoft.Extensions.Hosting;
using Microsoft.Extensions.Logging;

namespace Gihyo
{
    class Program
    {
        static async Task Main(string[] args) =>
            await CreateHostBuilder(args).Build().RunAsync();

        private static IHostBuilder CreateHostBuilder(string[] ⤶
args) =>
            Host.CreateDefaultBuilder()
                .ConfigureAppConfiguration((context, config) =>
                {
                    // ……
                })
                .ConfigureLogging((context, logging) =>
                {
                    logging.ClearProviders();
                    logging.AddConsole();
                })
                .ConfigureServices((context, services) =>
                {
                    new Startup(context.Configuration). ⤶
ConfigureServices(services);
                });
    }
}
```

■ Recipe_283/MyWorker.cs

```csharp
using Microsoft.Extensions.Logging;
using System.Threading.Tasks;

namespace Gihyo
{
    public class MyWorker : IConsoleWorker
    {
        private readonly ILogger _logger;
        public MyWorker(ILogger<MyWorker> logger)
```

```
                              ⟩⟩
                    {
                        _logger = logger;
                    }

                    public Task Run()
                    {
                        _logger.LogTrace("LogTrace Example message");
                        _logger.LogDebug("LogDebug Example message");
                        _logger.LogInformation("LogInformation Example
message");
                        _logger.LogWarning("LogWarning Example message");
                        _logger.LogError("LogError Example message");
                        _logger.LogCritical("LogCritical Example message");
                        return Task.CompletedTask;
                    }
                }
            }
```

▼ 実行結果

```
fail: Gihyo.MyWorker[0]
      LogError Example message
crit: Gihyo.MyWorker[0]
      LogCritical Example message
```

　MyWorkerクラスでは、コンストラクターでILogger<MyWorker>と指定していますので、完全修飾名の「Gihyo.MyWorker」がカテゴリ名となります。

　appsettings.jsonでは「Gihyo」カテゴリを指定していますが、「Gihyo.MyWorker」のように、「Gihyo.」で始まるカテゴリも対象となります。

　そのため、このMyWorkerクラス内で出力しているログは、LogErrorメソッドとLogCriticalメソッドのログだけが出力されることになります。

補足
　当サンプルコードは、コンソールアプリケーションの例ですが、ASP.NET Coreとほぼ同様のコードになるように、.NETの汎用ホスト（Generic Host）を利用しています。プログラムの全体はソースコードをダウンロードしてお確かめください。

284

コードでログレベルを設定したい

ILogger<T>を使用したログ出力で、ログレベルをコードで設定するサンプルコードを示します。
ログレベルは「283 appsettings.jsonでログレベルを設定したい」を参照してください。

SetMinimumLevelメソッドを利用することで、実際に出力する既定の最小のログレベルを設定することができます。特定のカテゴリの最小ログレベルを指定するには、AddFilterメソッドを利用します。

サンプルコードでは、アプリケーションの最小ログレベルをLoglevel.Warningに設定し、「Gihyo」カテゴリのログレベルをLoglevel.Errorに設定しています。下位カテゴリである「Gihyo.MyWorker」もその対象になります。

appsettings.jsonで指定した値よりもコードで指定したログレベルが優先されます。

なお、ASP.NET Coreなど汎用ホストを利用するアプリケーションでは、appsettins.jsonでログレベルを指定するのが一般的です。

■ Recipe_284/Program.cs

```csharp
using System.Threading.Tasks;
using Microsoft.Extensions.Hosting;
using Microsoft.Extensions.Logging;

namespace Gihyo
{
    class Program
    {
        static async Task Main(string[] args) =>
            await CreateHostBuilder(args).Build().RunAsync();

        private static IHostBuilder CreateHostBuilder(string[]
args) =>
            Host.CreateDefaultBuilder()
                .ConfigureLogging((context, logging) =>
                {
                    logging.ClearProviders();
                    logging.AddConsole();
                    // コードでログの出力レベルを設定する
                    logging.SetMinimumLevel(LogLevel.Warning);
                    logging.AddFilter("Gihyo", LogLevel.Error);
                })
                .ConfigureServices((context, services) =>
```

```
                            ⟩⟩
            {
                new Startup(context.Configuration).   🅰
ConfigureServices(services);
            });
    }
}
```

■ Recipe_284/MyWorker.cs

```
using Microsoft.Extensions.Logging;
using System.Threading.Tasks;

namespace Gihyo
{
    public class MyWorker : IConsoleWorker
    {
        private readonly ILogger _logger;
        public MyWorker(ILogger<MyWorker> logger)
        {
            _logger = logger;
        }
        public Task Run()
        {
            _logger.LogTrace("LogTrace Example message");
            _logger.LogDebug("LogDebug Example message");
            _logger.LogInformation("LogInformation Example   🅰
message");
            _logger.LogWarning("LogWarning Example message");
            _logger.LogError("LogError Example message");
            _logger.LogCritical("LogCritical Example message");
            return Task.CompletedTask;
        }
    }
}
```

▼ 実行結果

```
fail: Gihyo.MyWorker[0]
      LogError Example message
crit: Gihyo.MyWorker[0]
      LogCritical Example message
```

補足

当サンプルコードは、コンソールアプリケーションの例ですが、ASP.NET Coreとほぼ同様のコードになるように、.NETの汎用ホスト (Generic Host) を利用しています。プログラムの全体はソースコードをダウンロードしてお確かめください。

〔 関連項目 〕

▶▶283 appsettings.jsonでログレベルを設定したい

285

ログ出力で メッセージテンプレートを 使用したい

ILogger<T>を使用したログ出力で、メッセージテンプレートを利用する方法を示します。

サンプルコードでは、ConsoleLoggerログプロバイダーを利用しています。ConsoleLoggerでは、単にプレースホルダーの場所が、第2引数以降のデータに置き換えられるだけですが、ログプロバイダーによっては、このプレースホルダーの名前でログを検索する機能が利用できるようになります。

■ Recipe_285/MyWorkers.cs

```csharp
using System.Threading.Tasks;
using Microsoft.Extensions.Logging;

namespace Gihyo
{
    public class MyWorker : IConsoleWorker
    {
        private readonly ILogger _logger;
        public MyWorker(ILogger<MyWorker> logger)
        {
            _logger = logger;
        }

        public Task Run()
        {
            var title = "吾輩は猫である";
            var author = "夏目漱石";
            _logger.LogTrace("Create Book {BookTitle}    ⮐
{BookAuthor}", title, author);
            return Task.CompletedTask;
        }
    }
}
```

Chap 19
ロギング

■ Recipe_285/appsettings.json

```json
{
    "Logging": {
        "LogLevel": {
```

491

```
        ⟩⟩
        "Default": "Warning",
        "System": "Warning",
        "Microsoft": "Warning",
        "Gihyo": "Trace"
      }
    }
}
```

▼ 実行結果

```
trce: Gihyo.MyWorker[0]
      Create Book 吾輩は猫である 夏目漱石
```

補足

　当サンプルコードは、コンソールアプリケーションの例ですが、ASP.NET Coreとほぼ同様のコードになるように、.NETの汎用ホスト (Generic Host) を利用しています。プログラムの全体はソースコードをダウンロードしてお確かめください。

◖ 関連項目 ◗

▶▶282 ILoggerでログを出力したい

286 NLogを使いたい

　ILoggerを利用したログ出力では、オープンソースのNLogを利用することが可能です。NLogを利用するには、NLogとNLog.Web.AspNetCoreのふたつのパッケージを利用します。.NET CLIを使う場合は、以下のコマンドでインストールできます。バージョンは執筆時点のものです。

■ パッケージのインストール（.NET CLI）

```
dotnet add package NLog --version 4.7.5
dotnet add package NLog.Web.AspNetCore --version 4.9.3
```

　サンプルコードで示したとおり、CreateHostBuilderメソッドで、UseNLog拡張メソッドを呼び出すことで、NLogが利用できるようになります。実際にログを出力するコードは、ILoggerインターフェイスを利用したログ出力となるため、他のログプロバイダーを使った場合と違いはありません。

　SetMinimumLevelメソッドで、LogLevel.Traceを指定しているのは、nlog.configですべてのログレベルの制御を行えるようにするためです。なお、appsettings.jsonとnlog.configを併用する方法もあります。その場合、nlog.configでは全てのログレベルに対応する記述をし、appsettings.jsonで、ログカテゴリ毎に細かなフィルタリングを行います。

　サンプルコードでは、TraceからWarnまでのレベルを「debug.log」のファイルに、「Error」以上のレベルを「error.log」のファイルに出力するように設定しています。

■ Recipe_286/nlog.config

```
<?xml version="1.0" encoding="utf-8" ?>
<nlog xmlns="http://www.nlog-project.org/schemas/NLog.xsd"
      xmlns:xsi="http://www.w3.org/2001/XMLSchema-instance">
    <targets>
        <target name="errorlog" xsi:type="File" fileName="error.
log" />
        <target name="debuglog" xsi:type="File" fileName="debug.
log" />
    </targets>
    <rules>
        <logger name="Gihyo.*" minlevel="Trace" maxlevel="Warn"
writeTo="debuglog" />
        <logger name="*" minlevel="Error" writeTo="errorlog" />
    </rules>
</nlog>
```

nlog.configファイルは、プログラムファイルが存在するディレクトリにコピーしておく必要があります。ソリューションエクスプローラーでnlog.configを右クリックし、メニューから[プロパティ]を選択し、[新しい場合には常にコピー]を選択することで、ビルド時にコピーされるようになります。

■ Recipe_286/Program.cs

```
using System;
using System.Collections.Generic;
using System.IO;
using System.Threading.Tasks;
using Microsoft.Extensions.Hosting;
using Microsoft.Extensions.Logging;
using NLog.Web;

namespace Gihyo
{
    class Program
    {
        static async Task Main(string[] args) =>
            await CreateHostBuilder(args).Build().RunAsync();

        private static IHostBuilder CreateHostBuilder(string[]
args)
        {
            // nlog.configの場所を指定する（ASP.NET Core では不要）
            var rootPath = AppContext.BaseDirectory;
            var configPaths = new List<string>
                { $"{Path.Combine(rootPath, "nlog.config")}" };
            NLog.LogManager.LogFactory
                .SetCandidateConfigFilePaths(configPaths);
            // ここまで
            return Host.CreateDefaultBuilder()
                .ConfigureAppConfiguration((context, config) =>
                {
                    // ...
                })
                .ConfigureLogging((context, logging) =>
```

⟩⟩

```
            {
                logging.ClearProviders();
                logging.SetMinimumLevel(LogLevel.Trace);
            })
            .ConfigureServices((context, services) =>
            {
                new Startup(context.Configuration).        ⮌
ConfigureServices(services);
            })
            .UseNLog(); // NLogを利用する
        }
    }
}
```

■ Recipe_286/MyWorkers.cs

```
using Microsoft.Extensions.Logging;
using System.Threading.Tasks;

namespace Gihyo
{
    public class MyWorker : IConsoleWorker
    {
        private readonly ILogger _logger;
        public MyWorker(ILogger<MyWorker> logger)
        {
            _logger = logger;
        }
        public Task Run()
        {
            _logger.LogTrace("LogTrace Example message");
            _logger.LogDebug("LogDebug Example message");
            _logger.LogInformation("LogInformation Example   ⮌
message");
            _logger.LogWarning("LogWarning Example message");
```

⟩⟩

```
            ⟨⟩
        _logger.LogError("LogError Example message");
        _logger.LogCritical("LogCritical Example message");
        return Task.CompletedTask;
    }
  }
}
```

実行例　debug.log

```
2020-11-21 09:31:50.8542|TRACE|Gihyo.MyWorker|LogTrace Example     ⮐
message
2020-11-21 09:31:50.8927|DEBUG|Gihyo.MyWorker|LogDebug Example     ⮐
message
2020-11-21 09:31:50.8941|INFO|Gihyo.MyWorker|LogInformation     ⮐
Example message
2020-11-21 09:31:50.8941|WARN|Gihyo.MyWorker|LogWarning Example     ⮐
message
```

実行例　error.log

```
2020-11-21 09:31:50.8941|ERROR|Gihyo.MyWorker|LogError Example     ⮐
message
2020-11-21 09:31:50.8941|FATAL|Gihyo.MyWorker|LogCritical Example ⮐
message
```

補足

　当サンプルコードは、コンソールアプリケーションの例ですが、ASP.NET Coreとほぼ同様のコードになるように、.NETの汎用ホスト（Generic Host）を利用しています。プログラムの全体はソースコードをダウンロードしてお確かめください。

関連項目

▶▶383　コンソールアプリケーションで汎用ホストを利用したい

287 Log4Netを使いたい

ILoggerを利用したログ出力では、オープンソースのLog4Netを利用することが可能です。Log4Netを利用するには、Microsoft.Extensions.Logging.Log4Net.AspNetCoreパッケージを利用します。.NET CLIを使う場合は、以下のコマンドでインストールできます。バージョンは執筆時点のものです。

■ パッケージのインストール（.NET CLI）

```
dotnet add package Microsoft.Extensions.Logging.Log4Net.AspNetCore ⏎
--version 3.1.0
```

サンプルコードで示したとおり、CreateHostBuilderメソッドで、AddLog4Netメソッドを呼び出すことで、Log4Netが利用できるようになります。

SetMinimumLevelメソッドで、LogLevel.Traceを指定しているのは、log4net.configでログレベルの制御を行えるようにするためです。なお、appsettings.jsonとlog4net.configを併用する方法もあります。その場合、log4net.configでは全てのログレベルに対応する記述をし、appsettings.jsonで、ログカテゴリ毎に細かなフィルタリングを行います。

■ Recipe_287/log4net.config

```xml
<?xml version="1.0" encoding="utf-8" ?>
<log4net>
    <root>
        <level value="INFO" />
        <appender-ref ref="file" />
    </root>
    <appender name="file" type="log4net.Appender.            ⏎
RollingFileAppender">
        <file value="example.log" />
        <appendToFile value="true" />
        <maxSizeRollBackups value="3" />
        <maximumFileSize value="100KB" />
        <staticLogFileName value="true" />
        <layout type="log4net.Layout.PatternLayout">
            <conversionPattern value="%date %5level %logger -   ⏎
%message%newline" />
        </layout>
```

⟩⟩

```
                                    ⟨ ⟩
        <filter type="log4net.Filter.LevelRangeFilter">
            <param name="LevelMax" value="FATAL" />
            <param name="LevelMin" value="WARN" />
        </filter>
    </appender>
</log4net>
```

　log4net.configファイルは、プログラムファイルが存在するディレクトリにコピーしておく必要があります。
ソリューションエクスプローラーでlog4net.configを右クリックし、メニューから［プロパティ］を選択し、［新
しい場合には常にコピー］を選択することで、ビルド時にコピーされるようになります。

■ Recipe_287/Program.cs (C#)

```csharp
using System.Threading.Tasks;
using Microsoft.Extensions.Hosting;
using Microsoft.Extensions.Logging;
using log4net;

namespace Gihyo
{
    class Program
    {
        static async Task Main(string[] args) =>
            await CreateHostBuilder(args).Build().RunAsync();

        private static IHostBuilder CreateHostBuilder(string[]  ⏎
args) =>
            Host.CreateDefaultBuilder()
                .ConfigureAppConfiguration((context, config) =>
                {
                    // CreateDefaultBuilderでappsettings.config ⏎
の設定済み
                    // 特別な処理のときだけ、ここに記述する
                                    ⟨ ⟩
```

〈〉

```
            })
            .ConfigureLogging((context, logging) =>
            {
                logging.ClearProviders();
                logging.SetMinimumLevel(LogLevel.Trace);
                logging.AddLog4Net();   // Log4Netを利用する
            })
            .ConfigureServices((context, services) =>
            {
                new Startup(context.Configuration).  ⮐
ConfigureServices(services);
            });
    }
}
```

■ Recipe_287/MyWorker.cs

```csharp
using Microsoft.Extensions.Logging;
using System.Threading.Tasks;

namespace Gihyo
{
    public class MyWorker: IConsoleWorker
    {
        private readonly ILogger _logger;
        public MyWorker(ILogger<MyWorker> logger)
        {
            _logger = logger;
        }

        public Task Run()
        {
            _logger.LogTrace("LogTrace Example message");
            _logger.LogDebug("LogDebug Example message");
```

〈〉

Chap **19**

ロギング

```
            ⟨⟩
        _logger.LogInformation("LogInformation Example
message");
        _logger.LogWarning("LogWarning Example message");
        _logger.LogError("LogError Example message");
        _logger.LogCritical("LogCritical Example message");
        return Task.CompletedTask;
        }
    }
}
```

▼ 実行結果　example.log

```
2020-11-21 09:40:11,927  WARN Gihyo.MyWorker - LogWarning Example
message
2020-11-21 09:40:11,927 ERROR Gihyo.MyWorker - LogError Example
message
2020-11-21 09:40:11,927 FATAL Gihyo.MyWorker - LogCritical Example
message
```

補足

　当サンプルコードは、コンソールアプリケーションの例ですが、ASP.NET Coreとほぼ同様のコードになるように、.NETの汎用ホスト（Generic Host）を利用しています。プログラムの全体はソースコードをダウンロードしてお確かめください。

（ 関連項目 ）

▶▶383 コンソールアプリケーションで汎用ホストを利用したい

288 ZLoggerを使いたい

ILoggerを利用したログ出力では、オープンソースのZLoggerを利用することが可能です。ZLoggerは高速性が売りのログライブラリです。ZLoggerを利用するには、ZLoggerパッケージを利用します。.NET CLIを使う場合は以下のコマンドでインストールできます。バージョンは執筆時点のものです。

■ パッケージのインストール (.NET CLI)

```
dotnet add package ZLogger --version 1.4.1
```

サンプルコードで示したとおり、CreateHostBuilderメソッドで、AddZLoggerConsoleメソッドなどを呼び出すことで、ZLoggerが利用できるようになります。なお、ZLoggerの高速性を生かすには、ログ出力のメソッドにはLogDebugやLogInformationなどの代わりに、先頭にZを付けたZLogDebug、ZLogInformationなどを使います。

ZLoggerでは、NLogやLog4Netとは異なり独自のconfig設定はありません。ログ出力に関する書式などはコードで記述します。ログ出力対象のカテゴリとログレベルはappsettings.jsonで指定するとよいでしょう。

■ Recipe_288/Program.cs

```
using System;
using System.Threading.Tasks;
using Microsoft.Extensions.Hosting;
using Microsoft.Extensions.Logging;
using ZLogger;
using Cysharp.Text;

class Program
{
    static async Task Main(string[] args) =>
        await CreateHostBuilder(args).Build().RunAsync();

    static Action<ZLoggerOptions> logOption = options => {
        options.PrefixFormatter = (writer, info) =>
            ZString.Utf8Format(writer, "[{0}][{1}]", info.
LogLevel,
```

〉〉

501

```
                info.Timestamp.DateTime.ToLocalTime());
        var prefixFormat = ZString.PrepareUtf8<LogLevel,
DateTime>("[{0}][{1}]");
        options.PrefixFormatter = (writer, info) =>
            prefixFormat.FormatTo(ref writer, info.LogLevel,
                info.Timestamp.DateTime.ToLocalTime());
    };

    private static IHostBuilder CreateHostBuilder(string[] args)
=>
        Host.CreateDefaultBuilder()
            .ConfigureAppConfiguration((context, config) => {
                // CreateDefaultBuilderでappsettings.configの
                // 設定済み。特別な処理のときだけここに記述する
            })
            .ConfigureLogging((context, logging) => {
                logging.ClearProviders();
                logging.SetMinimumLevel(LogLevel.Trace);
                logging.AddZLoggerConsole(logOption);
                logging.AddZLoggerFile("example.log",logOption);
                logging.AddZLoggerRollingFile(
                    fileNameSelector: (dt, x) => $"logs/{dt.
ToLocalTime():yyyy-MM-dd}_{x:000}.log",
                    timestampPattern: x => x.ToLocalTime().Date,
                    rollSizeKB: 1024,
                    logOption);
            })
            .ConfigureServices((context, services) => {
                new Startup(context.Configuration).
ConfigureServices(services);
            });
    }
```

■ Recipe_288/MyWorker.cs

```csharp
using Microsoft.Extensions.Logging;
using System.Threading.Tasks;
using ZLogger;

namespace Gihyo
{
    public class MyWorker: IConsoleWorker
    {
        private readonly ILogger _logger;
        public MyWorker(ILogger<MyWorker> logger)
        {
            _logger = logger;
        }

        public Task Run()
        {
            _logger.ZLogTrace("LogTrace Example message");
            _logger.ZLogDebug("LogDebug Example message");
            _logger.ZLogInformation("LogInformation Example
message");
            _logger.ZLogWarning("LogWarning Example message");
            _logger.ZLogError("LogError Example message");
            _logger.ZLogCritical("LogCritical Example message");
            return Task.CompletedTask;
        }
    }
}
```

Chap **19**

ロギング

▼ 実行結果　example.log

```
[Trace][02/07/2021 15:00:12]LogTrace Example message
[Debug][02/07/2021 15:00:12]LogDebug Example message
[Information][02/07/2021 15:00:12]LogInformation Example message
[Warning][02/07/2021 15:00:12]LogWarning Example message
[Error][02/07/2021 15:00:12]LogError Example message
[Critical][02/07/2021 15:00:12]LogCritical Example message
```

補足

　　当サンプルコードは、コンソールアプリケーションの例ですが、ASP.NET Coreとほぼ同様のコードになるように、.NETの汎用ホスト（Generic Host）を利用しています。プログラムの全体はソースコードをダウンロードしてお確かめください。

（　関連項目　）

▶▶383 コンソールアプリケーションで汎用ホストを利用したい

Entity
Framework
Core

Chapter

20

289 Entity Framework Coreの利用を開始したい

Entity Framework Coreは、データベースを操作できるオブジェクトリレーショナルマッパー(O/RM)で、以下のような特徴があります。

▶ **.NETオブジェクト(C#のクラス)を使用してデータベースを操作できる**
▶ **LINQを使用してデータベースに問い合わせができる**
▶ **通常記述しなければならないデータアクセスコードの多くが不要になる**

Entity Framework Core(以降、EF Core)は、SQL Serverをはじめ様々なデータベースを利用することができます。ここではSQLite、SQL Server、PostgreSQL、MySQLの4つのデータベースを利用するための手順について簡単に説明します。

なお本章の他の項目での実行例は、SQLiteを利用したものとなっていますが、プログラムコードはどのデータベースでもほぼ共通で利用できるものとなっています。

■ 事前準備(dotnet-efツールのインストール)

以下のコマンドでdotnet-efツールをインストールします。

```
dotnet tool install --global dotnet-ef
```

すでにインストールされている場合は、以下のコマンドで最新にアップデートします。

```
dotnet tool update --global dotnet-ef
```

■ パッケージのインストール

プロジェクトを作成後、EF Coreで利用するパッケージをインストールします。ここでは.NET Core CLIでのインストール方法を示します。Visual Studioの場合は、メニュー[プロジェクト]をクリックし、[NuGetパッケージの管理]を選択してパッケージをインストールしてください。

■ SQLiteの場合

```
dotnet add package Microsoft.EntityFrameworkCore.Design
dotnet add package Microsoft.EntityFrameworkCore.Sqlite
```

■ **SQL Serverの場合**

```
dotnet add package Microsoft.EntityFrameworkCore.Design
dotnet add package Microsoft.EntityFrameworkCore.SqlServer
```

■ **PostgreSQLの場合**

```
dotnet add package Microsoft.EntityFrameworkCore.Design
dotnet add package Npgsql.EntityFrameworkCore.Postgre
```

■ **MySQLの場合**

```
dotnet add package Microsoft.EntityFrameworkCore.Design
dotnet add package MySql.Data.EntityFrameworkCore
```

━ モデルの定義

EF Coreでは、モデルを利用してデータアクセスが行われます。モデルはエンティティクラスとデータベースとのセッションを表すカスタムDbContextクラスから構成されます。このDbContextオブジェクトを通じデータの取得と保存が可能になります。基本的にデータベースごとの違いはありません。

具体的なモデルの定義については、「290 Entity Framework Coreでモデルを定義したい」を参照してください。

━ 接続文字列の定義

appsettings.jsonに、データベースの接続文字列を定義します。ここではSQLiteとSQL Serverの接続文字列の例です。それぞれのデータベースの記法で接続文字列を定義します。

■ **Recipe_289/appsettings.json (SQLite)**

```
{
  "ConnectionStrings": {
    "ExampleDbContext": "Data Source=example.db"
```

```
    }
    ......
}
```

■ Recipe_289/appsettings.json (SQL Server Express LocalDBの例)

```
{
    "ConnectionStrings": {
        "ExampleDbContext": "Server=(localdb)\\mssqllocaldb;Database=e 🔁
xampledb;Trusted_Connection=True;MultipleActiveResultSets=true"
    }
    ......
}
```

━ 依存関係の挿入（DI）で利用するDBを指定

ASP.NET Coreの場合は、StartupクラスのConfigureServicesメソッドで、利用するDBを指定します。AddDbContextジェネリックメソッドの型引数には、定義したDbContextクラスを指定します。

利用するDBを指定する方法は、AddDbContextメソッドで指定するほかに、カスタムDbContextクラスで指定する方法もあります。この方法は、「290 Entity Framework Coreでモデルを定義したい」で示しています。

■ SQLiteの場合

```
public void ConfigureServices(IServiceCollection services)
{
    services.AddDbContext<ExampleDbContext>(options =>
        options.UseSqlite(Configuration.GetConnectionString(
            "ExampleDbContext")));
    ......
}
```

■ **SQL Serverの場合**

```
public void ConfigureServices(IServiceCollection services)
{
    services.AddDbContext<ExampleDbContext>(options =>
        options.UseSqlServer(Configuration.GetConnectionString(
            "ExampleDbContext")));
    ......
}
```

■ **PostgreSQLの場合**

```
public void ConfigureServices(IServiceCollection services)
{
    services.AddDbContext<ExampleDbContext>(options =>
        options.UseNpgsql(Configuration.GetConnectionString(
            "ExampleDbContext")));
    ......
}
```

■ **MySQLの場合**

```
public void ConfigureServices(IServiceCollection services)
{
    services.AddDbContext<ExampleDbContext>(options =>
        options.UseMySql(Configuration.GetConnectionString(
            "ExampleDbContext")));
    ......
}
```

Chap 20 Entity Framework Core

■ マイグレーション機能でデータベースを作成

以下のコマンドを使いC#のモデルクラスからマイグレーション用コードを生成します。

```
dotnet ef migrations add InitialCreate
```

　上記コマンドでマイグレーションのためのC#のコードがMigrationsフォルダに自動生成されます。InitialCreateは開発者が自由に決めてよい名前です。モデルを変更したら、別の名前で上記コマンドを実行します。

　次に、以下のコマンドでデータベースを作成します。モデルを変更した場合もこのコマンドを使いデータベースを更新します。

```
dotnet ef database update
```

　前述のSQLiteのappsettingsの場合は、カレントディレクトリに、example.dbファイルが作成されます。

290 Entity Framework Coreで モデルを定義したい

EF Coreでモデルを定義するには、エンティティクラスとカスタムDbContextクラスを定義します。エンティティクラスはデータベースのテーブルに対応し、DbContextクラスはデータベースに対応します。

サンプルコードでは、簡易のネット掲示板システムで利用するモデルの一部を定義しています。Postクラスがエンティティクラスで、ExampleDbContextクラスがカスタムDbContextクラスです。

■ Recipe_290/Model.cs

```
using System;
using Microsoft.EntityFrameworkCore;

public class Post
{
    public int PostId { get; set; }
    public string Message { get; set; }
    public DateTime SentTime { get; set; }
}
```

■ Recipe_290/ExampleDbContext.cs

```
using Microsoft.EntityFrameworkCore;

public class ExampleDbContext : DbContext
{
    // ソースコード簡略化のため、直接、接続文字列を指定している
    protected override void OnConfiguring(DbContextOptionsBuilder 🔁
    options)
        => options.UseSqlite("Data Source=example.db");

    public DbSet<Post> Posts { get; set; }
}
```

PostクラスのPostIdプロパティは主キーに対応します。自分自身のクラス名にIdを付加することで自動的に主キーと解釈されます。Messageプロパティ、SentTimeプロパティが、それぞれMessageカラム、SentTimeカラムにマッピングされます。

カスタムDbContextクラスは、Microsoft.EntityFrameworkCore.DbContextクラスから派生させます。

ここではソースコード簡略化のため、OnConfiguringメソッドでどのデータベースを使うのかを接続文字列とともに指定しています。

DbSet<T>型のプロパティは、データベースのテーブルを表します。このプロパティをDbSetプロパティと呼びます。エンティティクラスの定義だけではテーブルとはみなされません。DbSetプロパティが必要となります。DbSetプロパティはテーブルに格納された複数の行に対応するため、プロパティ名は複数形の名前にします。

サンプルコードでは単純化のため、ひとつのテーブルから成るデータベースを定義しましたが、通常は複数のエンティティクラスを定義し、カスタムDbContextクラスには、それぞれのエンティティクラスに対応したDbSetプロパティを定義することになります。

■ 定義したモデルからデータベースを作成する

定義したモデルからデータベースを作成することができます。プロジェクトファイルのあるディレクトリに移動し、以下のコマンドをタイプします。

```
dotnet ef migrations add InitialCreate
dotnet ef database update
```

appsettings.jsonのConnectionStringsで指定した接続文字列、あるいはコードに記述した接続文字列に従い、データベースが作成されます。

以下のスクリーンショットは、SQLiteの例です。上記コマンドを実行して作成されたテーブルをDB Browser for SQLiteで確認しました。

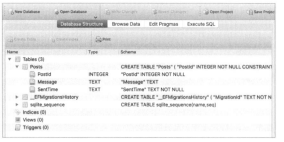

補足
＋
.NETの汎用ホストを使う場合のDbContextクラスの定義例と接続文字列の指定例は、「298 データベーステーブルに行を挿入したい」をご覧ください。

291 データベーステーブル間の リレーションを定義したい

EF Coreでは、エンティティクラスにナビゲーションプロパティを定義することで、ふたつのテーブル間のリレーションシップを定義することができます。ナビゲーションプロパティとは、エンティティクラスへの参照を表すプロパティです。

以下にそのサンプルコードを示します。

■ Recipe_291/Model.cs

```csharp
using System;
using System.Collections.Generic;

public class User
{
    public int UserId { get; set; }
    public string Name { get; set; }
    public string Email { get; set; }
    // ナビゲーションプロパティ
    public ICollection<Post> Posts { get; set; }
}

public class Post
{
    public int PostId { get; set; }
    public string Message { get; set; }
    public DateTime SentTime { get; set; }
    public DateTime? UpdateTime { get; set; }
    // 外部キー
    public int UserId { get; set; }
    // ナビゲーションプロパティ
    public User User { get; set; }
}
```

User.PostsプロパティとPost.Userプロパティはナビゲーションプロパティです。これでUserテーブルとPostテーブルに1:Nの関連があることを示しています。

なおPostクラスには、UserIdというプロパティがあります。これはUserへの外部キーを表しています。通常、ナビゲーションプロパティ名+Idの名前を付けることで外部キーとなります。この外部キープロパティは必須ではありませんが、定義するのが一般的です。

以下のいずれかのパターンに一致する名前を持つプロパティが含まれている場合は、外部キーとして構成されます。

外部キー名パターン	サンプルコードでの例
<ナビゲーションプロパティ名><プリンシパルキープロパティ名>	`UserUserId`
<ナビゲーションプロパティ名>Id	`UserId`
<プリンシパルエンティティ名><プリンシパルキープロパティ名>	`UserUserId`
<プリンシパルエンティティ名>Id	`UserId`

※ プリンシパルエンティティ …… 外部キーが示すリレーションの「親」のエンティティクラス
※ プリンシパルキー …… プリンシパルエンティティの主キー

■ モデルから作成したデータベース

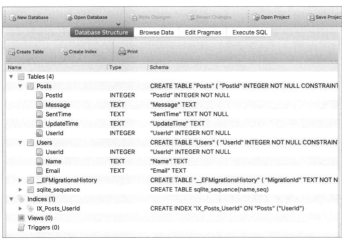

上記のスクリーンショットは、「290 Entity Framework Coreでモデルを定義したい」で示した方法（データベースマイグレーション）で作成したSQLiteのデータベーステーブルをDB Browser for SQLiteで確認したものです。

━ 発展

さまざまな理由で、外部キーのプロパティの名前を規約どおりにできない場合もあります。そのようなと

きはForeignKey属性を使うことで対応可能です。

■ **Recipe_291_Advance/Post1.cs**

```csharp
public class Post
{
    public int PostId { get; set; }
    ......
    // 外部キー
    public int UserFKey { get; set; }
    // ForeignKey属性で外部キープロパティ名を指定する
    [ForeignKey(nameof(UserFKey))]
    public User User { get; set; }
}
```

あるいは、以下のように外部キーにForeignKey属性を付与することもできます。

■ **Recipe_291_Advance/Post2.cs**

```csharp
public class Post
{
    public int PostId { get; set; }
    ......
    // ForeignKey属性でナビゲーションプロパティ名を指定する
    [ForeignKey(nameof(User))]
    public int UserFKey { get; set; }
    // ナビゲーションプロパティ
    public User User { get; set; }
}
```

292 属性を使いエンティティクラスの プロパティに制約を設定したい

● データ注釈

属性名	説明
Required	NOT NULL制約を付加する
MaxLength	最大文字制約を付加する
Column(TypeName)	列のデータ型の指定

　EF Coreでは、エンティティクラスのプロパティに属性を付加することで、カラムにNOT NULL制約を付けたり、最大長を設定したり、データベースの型を指定したりすることができます。これらの属性はデータ注釈と呼ばれています。

　ここではRequired属性、MaxLength属性、Column属性を使ったサンプルコードを示します。

■ Recipe_292/Model.cs

```csharp
public class Product
{
    public int ProductId { get; set; }

    [Required]
    [Column(TypeName = "varchar(16)")]
    public string ProductCode { get; set; }

    [Required]
    [MaxLength(30)]   // SQL Serverでは、nvarchar(30)になる
    public string ProductName { get; set; }

    [Column(TypeName = "decimal(8, 2)")]
    public decimal UnitPrice { get; set; }

    [Column(TypeName = "date")]
    public DateTime RegistrationDate { get; set; }

    [Column(TypeName = "date")]
    public DateTime? DeletedDate { get; set; }
}
```

NOT NULL制約の扱いは、プロパティの参照型と値型で異なります。参照型ではエンティティクラスのプロパティにRequired属性を付けることで、NOT NULL制約を付加することができます。一方、値型では既定でNOT NULL制約が付加されます。値型でNULLを許可したい場合は、null許容値型にします。

■ 発展

C#8.0で導入されたnull許容参照型と呼ばれる機能をONにした場合、Stringなどの参照型であっても既定ではNULL非許容になります。そのため、NOT NULL制約が付加されます。NULLを許可したい場合には、?演算子でnull許容参照型にする必要があります。

■ null許容参照型機能をONにした場合

```
public string Name { get; set; }    // NOT NULL
public string? Name { get; set; }   // NULL許容
```

(関連項目)

▸▸124 null許容参照型を使いたい

293 エンティティクラスにデータベース テーブルにマッピングされない プロパティを定義したい

Syntax

● データ注釈

属性名	説明
NotMapped	カラムへのマッピングから除外

EF Coreの規則により、getアクセサーとsetアクセサーを持つパブリックプロパティは、テーブルカラムにマッピングされます。

getアクセサーとsetアクセサーを持つパブリックプロパティで、カラムにマッピングされないようにするには、NotMapped属性を使います。NotMaped属性を付加したプロパティは、カラムにマッピングされません。

■ Recipe_293/Model.cs

```csharp
public class User
{
    public int UserId { get; set; }
    public string Name { get; set; }
    public string Email { get; set; }
    [NotMapped]
    public DateTime LoginTime { get; set; }
}
```

294

データベースのテーブル名、
カラム名を明示的に指定したい

Chap 20 Entity Framework Core

Syntax

● データ注釈

属性名	説明
Column	カラム名の指定
Table	テーブル名の指定

　EF Coreの既定では、エンティティクラスに定義されたプロパティは、プロパティと同じ名前のテーブルカラム名にマッピングされます。

　異なる名前のカラム名にしたい場合は、Column属性を利用します。テーブル名をDbSetプロパティとは別の名前にするには、Table属性を利用します。

　以下のサンプルコードでは、テーブル名とカラム名を明示的に指定した例です。

■ Recipe_294/Model.cs

```csharp
using System;
using System.ComponentModel.DataAnnotations.Schema;

[Table("forum_users")]
public class User
{
    [Column("id")]
    public int UserId { get; set; }

    [Column("display_name")]
    public string Name { get; set; }
    public string Email { get; set; }
    [NotMapped]
    public DateTime LoginTime { get; set; }
}
```

295 エンティティクラスの プロパティで 主キーを明示したい

Syntax

● データ注釈

属性名	説明
Key	主キーの指定
DatabaseGenerated	行挿入時の値の自動生成の有無

EF Coreでは、エンティティクラスのプロパティの名前を<type_name>Idにすることで自動的に主キーにすることができますが、このルールに従わないプロパティを主キーにすることもできます。それにはKey属性を使います。

通常、主キーの値はデータベースが自動的に付番しますが、値の自動生成を無効にし、プログラムで明示したい場合は、DatabaseGenerated属性を使い、その引数にDatabaseGeneratedOption.Noneを指定します。これで値の自動生成が無効になります。

■ Recipe_295/Model.cs

```
public class User
{
    [Key]
    [DatabaseGenerated(DatabaseGeneratedOption.None)]
    public string Email { get; set; }
    public string Name { get; set; }
}
```

発展

複数のプロパティをエンティティのキーとしてを構成することもできます。これを複合キーと呼びます。複合キーは、Fluent APIを使用してのみ構成できます。以下に示す例は、CarPartエンティティクラスのBrandIdとPartCodeのふたつのプロパティを複合キーとして構成しています。

```
protected override void OnModelCreating(ModelBuilder modelBuilder)
{
    modelBuilder.Entity<CarPart>()
        .HasKey(c => new { c.BrandId, c.PartCode });
}
```

296 データベーステーブルの カラムにインデックスを作成したい

EF Coreでインデックスを作成するには、DbContextクラスのOnModelCreatingメソッドの中で、Fluent APIのHasIndexメソッドを利用します。

既定ではインデックスは一意ではありません。インデックスを一意にするには、Fluent APIのIsUniqueメソッドを利用します。

インデックス名は既定で、IX_<type name>_<property name>となります。HasDatabaseNameメソッドを利用することで、インデックス名を別の名前に設定できます。

以下のサンプルコードでは、UserクラスのNameプロパティとPostクラスのSentTimeプロパティにインデックスを作成しています。Nameプロパティには、一意制約を付加しています。また、SentTimeプロパティのインデックスの名前を「Index_SentTime」に設定しています。

■ Recipe_296/ExampleDbContext.cs

```
using Microsoft.EntityFrameworkCore;

public class ExampleDbContext : DbContext
{
    // ソースコード簡略化のため、直接接続文字列を指定している
    protected override void OnConfiguring(DbContextOptionsBuilder
options)
        => options.UseSqlite("Data Source=example.db");

    public DbSet<User> Users { get; set; }
    public DbSet<Post> Posts { get; set; }

    protected override void OnModelCreating(ModelBuilder
modelBuilder)
    {
        // UserテーブルのNameにIndexを指定
        modelBuilder.Entity<User>()
            .HasIndex(e => e.Name)
            .IsUnique();
        // PostテーブルのSentTimeにIndexを指定
        modelBuilder.Entity<Post>()
            .HasIndex(e => e.SentTime)
            .HasDatabaseName("Index_SentTime");
    }
}
```

発展

EF Core 5.0以降では、データ注釈（index属性）を使用してインデックスを構成できるようになりました。

■ **Recipe_296_Advance/Model.cs**

```
[Index(nameof(Name), IsUnique = true)]
public class User {
    public int UserId { get; set; }
    [Required]
    public string Name { get; set; }
    public DateTime BirthDate { get; set; }
    public ICollection<Post> Posts { get; set; }
}

[Index(nameof(SentTime), Name = "Index_SentTime")]
public class Post {
    public int PostId { get; set; }
    [Required]
    public string Title { get; set; }
    public string Synopsis { get; set; }
    public DateTime SentTime { get; set; }
    public int Published { get; set; }
    public Category? Categoty { get; set; }
    public User User { get; set; }
}
```

297 列挙型の値を文字列として データベースに格納したい

　EF Coreでエンティティクラスの列挙型のプロパティは、既定では対応する数値に変換されデータベースに格納されますが、列挙型の値を文字列としてデータベースに格納することも可能です。これを行うには、DbContextクラスのOnModelCreatingメソッドの中で、Fluent APIのHasConversionメソッドを利用します。

　以下のサンプルコードでは、NovelクラスのCategoryプロパティの値を文字列としてデータベースに格納するよう指定しています。これにより、Categoryカラムには、「Fantasy」や「Romance」といった文字列が格納されます。

■ Recipe_297/ExampleDbContext.cs

```
using Microsoft.EntityFrameworkCore;

public class ExampleDbContext : DbContext {
    // ソースコード簡略化のため、直接接続文字列を指定している
    protected override void OnConfiguring(DbContextOptionsBuilder
options)
        => options.UseSqlite("Data Source=example.db");

    public DbSet<Novel> Novels { get; set; }

    protected override void OnModelCreating(ModelBuilder
modelBuilder) {
        modelBuilder.Entity<Novel>()
            .Property(e => e.Category)
            .HasConversion<string>()
            .HasMaxLength(10);
    }
}

public class Novel {
    public int NovelId { get; set; }
    public string Title { get; set; }
    public int Published { get; set; }
    public Category Category { get; set; }
}
```

〉〉

Chap 20 Entity Framework Core

523

```
public enum Category {
    Other = 0,
    Mysteries,
    SF,
    Fantasy,
    Romance,
    Historical,
}
```

補足

データベース列の型を明示的に指定することでも、同じことを実現できます。例えば、エンティティクラスを以下のように定義することで、列挙型を文字列として格納できます。

```
public class Novel {
    public int NovelId { get; set; }
    public string Title { get; set; }
    public int Published { get; set; }
    [Column(TypeName = "nvarchar(10)")]
    public Category Category { get; set; }
}
```

298 データベーステーブルに行を挿入したい

Syntax

● DbSet<TEntity>.Addメソッド

```
public virtual TEntity Add(TEntity entity);
```

● DbContext.SaveChangesAsyncメソッド

```
public virtual Task<int> SaveChangesAsync();
```

　EF Coreでテーブルにデータを挿入するには、DbContextクラスで定義したDbSetプロパティの AddメソッドでEntityオブジェクトを追加します。最後にSaveChangesAsyncメソッドを呼び出すことで、 DbSetプロパティへの変更がデータベースに反映されます。

　以下のコードは、「291　データベーステーブル間のリレーションを定義したい」で作成したデータベースに行を挿入するサンプルコードです。

　.NETの汎用ホストを使う場合は、ConfigureServicesメソッドでDbContextオブジェクトをサービスに登録します。DbContextオブジェクトは自動で生成され、クラスのコンストラクターに渡されます。

■ Recipe_298/Model.cs

```csharp
using System;
using System.Collections.Generic;
using Microsoft.EntityFrameworkCore;

public class User
{
    public int UserId { get; set; }

    public string Name { get; set; }

    public string Email { get; set; }

    public ICollection<Post> Posts { get; set; }

}
```

Chap 20 Entity Framework Core

525

```
public class Post
{
    public int PostId { get; set; }
    public string Message { get; set; }
    public DateTime SentTime { get; set; }
    public DateTime? UpdateTime { get; set; }
    public int UserId { get; set; }
    public User User { get; set; }
}
```

■ Recipe_298/ExampleDbContext.cs

```
using Microsoft.EntityFrameworkCore;

public class ExampleDbContext : DbContext
{
    public ExampleDbContext(DbContextOptions<ExampleDbContext>
options)
        : base(options) { }

    public DbSet<User> Users { get; set; }
    public DbSet<Post> Posts { get; set; }
}
```

■ Recipe_298/Startup.cs

```
// コンソールアプリケーションでは、ServiceLifetime.Singletonの指定が必要
public void ConfigureServices(IServiceCollection services)
{
    services.AddDbContext<ExampleDbContext>(options =>
        options.UseSqlite(
            Configuration.GetConnectionString("ExampleDbContext")
        ),
```

```
                        ⟨⟨
        ServiceLifetime.Singleton
    );
    ……
}
```

■ Recipe_298/MyWorker.cs

```csharp
using System;
using System.Collections.Generic;
using System.Threading.Tasks;
using System.Linq;
using Microsoft.EntityFrameworkCore;

public class MyWorker: IConsoleWorker
{
    private readonly ExampleDbContext _context;
    public MyWorker(ExampleDbContext context)
    {
        _context = context;
    }

    public async Task Run()
    {
        // テーブルへ行を挿入するサンプル
        var user1 = new User
        {
            Name = "gushwell",
            Email = "gushwell@example.com"
        };
        _context.Users.Add(user1);
        var user2 = new User
        {
            Name = "gihyo",
            Email = "gihyo@example.com"
```

⟨⟨

```
        };
        _context.Users.Add(user2);
        await _context.SaveChangesAsync();
        Console.WriteLine($"user1.UserId: {user1.UserId}, user2. 🔁
UserId: {user2.UserId}");
        _context.Posts.Add(new Post
        {
            User = user1,
            Message = "初めまして、よろしくおねがいします",
            SentTime = DateTime.Now,
        });
        await _context.SaveChangesAsync();
        _context.Posts.Add(new Post
        {
            UserId = user2.UserId,
            Message = "こちらこそよろしく！",
            SentTime = DateTime.Now,
        });
        await _context.SaveChangesAsync();
    }
}
```

　Postオブジェクトを挿入するコードでは、ふたつの方法を示しています。ひとつは外部キーに値を直接指定する方法で、もうひとつは、ナビゲーションプロパティにオブジェクトを指定する方法です。

　なお、ひとつ目のSaveChangesAsyncメソッドを呼び出した後、user1とuser2の主キーであるUserIdプロパティには、行を挿入した際に自動で割り当てられた値が設定されています。以下の実行結果でそれを確かめることができます。

▼ 実行結果

```
user1.UserId: 1, user2.UserId: 2
```

　SQLiteで実行した場合のテーブルの内容も示します。DB Browser for SQLiteでテーブルの内容を確認したものです。

データベーステーブルに行を挿入したい

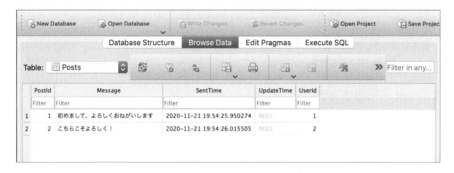

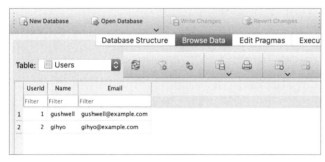

Chap 20 Entity Framework Core

補足

　当サンプルコードは、コンソールアプリケーションの例ですが、ASP.NET Coreとほぼ同様のコードになるように、.NETの汎用ホスト（Generic Host）を利用しています。プログラムの全体はソースコードをダウンロードしてお確かめください。

（　関連項目　）

383 コンソールアプリケーションで汎用ホストを利用したい

データベーステーブルから
条件に合致した行を取得したい

　EF Coreでテーブルからデータを取得するには、統合言語クエリ（LINQ）を使用し、データベースにデータを問い合わせます。

　以下に示すサンプルコードでは、「すべてのデータ（行）の読み込み」「単一のエンティティの読み込み」「フィルター処理」の3つの例を示しています。

■ Recipe_299/MyWorker.cs

```
using System;
using System.Threading.Tasks;
using System.Collections.Generic;
using System.Linq;
using Microsoft.EntityFrameworkCore;

public class MyWorker: IConsoleWorker
{
    private readonly ExampleDbContext _context;
    public MyWorker(ExampleDbContext context)
    {
        _context = context;
    }

    public async Task Run()
    {
        // すべてのデータ（行）の読み込み
        var allPosts = await _context.Posts.ToListAsync();
        foreach (var post in allPosts)
        {
            Console.WriteLine($"{post.PostId} {post.Message}
{post.SentTime}");
        }
        Console.WriteLine("---");
        // 単一のエンティティの読み込み
        var user = await _context.Users
            .FirstOrDefaultAsync(x => x.Name == "gushwell");
        Console.WriteLine($"{user.UserId} {user.Name} {user.
Email}");
```

```
Console.WriteLine("---");
// フィルター処理 (条件に一致した行を取り出す)
var Posts = await _context.Posts
    .Where(x => x.UserId == 2).ToListAsync();
foreach (var post in Posts)
{
    Console.WriteLine($"{post.UserId} {post.Message}");
}
    }
}
```

　以下の実行例は、「298　データベーステーブルに行を挿入したい」で作成したデータベースを使って実行した結果です。

```
1 初めまして、よろしくおねがいします 2020/10/13 21:39:55
2 こちらこそよろしく！ 2020/10/13 21:39:55
---
1 gushwell gushwell@example.com
---
2 こちらこそよろしく！
```

補足

　当サンプルコードは、コンソールアプリケーションの例ですが、ASP.NET Coreとほぼ同様のコードになるように、.NETの汎用ホスト (Generic Host) を利用しています。プログラムの全体はソースコードをダウンロードしてお確かめください。

300 データベースから関連する テーブルのデータを取得したい

　EF Coreでは、ナビゲーションプロパティを定義したエンティティクラスの場合、Joinメソッドを使わなくても、Includeメソッドを利用することで関連データを取得可能です。
　サンプルコードでは示していませんが、ThenIncludeメソッドを利用すれば、その関連をさらにドリルダウンしてその先の関連テーブルを読み込むことも可能です。

■ Recipe_300/MyWorker.cs

```csharp
using System;
using System.Threading.Tasks;
using System.Linq;
using Microsoft.EntityFrameworkCore;

public class MyWorker: IConsoleWorker
{
    private readonly ExampleDbContext _context;
    public MyWorker(ExampleDbContext context)
    {
        _context = context;
    }

    public async Task Run()
    {
        // テーブルから該当する行をひとつだけ取り出す
        // （関連データもあわせて読み込む）
        var user = await _context.Users
            .Include(n => n.Posts)
            .SingleAsync(x => x.Name == "gushwell");
        Console.WriteLine($"{user.Name}");
        foreach (var post in user.Posts)
        {
            Console.WriteLine($"  {post.Message} {post.
SentTime}");
        }
    }
}
```

532

以下の実行例は、「298　データベーステーブルに行を挿入したい」で作成したデータベースを使って実行した結果です。

実行例

```
gushwell
    初めまして、よろしくおねがいします 2020/10/13 21:39:55
```

補足

　当サンプルコードは、コンソールアプリケーションの例ですが、ASP.NET Coreとほぼ同様のコードになるように、.NETの汎用ホスト（Generic Host）を利用しています。プログラムの全体はソースコードをダウンロードしてお確かめください。

Chap **20**

Entity Framework Core

301 データベーステーブルの行を更新したい

Syntax

- **DbContext.SaveChangesAsyncメソッド**

```
public virtual Task<int> SaveChangesAsync();
```

EF Coreでデータを更新するには、データベースから取得したEntityオブジェクトに対し変更を加え、SaveChangesAsyncメソッドを呼び出します。EF Coreは、Entityの変更を追跡しており、変更された値だけが更新されます。

サンプルコードでは、PostsテーブルのPostId==1の行のMessageの値を変更しています。

■ **Recipe_301/MyWorker.cs**

```
using System;
using System.Threading.Tasks;
using System.Linq;
using Microsoft.EntityFrameworkCore;

public class MyWorker: IConsoleWorker
{
    private readonly ExampleDbContext _context;
    public MyWorker(ExampleDbContext context)
    {
        _context = context;
    }

    public async Task Run()
    {
        // テーブルの行を更新する例
        var post = _context.Posts
            .Include(x => x.User)
            .Where(x => x.User.Name == "gushwell")
            .OrderBy(x => x.SentTime)
            .First();
        post.Message = "初めましてgushwellです。よろしくお願いします。";
        post.UpdateTime = DateTime.Now;
```

```
        await _context.SaveChangesAsync();
        var post2 = _context.Posts
            .Single(x => x.PostId == post.PostId);
        Console.WriteLine($"{post2.PostId} {post2.Message}");
    }
}
```

「298 データベーステーブルに行を挿入したい」で作成したデータベースを使って実行した結果を示します。

▼ 実行結果

1 初めましてgushwellです。よろしくお願いします。

補足
　　当サンプルコードは、コンソールアプリケーションの例ですが、ASP.NET Coreとほぼ同様のコードになるように、.NETの汎用ホスト（Generic Host）を利用しています。プログラムの全体はソースコードをダウンロードしてお確かめください。

302 データベーステーブルから行を削除したい

Syntax

● DbSet<TEntity>.Removeメソッド

```
public virtual TEntity Remove(TEntity entity);
```

　EF Coreでデータを削除するには、DbSet<T>クラスのRemoveメソッドを利用します。Removeメソッドの引数には、データベースから取得したEntityオブジェクトを渡します。
　サンプルコードでは、Postsテーブルから、UserのNameが「gushwell」である最も新しい記事に該当する行を削除しています。

■ Recipe_302/MyWorker.cs

```
System;
using System.Linq;
using System.Threading.Tasks;
using Microsoft.EntityFrameworkCore;

public class MyWorker : IConsoleWorker
{
    private readonly ExampleDbContext _context;
    public MyWorker(ExampleDbContext context)
    {
        _context = context;
    }

    public async Task Run()
    {
        // テーブルから行を削除する例
        var post = _context.Posts
            .Include(x => x.User)
            .Where(x => x.User.Name == "gushwell")
            .OrderByDescending(x => x.SentTime)
            .FirstOrDefault();
        if (post != null)
            _context.Posts.Remove(post);
```

```
                    ⟩⟩
        await _context.SaveChangesAsync();
    }
}
```

補足

当サンプルコードは、コンソールアプリケーションの例ですが、ASP.NET Coreとほぼ同様のコード
になるように、.NETの汎用ホスト (Generic Host) を利用しています。プログラムの全体はソースコー
ドをダウンロードしてお確かめください。

303 データベースからデータを 読み込まずに更新したい

Syntax

● DbContext.Entryメソッド

```
public virtual EntityEntry<T> Entry<T>(T entity) where T : class;
```

● DbContext.Attachメソッド

```
public virtual EntityEntry<T> Attach<T>(T entity) where T : class;
```

　EF Coreでデータを更新するには、該当する行を読み込み、プロパティの値を変更後SaveChangesAsyncを呼び出す、という手順を踏むのが一般的ですが、Webアプリケーションでは、データの読み込みと更新が別のリクエストで行われるケースがあります。

　データを更新するリクエストにおいて、DbContextクラスのEntryメソッドを使えば、データを読み込まずに更新することが可能になります。この場合はすべてのカラムを更新するSQL文が生成されます。

　もうひとつの方法は、Attachメソッドを利用する方法です。Attachメソッドの利点は変更のあったカラムだけを更新することができる点です。ケースバイケースで使い分ける必要があります。

　サンプルコードでは両方のコードを示しています。Attachの例では、Attach呼び出しのあとに変更したプロパティだけが更新の対象となります。

■ Recipe_303/MyWorker.cs（Entryの例）

```csharp
using System;
using Microsoft.EntityFrameworkCore;
using System.Threading.Tasks;

public class MyWorker: IConsoleWorker
{
    private readonly ExampleDbContext _context;
    public MyWorker(ExampleDbContext context)
    {
        _context = context;
    }

    public async Task Run()
```

〳〵

```
    {
        // Entryを使い更新する例
        var user = new User
        {
            UserId = 1,
            Name = "gushwell",
            Email = "gushwell-hide@example.com"
        };
        _context.Entry(user).State = EntityState.Modified;
        await _context.SaveChangesAsync();
    }
}
```

■ Recipe_303/MyWorker.cs（Attachの例）

```
using System;
using Microsoft.EntityFrameworkCore;
using System.Threading.Tasks;

public class MyWorker: IConsoleWorker
{
    private readonly ExampleDbContext _context;
    public MyWorker(ExampleDbContext context)
    {
        _context = context;
    }

    public async Task Run()
    {
        // Attachを使い更新する例
        var user = new User
        {
            UserId = 1,
        };
```

〳〵

〉〉

```
        _context.Attach(user);
        user.Email = "gushwell@example.jp";
        await _context.SaveChangesAsync();
    }
}
```

304 EF Coreで生の SQLを発行したい

EF Coreでは、生のSQL文を発行することもできます。必要なクエリがLINQで表現できない場合などに利用します。

エンティティ型を返すクエリに対しては、DbSet<T>.FromSqlInterpolatedメソッドを使用します。一方、非クエリコマンドに対しては、Database.ExecuteSqlInterpolatedメソッドを使用します。

パラメーターを渡すにはサンプルコードで示したように、C#の文字列補間構文$"{}"を利用することができます。SQLインジェクションに対しての脆弱性はありません。

■ Recipe_304/MyWorker.cs

```
using System;
using System.Threading.Tasks;
using Microsoft.EntityFrameworkCore;

public class MyWorker: IConsoleWorker
{
    private readonly ExampleDbContext _context;
    public MyWorker(ExampleDbContext context)
    {
        _context = context;
    }

    public async Task Run()
    {
        var message = "明日の勉強会参加させていただきます";
        var sentTime = "2020/11/22 12:05:07";
        var userId = 1;
        _context.Database
            .ExecuteSqlInterpolated($"INSERT INTO Posts
(Message, SentTime, UserId) VALUES ({message},{sentTime},{user
Id})");
        var Posts = await _context.Posts
            .FromSqlInterpolated($"SELECT * FROM Posts WHERE
UserId = {userId}")
            .ToListAsync();
        foreach (var post in Posts)
        {
```

〉〉

```
        Console.WriteLine($"{post.UserId} {post.Message}
{post.SentTime}");
        }
    }
}
```

「298　データベーステーブルに行を挿入したい」で示したサンプルコードを実行した直後に、当サンプルプログラムを実行したときの結果を示します。

実行例

```
1  初めまして、よろしくおねがいします  2020/11/22 10:12:20
1  明日の勉強会参加させていただきます  2020/11/22 12:05:07
```

補足

当サンプルコードは、コンソールアプリケーションの例ですが、ASP.NET Coreとほぼ同様のコードになるように、.NETの汎用ホスト（Generic Host）を利用しています。プログラムの全体はソースコードをダウンロードしてお確かめください。

305

EF Coreで
トランザクションを制御したい

Syntax

- DatabaseFacade.BeginTransactionメソッド

```
public virtual IDbContextTransaction BeginTransaction();
```

- IDbContextTransaction.CommitAsyncメソッド

```
public Task CommitAsync(CancellationToken cancellationToken =
default);
```

　EF Coreでは、SaveChangesAsync呼び出しで行われる更新に対して自動でトランザクションが適用されます。SaveChangesAsync内で変更に失敗すると、トランザクションはロールバックされ、変更はデータベースに適用されません。ほとんどのケースではこの動作で問題はありませんが、DbContext.Database.BeginTransactionメソッドを利用することで、トランザクションを手動で制御することが可能です。トランザクションの最後では、CommitAsyncメソッドを呼び出し、変更を確定させる必要があります。

　以下にそのサンプルコードを示します。サンプルコードでは、InsertDataAメソッドとInsertDataBメソッドでデータを挿入し、それぞれのメソッドで、SaveChangesAsyncメソッドを呼び出しています。しかし、BeginTransactionでトランザクションを開始しているため、InsertDataAメソッドとInsertDataBメソッドのすべての挿入がひとつのトランザクションとして処理されます。

■ Recipe_305/MyWorker.cs

```csharp
using System;
using System.Collections.Generic;
using System.Threading.Tasks;
using Microsoft.EntityFrameworkCore;

public class MyWorker : IConsoleWorker
{
    private readonly ExampleDbContext _context;
    public MyWorker(ExampleDbContext context)
    {
        _context = context;
```

Chap 20

Entity Framework Core

543

```
    }

    public async Task Run()
    {
        // 明示的にトランザクションを開始する例
        using (var transaction = _context.Database.
BeginTransaction())
        {
            try
            {
                await InsertDataA();
                await InsertDataB();
                await transaction.CommitAsync();
            }
            catch (Exception e)
            {
                Console.WriteLine(e);
            }
            Display();
        }
    }

    private async Task InsertDataA()
    {
        _context.Novels.AddRange(new Novel[]
        {
            new Novel { Title = "吾輩は猫である", Published = 1906 },
            new Novel { Title = "坊ちゃん", Published = 1907 },
            new Novel { Title = "明暗", Published = 1917 },
        });
        await _context.SaveChangesAsync();
    }

    private async Task InsertDataB()
    {
```

```
        〈〈
    _context.Novels.AddRange(new Novel[]
    {
        new Novel
        {
            Title = "星を継ぐもの",
            Published = 1977,
            Category = Category.SF
        },
        new Novel
        {
            Title = "夏への扉",
            Published = 1956,
            Category = Category.SF
        }
    });
    await _context.SaveChangesAsync();
}

public void Display()
{
    foreach (var novel in _context.Novels)
    {
        Console.WriteLine($"{novel.Title} {novel.Published} ｱ
{novel.Category}");
    }
}
}
```

　このサンプルコードでは、エンティティクラスで列挙型プロパティを定義しています。EF Coreは、列挙型を自動的に該当する整数型のカラムにマッピングしてくれます。Novelオブジェクトを生成する際に、Categoryプロパティを省略していますので、デフォルトのCategory.Otherの値（つまり値0）がテーブルに記録されます。

　また、他のセクションとは異なりAddRangeメソッドを使って、複数のエンティティをまとめて追加しています。

▼ 実行結果

吾輩は猫である 1906 Other
坊ちゃん 1907 Other
明暗 1917 Other
星を継ぐもの 1977 SF
夏への扉 1956 SF

補足

　当サンプルコードは、コンソールアプリケーションの例ですが、ASP.NET Coreとほぼ同様のコードになるように、.NETの汎用ホスト（Generic Host）を利用しています。プログラムの全体はソースコードをダウンロードしてお確かめください。

306

EF Coreで更新されない
シナリオでパフォーマンスを
向上させたい

EF Coreで読み取ったデータは、変更の追跡が行われ、その結果に基づき、SaveChanges
Asyncメソッド呼び出しで変更された値がデータベースに反映されます。

読み取り専用のシナリオでは、AsNoTrackingメソッドを使い、追跡の必要がないことを指定すること
ができます。これにより変更の追跡情報を設定する必要がないためパフォーマンスを向上させることがで
きます。

■ Recipe_306/MyWorker.cs

```csharp
using System;
using System.Threading.Tasks;
using System.Linq;
using Microsoft.EntityFrameworkCore;

public class MyWorker: IConsoleWorker
{
    private readonly ExampleDbContext _context;
    public MyWorker(ExampleDbContext context)
    {
        _context = context;
    }

    public async Task Run()
    {
        var posts = await _context.Posts
            .Include(x => x.User)
            .OrderBy(x => x.SentTime)
            .Take(100)
            .AsNoTracking()
            .ToArrayAsync();
        // これ以降読み取ったデータに対しては変更処理は行わない
        foreach (var post in posts)
        {
            Console.WriteLine($"{post.User.Name} {post.Message}");
        }
    }
}
```

Chap **20**

Entity Framework Core

補足

当サンプルコードは、コンソールアプリケーションの例ですが、ASP.NET Coreとほぼ同様のコードになるように、.NETの汎用ホスト（Generic Host）を利用しています。プログラムの全体はソースコードをダウンロードしてお確かめください。

307 EF Coreでオプティミスティック同時実行制御を行いたい

EF Coreでオプティミスティック同時実行制御（楽観的同時実行制御）を実装するためには、コンカレンシートークンとして構成されたプロパティを定義する必要があります。SQL Serverの場合は、ROWVERSION列を使うのが一般的です。ROWVERSION列は、byte配列プロパティにTimestamp属性を付加します。

プロパティがコンカレンシートークンとして構成されると、SaveChangesAsyncメソッドでデータベースを更新・削除する際に、データを読み取った時点での値とデータベース上の値が比較されます。

一致していれば更新操作は正常に終了します。一致していなかった場合（つまり、読み取ってから更新する間に他のユーザーが更新していた場合）、コンカレンシーの競合が発生します。

コンカレンシーの競合が発生すると、DbUpdateConcurrencyException例外がスローされます。この例外をキャッチすることで、コンカレンシーの競合時の処理を行うことができます。

■ **Recipe_307/Model.cs**

```
using System;
using System.Collections.Generic;
using Microsoft.EntityFrameworkCore;
using System.ComponentModel.DataAnnotations;

public class Novel
{
    public int NovelId { get; set; }
    public string Title { get; set; }
    public int Published { get; set; }
    public Category Category { get; set; }
    public string Description { get; set; }
    [Timestamp]
    public byte[] Timestamp { get; set; }
}
```

■ **Recipe_307/MyWorker.cs**

```
using System;
using Microsoft.EntityFrameworkCore;
using System.Threading.Tasks;
using System.Linq;
```

```
              ⟩⟩
public class MyWorker : IConsoleWorker
{
    private readonly ExampleDbContext _context;
    public MyWorker(ExampleDbContext context)
    {
        _context = context;
    }

    public async Task Run()
    {
        var User = _context.Novels.Single(x => x.NovelId == 5);
        User.Description = "人類の起源の謎に迫る知的好奇心を刺激する不朽の名作 ▣
";
        try
        {
            await _context.SaveChangesAsync();
        }
        catch (DbUpdateConcurrencyException ex)
        {
            // 競合が発生 ……
        }
    }
}
```

■ 発展

特定のプロパティにConcurrencyCheck属性を付けることでも、そのプロパティを同時実行トークン
として構成することができます。例えば以下のように定義することで、CategoryとDescriptionプロパ
ティをコンカレンシートークンとして構成できます。

■ Recipe_307_Advance/Model.cs

```
public class Novel
{
```

```
    public int NovelId { get; set; }
    public string Title { get; set; }
    public int Published { get; set; }
    [ConcurrencyCheck]
    public Category Category { get; set; }
    [ConcurrencyCheck]
    public string Description { get; set; }
}
```

補足

　当サンプルコードは、コンソールアプリケーションの例ですが、ASP.NET Coreとほぼ同様のコードになるように、.NETの汎用ホスト（Generic Host）を利用しています。プログラムの全体はソースコードをダウンロードしてお確かめください。

308 EF Coreで
コマンドタイムアウト値を
設定したい

　EF CoreでSQLのコマンドタイムアウトの値を設定するには、UseSqlServer、UseSqLite、UseNpgsql等のメソッドの第2引数でタイムアウト値を指定します。

■ Recipe_308_(1)/Startup.cs（依存関係挿入を利用する場合）

```csharp
using Microsoft.Extensions.DependencyInjection;
using Microsoft.Extensions.Configuration;
using Microsoft.EntityFrameworkCore;
using Microsoft.EntityFrameworkCore.Sqlite;

public class Startup
{
    // ……

    public void ConfigureServices(IServiceCollection services)
    {
        services.AddDbContext<ExampleDbContext>(options =>
            options.UseSqlite(
                Configuration.GetConnectionString(
                    "ExampleDbContext"),
                option => option.CommandTimeout(180)
            ));
        // ……
    }
}
```

■ Recipe_308_(2)/ExampleDbContext.cs（DbContextのOnConfiguringメソッドを利用する場合）

```csharp
public class ExampleDbContext : DbContext
{

    protected override void OnConfiguring(DbContextOptionsBuilder ➁
optionsBuilder)
    {
```

⟩⟩

```
            〉〉
    optionsBuilder.UseSqlite(
        "Data Source=example.db",
        option => option.CommandTimeout(180)
    );
}
// ……
}
```

補足

＋ 　当サンプルコードは、コンソールアプリケーションの例ですが、ASP.NET Coreとほぼ同様のコード
になるように、.NETの汎用ホスト (Generic Host) を利用しています。プログラムの全体はソースコー
ドをダウンロードしてお確かめください。

EF Coreが出力するSQLを確認したい

EF Coreが出力するSQLを確認するには、.NETが提供するILoggerを利用します。そのための特別なC#のコードを書く必要はありません。appsettings.jsonで、ログカテゴリ「Microsoft.EntityFrameworkCore.Database.Command」のログレベルを「Information」に設定するだけです。

以下にそのサンプルコードを示します。Program.csのCreateHostBuilderメソッドでは、ConfigureLoggingで何も指定していないため、デバッグプロバイダーとコンソールログプロバイダーが有効になっています。

これにより、MyWorkerクラスのRunメソッドが呼び出されると、Visual Studioのデバッグ出力とコンソールに、EF Coreが出力するSQL文が出力されます。Runメソッドでは、ログを出力するコードは一切書いていないことに注目してください。

■ Recipe_309/appsettings.json

```json
{
  "ConnectionStrings": {
    "ExampleDbContext": "Data Source=example.db"
  },
  "Logging": {
    "LogLevel": {
      "Default": "Trace",
      "System": "Warning",
      "Microsoft": "Warning",
      "Microsoft.EntityFrameworkCore.Database.Command":
"Information"
    }
  }
}
```

■ Recipe_309/Startup.cs

```csharp
using System;
using Microsoft.Extensions.DependencyInjection;
using Microsoft.Extensions.Configuration;
using Microsoft.EntityFrameworkCore;
```

```
              ⁣⁣⁣⟩⟩
// ASP.NET CoreのStartup.csに似せたクラス
// ConfigureServicesメソッドで利用するサービスを登録する（DIを利用できる）
public class Startup
{
    public Startup(IConfiguration configuration)
    {
        Configuration = configuration;
    }

    public IConfiguration Configuration { get; }

    // コンソールアプリケーションでは、ServiceLifetime.Singletonの指定が必要
    public void ConfigureServices(IServiceCollection services)
    {
        services.AddDbContext<ExampleDbContext>(options =>
            options.UseSqlite(Configuration.GetConnectionString(
                "ExampleDbContext")),
            ServiceLifetime.Singleton);
        services.AddSingleton<IConsoleWorker, MyWorker>();
        services.AddHostedService<ConsoleService>();
    }
}
```

■ Recipe_309/MyWorker.cs

```
using System;
using System.Linq;
using System.Threading.Tasks;
using Microsoft.EntityFrameworkCore;

public class MyWorker: IConsoleWorker
{
    private readonly ExampleDbContext _context;
    public MyWorker(ExampleDbContext context)
```
              ⟩⟩

Chap 20 Entity Framework Core

〜〜

```
    {
        _context = context;
    }

    public async Task Run()
    {
        // Log出力するコードは不要
        var users = await _context.Users
            .Where(x => x.Name == "gushwell")
            .ToListAsync();
        foreach (var user in users)
        {
            Console.WriteLine($"{user.Name} {user.Email}");
        }
    }
}
```

「298 データベーステーブルに行を挿入したい」で作成したデータベースを使って実行した結果を示します。

実行例

```
info: Microsoft.EntityFrameworkCore.Database.Command[20101]
      Executed DbCommand (11ms) [Parameters=[],
CommandType='Text', CommandTimeout='30']
      SELECT "u"."UserId", "u"."Email", "u"."Name"
      FROM "Users" AS "u"
      WHERE "u"."Name" = 'gushwell'
```

補足

当サンプルコードは、コンソールアプリケーションの例ですが、ASP.NET Coreとほぼ同様のコードになるように、.NETの汎用ホスト（Generic Host）を利用しています。プログラムの全体はソースコードをダウンロードしてお確かめください。

関連項目

▶▶282 ILoggerでログを出力したい

ネットワーク

Chapter

21

310 HTMLを エンコード・デコードしたい

Syntax

- WebUtility.HtmlEncodeメソッド

```
public static string HtmlEncode(string value);
```

- WebUtility.HtmlDecodeメソッド

```
public static string HtmlDecode(string value);
```

HTMLエンコードとは、HTMLの特殊文字（例えば'<'や'>'など）を文字実体参照といわれる別の文字（'<'や'>'）に変換することです。デコードではその逆の処理を行います。

HTMLエンコードにはWebUtility.HtmlEncodeメソッドを、HTMLデコードにはWebUtility.HtmlDecodeメソッドを利用します。

■ Recipe_310/Program.cs

```csharp
using System;
using System.Net;

var param = "<p>Hello .NET&C# world</p>";

// HTMLエンコード
var encoded = WebUtility.HtmlEncode(param);
Console.WriteLine(encoded);

// HTMLデコード
var decoded = WebUtility.HtmlDecode(encoded);
Console.WriteLine(decoded);
```

▼ 実行結果

```
&lt;p&gt;Hello .NET&amp;C# world&lt;/p&gt;
<p>Hello .NET&C# World</p>
```

実行結果からわかるとおり、HtmlEncodeメソッドは、渡された文字列をすべてテキストノード（タグ以外の実際の文字データ）として取り扱います。上記のサンプルコードの場合は、<p>はHTMLタグとして認識されませんので、<p>と変換されます。

311 URLを エンコード・デコードしたい

- Uri.EscapeDataStringメソッド

```
public static string EscapeDataString(string stringToEscape);
```

- WebUtility.UrlEncodeメソッド

```
public static string UrlEncode(string value);
```

URLエンコードとは、URLで利用できない記号や文字を別の文字（文字の組み合わせ）に変換することです。URLデコードは、その逆の処理を行うことです。

URLエンコードにはUri.EscapeDataStringメソッドを、URLデコードにはWebUtility.UrlDecodeメソッドを利用します。

なおエンコードはURL全体ではなくパラメーターの値部分だけをエンコードするようにします。

■ Recipe_311/Program.cs

```
using System;
using System.Net;

var param = "ASP.NET Core + C#で開発する";

// URLエンコード
var encoded = Uri.EscapeDataString(param);
Console.WriteLine(encoded);

// URLデコード
var decoded = WebUtility.UrlDecode(encoded);
Console.WriteLine(decoded);
```

▼ 実行結果

```
ASP.NET%20Core%20%2B%20C%23%E3%81%A7%E9%96%8B%E7%99%BA%E3%81%99%E3
%82%8B
ASP.NET Core + C#で開発する
```

312 JSONシリアライズ、デシリアライズしたい

> **Syntax**

● JsonSerializer.Serializeメソッド

```
public static string Serialize<TValue>(
    TValue value, JsonSerializerOptions options = default);
```

● JsonSerializer.Deserializeメソッド

```
public static TValue Deserialize<TValue>(
    string json, JsonSerializerOptions options = default);
```

　JSONシリアライズとは、C#のオブジェクトをJSON形式の文字列に変換することです。JSONデシリアライズとは、JSON形式の文字列をC#のオブジェクトに変換することです。

　JSONシリアライズにはJsonSerializer.Serializeメソッドを、JSONデシリアライズにはJsonSerializer.Deserializeメソッドを利用します。

　デシリアライズするには、デシリアライズする先の型をジェネリックメソッドの型パラメーターに指定する必要があります。

　サンプルコードでは、JsonSerializerOptionsのEncoderを指定することで、シリアライズ時に日本語が\uXXXXというUnicodeエスケープシーケンスにエンコードされないようにしています。また、すべてのJSONプロパティ名にキャメルケースを使用するよう、JsonNamingPolicy.CamelCaseを指定しています。

　シリアライズはpublicなプロパティだけが対象となり、publicであっても属性[JsonIgnore]を適用したプロパティは、シリアライズの対象から除外されます。

■ Recipe_312/Program.cs

```
using System;
using System.Text.Unicode;
using System.Text.Json;
using System.Text.Json.Serialization;
using System.Text.Encodings.Web;

var todo = new Todo
{
```

Chap.21

ネットワーク

```
        Title = "第3章の原稿を仕上げる",
        Deadline = new DateTime(2020,12,8),
        Done = false
};
var options = new JsonSerializerOptions
{
        Encoder = JavaScriptEncoder.Create(UnicodeRanges.All),
        PropertyNamingPolicy = JsonNamingPolicy.CamelCase,
        WriteIndented = true
};

// JSONシリアライズ
string jsonString = JsonSerializer.Serialize(todo,options);
Console.WriteLine(jsonString);

// JSONデシリアライズ
var todo2 = JsonSerializer.Deserialize<Todo>(jsonString, options);
Console.WriteLine($"{todo2.Title} {todo2.Deadline} {todo2.Done}");

public class Todo
{
        public string Title { get; set; }
        public DateTime Deadline { get; set; }
        public bool Done { get; set; }
        [JsonIgnore]
        public string Description { get; set; }
}
```

▼ 実行結果

```
{
  "title": "第3章の原稿を仕上げる",
  "deadline": "2020-12-08T00:00:00",
  "done": false
}
第3章の原稿を仕上げる 2020/12/08 0:00:00 False
```

313 パラメーター付き クエリ文字列を組み立てたい

```
Syntax
```

● QueryHelpers.AddQueryStringメソッド

```
public static string AddQueryString(
    string uri, IDictionary<string,string> queryString);
```

　クエリパラメータ付きのURL文字列を生成するには、Microsoft.AspNetCore.WebUtilities名前空間のQueryHelpers.AddQueryStringメソッドを利用します。このメソッドを利用するには、Microsoft.AspNetCore.WebUtilitiesパッケージが必要になります。

■ パッケージのインストール (.NET CLI)

```
dotnet add package Microsoft.AspNetCore.WebUtilities --version
2.2.0
```

　サンプルコードでは、QueryHelpers.AddQueryStringメソッドを利用する方法を示しています。

■ Recipe_313/Program.cs

```csharp
using System;
using System.Collections.Generic;
using Microsoft.AspNetCore.WebUtilities;

const string baseurl = "https://gihyo.jp/search";
var param = new Dictionary<string, string>
{
    ["keyword"] = "network",
    ["encode"] = "UTF-8",
    ["maxsize"] = "2048",
    ["option"] = "C#&.NET Core",
};
var url = QueryHelpers.AddQueryString(baseurl, param);
Console.WriteLine(url);
```

▼ 実行結果

```
https://gihyo.jp/search?keyword=network&encode=UTF-
8&maxsize=2048&option=C%23%26.NET%20Core
```

■ 発展

「245 オブジェクトのプロパティ名と値をDictionary<TKey,TValue>に変換したい」で示した方法も合わせて利用すれば、C#のオブジェクトからクエリ文字列をエレガントに組み立てることも可能になります。

(関連項目)

▶▶ 245 オブジェクトのプロパティ名と値をDictionary<TKey,TValue>に変換したい

314 URLで指定したWebページ（HTML）を取得したい

Syntax

● HttpClient.GetStringAsyncメソッド

```
public Task<string> GetStringAsync(string requestUri);
```

URLで指定したWebページを取得するには、HttpClientクラスのGetStringAsyncメソッドを利用します。

■ Recipe_314/Program.cs

```csharp
using System;
using System.Linq;
using System.Threading.Tasks;
using System.Net.Http;

class Program
{
    static readonly HttpClient _client = new HttpClient();
    static async Task Main()
    {
        // URLを指定しWebページ（HTML）を取得する
        var response = await _client.GetStringAsync("https://
gihyo.jp/dp");
        foreach(var s in response.Split('\n').Take(10))
            Console.WriteLine(s);
    }
}
```

▼ 実行結果

```
<!DOCTYPE HTML>
<html lang="ja" class="pc">
<head>
  <meta charset="UTF-8">
  <title>Gihyo Digital Publishing … 技術評論社の電子書籍</title>
  <meta http-equiv="Content-Style-Type" content="text/css"/>
  <meta http-equiv="Content-Script-Type" content="application/
javascript"/>
  <meta name="description" content="技術評論社の電子書籍（電子出版）販売サイ
ト"/>
  <meta name="keywords" content="電子書籍,電子出版,EPUB,PDF,技術評論社"/>
  <meta http-equiv="X-UA-Compatible" content="IE=Edge,chrome=1"/>
```

補足

　HttpClientクラスは、アプリケーションの有効期間全体で1回だけインスタンス化し、それを再利用することが推奨されています。個々の要求ごとにHttpClientオブジェクトをインスタンス化すると、使用可能なソケットの数が枯渇し、SocketExceptionエラーが発生する危険があります。そのためサンプルコードでは、staticなフィールドを用意し、アプリケーションの最初にHttpClientオブジェクトをインスタンス化しています。

315 Webサーバーから
ファイルをダウンロードしたい

Syntax

● HttpClient.GetStreamAsyncメソッド

```
public Task<Stream> GetStreamAsync(string requestUri);
```

● Stream.CopyToメソッド

```
public void CopyTo(Stream destination);
```

Webサーバーからファイルをダウンロードするには、HttpClientクラスのGetStreamAsyncメソッドを利用します。

GetStreamAsyncで取得したStreamオブジェクトのCopyToメソッドを呼び出すことで、Streamの内容を別のStreamに複製できます。出力先のStreamをFileStreamにすればファイルをダウンロードすることができます。

■ Recipe_315/Program.cs

```
using System;
using System.IO;
using System.Net;
using System.Net.Http;
using System.Threading.Tasks;

class Program
{
    static readonly HttpClient _client = new HttpClient();

    static async Task Main()
    {
        var url = "https://gihyo.jp/assets/files/book/2019/978-4-
297-10458-0/download/sample.zip";
        await DownloadFileAsync(url, "sample.zip");
    }
```

Chap.21
ネットワーク

```csharp
// urlからファイルをダウンロードする
static async Task DownloadFileAsync(string url, string
downloadFilepath)
{
    using (var outstream = File.Open(downloadFilepath,
        FileMode.Create, FileAccess.Write))
    using (var instream = await _client.GetStreamAsync(url))
    {
        instream.CopyTo(outstream);
    }
}
```

316 指定したURLから JSONデータを取得したい

Syntax

● HttpClientJsonExtensions.GetFromJsonAsync拡張メソッド

```
public static Task<TValue>? GetFromJsonAsync<TValue>(
    this HttpClient? client, string requestUri,
    CancellationToken cancellationToken = default);
```

指定したURLからJSONデータを取得し、指定した型にデシリアライズするには、Http ClientJsonExtensions.GetFromJsonAsync拡張メソッドを利用します。このメソッドを利用するには、System.Net.Http.Jsonパッケージが必要になります。この拡張メソッドは、.NET 5.0から導入されたメソッドです。

■ パッケージのインストール (.NET CLI)

```
dotnet add package System.Net.Http.Json --version 5.0.0
```

サンプルコードでは、JSONを返すサービスecho.jsontest.comを利用し、JSONデータを取得しています。

■ Recipe_316/Program.cs

```
using System;
using System.Threading.Tasks;
using System.Net.Http;
using System.Net.Http.Json;

class Program
{
    static readonly HttpClient _client = new HttpClient();

    static async Task Main(string[] args)
    {
        var url = "http://echo.jsontest.com/key/123/value/Hello"; ⮐
```

```
        // デシリアライズされたオブジェクトが返り、resultに代入される
        var result = await _client.GetFromJsonAsync<ExampleObject> ⏎
(url);
        Console.WriteLine($"{result.Key} {result.Value}");
    }
}

class ExampleObject
{
    public int Key { get; set; }
    public string Value { get; set; }
}
```

▼ 実行結果

```
123 Hello
```

317 HttpClientで Content-typeを指定したい

Content-typeを指定してHTTPリクエストを送信するには、HttpClientクラスのDefault RequestHeaders.Acceptプロパティに、Content-typeを指定したMediaTypeWithQuality HeaderValueオブジェクトを追加します。

サンプルコードでは、JSONを返すサービスecho.jsontest.comを利用し、JSONデータを取得しています。

■ Recipe_317/Program.cs

```
using System;
using System.Threading.Tasks;
using System.Net.Http;
using System.Net.Http.Headers;

class Program
{
    static readonly HttpClient _client = new HttpClient();
    static async Task Main(string[] args)
    {
        _client.DefaultRequestHeaders.Accept.Add(
            new MediaTypeWithQualityHeaderValue("application/
json"));
        var url = "http://echo.jsontest.com/key/123/value/Hello";
        var result = await _client.GetStringAsync(url);
        Console.WriteLine(result);
    }
}
```

▼ 実行結果

```
{
   "value": "Hello",
   "key": "123"
}
```

Chap 21

ネットワーク

571

318 HttpClientで リクエストヘッダーに User-Agentを設定したい

HTTPリクエストを送信する際に、User-Agentをリクエストヘッダーに設定するには、HttpClientオブジェクトのDefaultRequestHeadersプロパティのAddメソッドを利用します。

以下に示すサンプルコードでは、GitHub上のリポジトリのリストを取得する際に、「User-Agent」を設定し、HTTP GETリクエストを行っています。

■ Recipe_318/Program.cs

```csharp
using System;
using System.Threading.Tasks;
using System.Net.Http;
using System.Net.Http.Headers;

class Program
{
    static readonly HttpClient _client = new HttpClient();
    static async Task Main(string[] args)
    {
        _client.DefaultRequestHeaders.Accept.Clear();
        _client.DefaultRequestHeaders.Accept.Add(
            new MediaTypeWithQualityHeaderValue("application/vnd.
github.v3+json"));
        _client.DefaultRequestHeaders.Add("User-Agent", ".NET
Foundation Repository Reporter");
        var url = "https://api.github.com/orgs/dotnet/repos";
        var request = new HttpRequestMessage(HttpMethod.Get, url);
        var response = await _client.SendAsync(request);
        var stream = await response.Content.ReadAsStreamAsync();
        // ……
    }
}
```

319 HttpClientで HTTPステータスコードを 確認したい

● HttpResponseMessage.StatusCodeプロパティ

```
public HttpStatusCode StatusCode { get; set; }
```

HTTPリクエストの結果を示すHTTPステータスコードを確認するには、HttpResponseMessageクラスのStatusCodeプロパティを参照します。

HttpClient.SendAsyncメソッド、HttpClient.GetAsyncメソッド、HttpClient.PostAsyncメソッドなどで通信を行った結果として返ってくるのが、HttpResponseMessageオブジェクトです。

サンプルコードでは、JSONを返すサービスecho.jsontest.comを利用し、JSONデータを取得し、レスポンスのステータスコードを参照しています。

■ Recipe_319/Program.cs

```csharp
using System;
using System.Threading;
using System.Threading.Tasks;
using System.Net.Http;
using System.Net.Http.Headers;
using System.Net;

class Program
{
    static readonly HttpClient _client = new HttpClient();

    static async Task Main(string[] args)
    {
        var url = "http://echo.jsontest.com/key/123/value/Hello";
        var response = await _client.GetAsync(url);
        if (response.StatusCode == HttpStatusCode.OK)
        {
            var text = await response.Content.ReadAsStringAsync();
            Console.WriteLine(text);
        }
    }
}
```

Chap 21

ネットワーク

以下に、HttpStatusCode列挙型の代表的なフィールドを示します。

● HttpStatusCode列挙型

フィールド	値	意味
OK	200	要求が成功し要求された情報が応答で返された
Created	201	要求によって新しいリソースが作成された
NoContent	204	要求が正常に処理され、応答が意図的に空になっている
MovedPermanently	301	要求された情報が恒久的に移動した
BadRequest	400	サーバーが要求を理解できない
Unauthorized	401	要求されたリソースが認証を要求している
Forbidden	403	サーバーが要求の実行を拒否している
NotFound	404	要求されたリソースがサーバーに存在していない
Conflict	409	サーバー上の競合のために要求を実行できない
InternalServerError	500	サーバーで処理できない何らかのエラーが発生した
ServiceUnavailable	503	高い負荷または保守のため、サーバーを一時的に利用できない

320 HTTPメソッドを指定して APIを呼び出したい

Syntax

● HttpClient.SendAsyncメソッド

```
public Task<HttpResponseMessage> SendAsync(
    HttpRequestMessage request);
```

　HTTP GET、HTTP POST、HTTP DELETE、HTTP PUTなどのメソッドを明示的に指定して通信を行いたい場合は、HttpClientクラスのSendAsyncメソッドを利用します。

　それぞれのHTTPメソッドに対応した、GetAsync、PostAsync、DeleteAsync、PutAsyncといったメソッドも用意されています。戻り値はSendAsyncメソッド同様、すべてTask<HttpResponse Message>です。

　以下に示すサンプルコードでは、GitHubのAPIを呼び出し、リポジトリのリストを取得しています。

■ Recipe_320/Program.cs

```csharp
using System;
using System.Threading.Tasks;
using System.Collections.Generic;
using System.Linq;
using System.Text.Json;
using System.Text.Json.Serialization;
using System.Net.Http;
using System.Net;
using System.Net.Http.Headers;

class Program
{
    static readonly HttpClient _client = new HttpClient();

    static async Task Main(string[] args)
    {
        _client.DefaultRequestHeaders.Accept.Clear();
        _client.DefaultRequestHeaders.Accept.Add(
            new MediaTypeWithQualityHeaderValue("application/vnd. 🔁
github.v3+json"));
```

〈〈

Chap 21
ネットワーク

～

```csharp
        _client.DefaultRequestHeaders.Add("User-Agent", "gushwell- 🔁
example");
        var url = "https://api.github.com/orgs/dotnet/repos";
        // HTTP GET でAPIを呼び出す
        var request = new HttpRequestMessage(HttpMethod.Get, url);
        var response = await _client.SendAsync(request);
        if (response.StatusCode == HttpStatusCode.OK)
        {
            // レスポンスからStreamを得る
            var stream = await response.Content.
                                    ReadAsStreamAsync();
            // StreamをJSONデシリアライズする
            var repositories = await JsonSerializer.
                DeserializeAsync<List<Repository>>(stream);
            // GitHubのリポジトリ名にaspnetを含むものを取り出す
            foreach (var repo in repositories.Where(x => x.Name. 🔁
Contains("aspnet")))
            {
                Console.WriteLine($"Name:{repo.Name}");
                Console.WriteLine($"GitHubHomeUrl:{repo.          🔁
GitHubHomeUrl}");
                Console.WriteLine($"Homepage:{repo.Homepage}");
                Console.WriteLine($"Watchers:{repo.Watchers}");
            }
        }
    }
}

public class Repository
{
    [JsonPropertyName("name")]
    public string Name { get; set; }

    [JsonPropertyName("description")]
    public string Description { get; set; }
```

～

```
    [JsonPropertyName("html_url")]
    public Uri GitHubHomeUrl { get; set; }

    [JsonPropertyName("homepage")]
    public Uri Homepage { get; set; }

    [JsonPropertyName("watchers")]
    public int Watchers { get; set; }
}
```

実行例

```
Name:aspnetcore
GitHubHomeUrl:https://github.com/dotnet/aspnetcore
Homepage:https://asp.net/
Watchers:20052
```

321 HTTP POSTで フォームデータを送信したい

Syntax

● FormUrlEncodedContentクラスのコンストラクター

```
public FormUrlEncodedContent(IEnumerable<KeyValuePair<string,stri ⮐
ng>> nameValueCollection);
```

　HTTP POSTでフォームデータを送信する場合は、FormUrlEncodedContentクラスを利用します。

　Dictionary<TKey,TValue>オブジェクトにフォームデータのKeyとValueを設定し、FormUrlEncodedContentコンストラクターの引数に渡すことで、フォームデータを作成します。

■ Recipe_321 / Program.cs

```csharp
using System;
using System.Collections.Generic;
using System.Threading.Tasks;
using System.Net;
using System.Net.Http;

class Program
{
    static readonly HttpClient _client = new HttpClient();

    static async Task Main()
    {
        var param = new Dictionary<string, string>
        {
            ["keyword"] = "network",
            ["encode"] = "UTF-8",
            ["maxsize"] = "20"
        };
        using (var content = new FormUrlEncodedContent(param))
        {
            var response = await _client.PostAsync("http:// ⮐
example.com/", content);
```

```
                                        ⟩⟩
            Console.WriteLine(await response.Content.            [2]
ReadAsStringAsync());
                    // ⋯⋯
        }
    }
}
```

322 HTTP POSTで JSONデータを送信したい

● StringContentクラスのコンストラクター

```
public StringContent(string content, Encoding encoding, string
mediaType);
```

　HTTP POSTでJSONデータをBodyにセットして送信するには、StringContentクラスを利用します。StringContentクラスのコンストラクターの第1引数にJSON文字列を渡してインスタンスを生成し、生成したStringContentオブジェクトをPostAsyncメソッドを使い送信します。

■ Recipe_322/Program.cs

```csharp
using System;
using System.Text;
using System.Collections.Generic;
using System.Threading.Tasks;
using System.Net;
using System.Net.Http;
using System.Text.Json;
using System.Text.Json.Serialization;

class Program
{
    static readonly HttpClient _client = new HttpClient();

    static async Task Main()
    {
        var param = new
        {
            totalCount = 10,
            data = new[]
            {
                new
                {
```

⟩⟩

```
                              〳〵
                keyword = "network",
                encode = "UTF-8",
                maxsize = "20"
            }
        }
    };
    // jsonにシリアライズして
    var json = JsonSerializer.Serialize(param);
    // jsonからContentを生成し、
    var content = new StringContent(json, Encoding.UTF8,
        "application/json");
    // JSONをbody にセットして送信
    var response = await _client.PostAsync("http://example.  ⤵
com/", content);
    // ……
  }
}
```

HttpClientFactoryで生成したHttpClientを利用したい

ASP.NET CoreアプリケーションなどでHttpClientクラスを利用する際は、HttpClientFactoryクラスの利用が推奨されています。HttpClientFactoryは、Microsoft.Extensions.Httpパッケージが必要です。

■ パッケージのインストール (.NET CLI)

```
dotnet add package Microsoft.Extensions.Http --version 5.0.0
```

ここでは汎用ホストを利用したコンソールアプリケーションで、HttpClientFactoryを利用する基本的な例を示します。サンプルコードでは、JSONを返すサービスecho.jsontest.comを利用し、JSONデータを取得しています。

■ Recipe_323/Startup.cs

```csharp
public class Startup
{
    public Startup(IConfiguration configuration)
    {
        Configuration = configuration;
    }

    public IConfiguration Configuration { get; }

    public void ConfigureService(IServiceCollection services)
    {
        // HttpClientをサービスに追加
        services.AddHttpClient();
        // ……
    }
}
```

■ Recipe_323/MyWorker.cs

```csharp
using System;
using System.Threading.Tasks;
using System.Net.Http;
namespace Gihyo
{
    public class MyWorker : IConsoleWorker
    {
        private readonly IHttpClientFactory _clientFactory;

        // コンストラクターの引数にIHttpClientFactoryオブジェクトが渡される
        public MyWorker(IHttpClientFactory clientFactory)
        {
            _clientFactory = clientFactory;
        }

        public async Task Run()
        {
            // IHttpClientFactoryからHttpClientオブジェクトを取得
            var client = _clientFactory.CreateClient();
            var url = "http://echo.jsontest.com/key/123/value/
Hello";
            var result = await client.GetStringAsync(url);
            Console.WriteLine(result);
        }
    }
}
```

▼ 実行結果

```
{
   "value": "Hello",
   "key": "123"
}
```

324 Http通信のログを出力したい

　HttpClientクラスを使った通信で通信ログを出力するには、.NETが提供するILoggerを利用します。そのための特別なC#のコードを書く必要はありません。appsettings.jsonで、「System.Net.Http.HttpClient」カテゴリのログレベルを「Trace」に設定するだけです。

　サンプルコードでは、JSONを返すサービスecho.jsontest.comを利用した通信で、ログを出力しています。

■ Recipe_324/appsettings.json

```json
{
    "Logging": {
        "LogLevel": {
            "Default": "Warning",
            "System": "Warning",
            "Microsoft": "Warning",
            "System.Net.Http.HttpClient": "Trace"
        }
    }
}
```

■ Recipe_324/MyWorker.cs

```csharp
using System;
using System.Threading.Tasks;
using System.Net.Http;
using System.Net.Http.Headers;

namespace Gihyo
{
    public class MyWorker : IConsoleWorker
    {
        private readonly IHttpClientFactory _clientFactory;

        public MyWorker(IHttpClientFactory clientFactory)
        {
            _clientFactory = clientFactory;
```

〉〉

```
        }

        public async Task Run()
        {
            var client = _clientFactory.CreateClient();
            var url = "http://echo.jsontest.com/key/123/value/    ⏎
Hello";
            var result = await client.GetStringAsync(url);
            Console.WriteLine(result);
        }
    }
}
```

実行例 抜粋

```
info: System.Net.Http.HttpClient.Default.ClientHandler[100]
      Sending HTTP request GET http://echo.jsontest.com/key/123/
value/Hello
trce: System.Net.Http.HttpClient.Default.ClientHandler[102]
      Request Headers:

info: System.Net.Http.HttpClient.Default.ClientHandler[101]
      Received HTTP response after 374.1503ms - OK
trce: System.Net.Http.HttpClient.Default.ClientHandler[103]
      Response Headers:
      Access-Control-Allow-Origin: *
      X-Cloud-Trace-Context: c889fdc35456f43efa127683f990f797
      Date: Sat, 17 Oct 2020 05:42:26 GMT
      Server: Google, Frontend
      Content-Type: application/json
      Content-Length: 41
```

Chap **21**

ネットワーク

(**関連項目**)

282 ILoggerでログを出力したい

323 HttpClientFactoryで生成したHttpClientを利用したい

325 メールを送信したい

.NETでメールを送信するには、サードパーティのメールライブラリを使うのが一般的です。ここではオープンソースのMailKitを利用したメール送信サンプルコードを示します。

.NET CLIを使った場合のMailKitのインストール方法を以下に示します。パッケージのバージョンは本書執筆時点のものです。

■ パッケージのインストール (.NET CLI)

```
dotnet add package MailKit --version 2.9.0
```

サンプルコードでは、カスタムクラスMailSenderを定義し、そこにメール送信機能を実装し、Mainメソッドから呼び出しています。

■ Recipe_325/Program.cs

```
using System;
using System.Collections.Generic;
using System.ComponentModel.DataAnnotations;
using System.Linq;
using System.Threading.Tasks;
using MailKit.Security;
using MimeKit;

var mail = new MailSender {
    From = "gihyo@example.com",
    To = new string[] { "dev01@example.com", "dev02@example.com" 🔁
},

    Subject = "Test Mail",
    Body = "これはメール送信テストです。"
};
await mail.SendMailAsync();

public class MailSender {
    public IEnumerable<string> To { get; set; }
```

〉〉

```
                                        〳〳
    public IEnumerable<string> Cc { get; set; }
    public IEnumerable<string> Bcc { get; set; }
    public string From { get; set; }
    public string Subject { get; set; }
    public string Body { get; set; }

    public async Task SendMailAsync() {
        var message = new MimeKit.MimeMessage();
        // 受け取り先を設定 (To, Cc, Bcc)
        if (To != null)
            foreach (var addr in To)
                message.To.Add(new MimeKit.MailboxAddress(
                    PikupName(addr), addr));
        if (Cc != null)
            foreach (var addr in Cc)
                message.Cc.Add(new MimeKit.MailboxAddress(
                    PikupName(addr), addr));
        if (Bcc != null)
            foreach (var addr in Bcc)
                message.Bcc.Add(new MimeKit.MailboxAddress(
                    PikupName(addr), addr));
        // 差出人を設定
        message.From.Add(new MimeKit.MailboxAddress(
            PikupName(From), From));
        // 表題を設定
        message.Subject = Subject;
        // メール本文を設定
        var builder = new MimeKit.BodyBuilder();
        builder.TextBody = Body;
        message.Body = builder.ToMessageBody();
        using (var smtp = new MailKit.Net.Smtp.SmtpClient()) {
            int port = 587; // 587以外もある
            await smtp.ConnectAsync("smtp.example.com", port,
                SecureSocketOptions.Auto);
            await smtp.AuthenticateAsync("<username>",
                                        〳〳
```

```
            "<password>");
        await smtp.SendAsync(message);
        await smtp.DisconnectAsync(true);
    }
}


    private static string PikupName(string mailaddress) {
        return new string(
            mailaddress.TakeWhile(x => x != '@').ToArray());
    }
}
```

補足

　Gmailアカウントを利用してメールを送信するには、OAuthの認証が必要になります。以下のサイトを参照してください。

■ How can I log in to a GMail account using OAuth 2.0?

```
http://www.mimekit.net/docs/html/Frequently-Asked-Questions.
htm#GMailOAuth2
```

■ Using OAuth2 With GMail (IMAP, POP3 or SMTP)

```
https://github.com/jstedfast/MailKit/blob/master/
GMailOAuth2.md
```

添付ファイル付き
メールを送信したい

添付ファイル付きメールを送信するサンプルコードを示します。ここで示したサンプルコードは、「325 メールを送信したい」で示した、MailSenderクラスに、添付ファイルの機能を追加したものです。

■ Recipe_326/Program.cs

```csharp
using System;
using System.Collections.Generic;
using System.ComponentModel.DataAnnotations;
using System.Linq;
using System.IO;
using System.Web;
using System.Threading.Tasks;
using MailKit.Security;
using MimeKit;

var mail = new MailSender {
    From = "gihyo@example.com",
    To = new string[] { "dev01@example.com", "dev02@example.com" }
},
    Subject = "Test Mail",
    Body = "これはメール送信テストです。",
    Attachment = "example.png"
};
await mail.SendMailAsync();

public class MailSender {
    public IEnumerable<string> To { get; set; }
    public IEnumerable<string> Cc { get; set; }
    public IEnumerable<string> Bcc { get; set; }
    public string From { get; set; }
    public string Subject { get; set; }
    public string Body { get; set; }
    public string Attachment { get ; set;}

    public async Task SendMailAsync() {
        var message = new MimeKit.MimeMessage();
```

〉〉

```
                                       ⌇⌇

    // 受け取り先を設定（To, Cc, Bcc）
    if (To != null)
        foreach (var addr in To)
            message.To.Add(new MimeKit.MailboxAddress(
                PikupName(addr), addr));
    if (Cc != null)
        foreach (var addr in Cc)
            message.Cc.Add(new MimeKit.MailboxAddress(
                PikupName(addr), addr));
    if (Bcc != null)
        foreach (var addr in Bcc)
            message.Bcc.Add(new MimeKit.MailboxAddress(
                PikupName(addr), addr));
    // 差出人を設定
    message.From.Add(new MimeKit.MailboxAddress(
        PikupName(From), From));
    // 表題を設定
    message.Subject = Subject;
    // メール本文を設定
    var builder = new MimeKit.BodyBuilder();
    builder.TextBody = Body;
    message.Body = builder.ToMessageBody();
    // ファイルを添付する
    var (mtype, msubtype) = GetMimeType(Attachment);
    var attachment = new MimePart(mtype, msubtype)
    {
        Content = new MimeContent(File.OpenRead(Attachment),
            ContentEncoding.Default),
        ContentDisposition =
            new ContentDisposition(ContentDisposition.       ⦿
Attachment),
        ContentTransferEncoding = ContentEncoding.Base64,
        FileName = Path.GetFileName(Attachment)
    };

                                       ⌇⌇
```

```
                           ⟩⟩
        var multipart = new Multipart("mixed");
        multipart.Add(builder.ToMessageBody());
        multipart.Add(attachment);
        message.Body = multipart;

        using (var smtp = new MailKit.Net.Smtp.SmtpClient()) {
            int port = 587; // 587以外もある
            await smtp.ConnectAsync("smtp.example.com", port,
                SecureSocketOptions.Auto);
            await smtp.AuthenticateAsync("<username>",
                "<password>");
            await smtp.SendAsync(message);
            await smtp.DisconnectAsync(true);
        }
    }

    private static string PikupName(string mailaddress) {
        return new string(mailaddress.TakeWhile(x => x != '@').    ⮐
ToArray());
    }

    private static Dictionary<string, string> mimedict = new      ⮐
Dictionary<string, string> {
        [".gif"] = "image/gif",
        [".jpg"] = "image/jpeg",
        [".png"] = "image/png",
        [".pdf"] = "application/pdf",
        [".txt"] = "text/plain",
        [".zip"] = "application/zip",
        // 必要があれば追加
    };

    private static (string, string) GetMimeType(string path) {
        var ext = Path.GetExtension(path);
                           ⟩⟩
```

```
            var mtype = mimedict[ext].Split('/');
            return (mtype[0], mtype[1]);
        }
}
```

補足

Gmailアカウントを利用してメールを送信するには、OAuthの認証が必要になります。以下のサイトを参照してください。

■ **How can I log in to a GMail account using OAuth 2.0?**

http://www.mimekit.net/docs/html/Frequently-Asked-Questions.htm#GMailOAuth2

■ **Using OAuth2 With GMail (IMAP, POP3 or SMTP)**

https://github.com/jstedfast/MailKit/blob/master/GMailOAuth2.md

暗号化

Chapter

22

327 共有キー暗号方式の暗号化と復号のためのキーを生成したい

● SymmetricAlgorithm.GenerateKeyメソッド

```
public virtual void GenerateKey();
```

● SymmetricAlgorithm.GenerateIVメソッド

```
public virtual void GenerateIV();
```

共有キー暗号方式では、共有キーと初期ベクトル（Initialization Vector、IV）が必要になります。これらの値は自分で決めることもできますが、自動生成させることも可能です。

プログラムで共有キーと初期ベクトル（IV）を生成するには、System.Security.Cryptography名前空間のSymmetricAlgorithmクラス（抽象クラス）のGenerateKeyメソッドとGenerateIVメソッドを利用します。

ここではAesManagedクラス（SymmetricAlgorithmクラスから派生）を利用して、共有キーとIVを生成するサンプルコードを示します。

■ Recipe_327/Program.cs

```csharp
using System;
using System.Security.Cryptography;

var (key, iv) = GenerateKeyAndIv();
Console.WriteLine($"{key.Length} {Convert.ToBase64String(key)}");
Console.WriteLine($"{iv.Length} {Convert.ToBase64String(iv)}");

// KeyとIVを生成する
static (byte[], byte[]) GenerateKeyAndIv()
{
    using (var aes = new AesManaged())
    {
        aes.GenerateKey();
        aes.GenerateIV();
        return (aes.Key, aes.IV);
```

```
        }
}
```

```
32 dJkl2hSildZbngwtejinPDpBr8Eoc2PDF4M2azG88XY=
16 bL26iwOfC1SgzK6SrygEfw==
```

328 共有キー暗号方式で文字列を暗号化したい

Syntax

● CryptoStreamクラスのコンストラクター

```csharp
public CryptoStream(Stream stream,
    ICryptoTransform transform, CryptoStreamMode mode);
```

● SymmetricAlgorithm.CreateEncryptorメソッド

```csharp
public abstract ICryptoTransform CreateEncryptor(
    byte[] rgbKey, byte[] rgbIV);
```

共有キー暗号方式でデータを暗号化するには、System.Security.Cryptography名前空間に含まれるCryptoStreamクラスを利用します。

CryptoStreamはその名前のとおりStreamクラスから派生しており、このStreamにデータを書き出すことでそのデータを暗号化することができます。

CryptoStreamコンストラクターの第2引数には、ICryptoTransformインターフェイスを持つオブジェクトを指定します。このオブジェクトは、SymmetricAlgorithmクラス（抽象クラス）のCreateEncryptorメソッドを利用することで生成することができます。

ここではAesManagedクラス（SymmetricAlgorithmクラスから派生）を利用して、文字列を暗号化するサンプルコードを示します。

■ Recipe_328/Program.cs

```csharp
using System;
using System.IO;
using System.Security.Cryptography;
using System.Text;

var sc = new StringEncrypter();
var str = sc.Encrypt("これはあなたに宛てた秘密のメッセージです。");
Console.WriteLine($"Key:{Convert.ToBase64String(sc.Key)}");
Console.WriteLine($"IV:{Convert.ToBase64String(sc.IV)}");
Console.WriteLine(str);
```

〈〈

```csharp
// 文字列を暗号化するクラス
class StringEncrypter
{
    // コンストラクター
    public StringEncrypter(byte[] key = null, byte[] iv = null)
    {
        using (var aes = new AesManaged())
        {
            Key = key;
            if (key == null)
            {
                aes.GenerateKey();
                Key = aes.Key;
            }
            IV = iv;
            if (iv == null)
            {
                aes.GenerateIV();
                IV = aes.IV;
            }
        }
    }

    public byte[] Key { get; private set; }
    public byte[] IV { get; private set; }

    // 暗号化する
    public string Encrypt(string text)
    {
        // MemoryStreamに暗号化したデータが出力される
        var memStream = new MemoryStream();
        // AesManagedアルゴリズムで、CryptoStreamを生成する
        using (var aes = new AesManaged())
        using (var cryptoStream = new CryptoStream(memStream,
            aes.CreateEncryptor(Key, IV),
            CryptoStreamMode.Write))
```

〈〈

```
        // cryptoStreamに文字列を書き出す。MemoryStreamに暗号化されたデータが
出力される
        using (var writer = new StreamWriter(cryptoStream,
Encoding.UTF8))
        {
            writer.Write(text);
        }
        memStream.Dispose();
        // ToArrayは、Disposeしたあとに利用する
        var encrypted = memStream.ToArray();
        return Convert.ToBase64String(encrypted);
    }
}
```

　上記サンプルコードでは、StringEncrypterというクラスを定義し、このクラスに暗号化のコードをカプセル化しています。StringEncrypterクラスのEncryptメソッドは、文字列を受け取り、暗号化したデータをBase64形式にエンコードし文字列形式で返します。

　StringEncrypterクラスのコンストラクターでは、暗号化に必要な共有キーと初期ベクター（IV）を指定します。指定しなかった場合は、コンストラクターが自動で生成します。

実行例

```
Key:PxQjDSdidyGZH3bUpqs71z2GKv7jLrxNZt0df45sDoo=
IV:srBv3Zq+3Go1P1SUF2OJ8g==
Ij8MS/RlykAK6zFPEwIcshVfzlTsJUCmX+BOKi4yN0rSE4V5fTwmkgxbjT1+xGtUHM
uhg81cxLAi6l4akWIpR/qFTegfqtUxqNV0wPY7B+o=
```

関連項目

▶▶329 共有キー暗号方式で暗号化された文字列を復号したい

329 共有キー暗号方式で暗号化された文字列を復号したい

Syntax

● **CryptoStreamクラスのコンストラクター**

```
public CryptoStream(Stream stream,
    ICryptoTransform transform, CryptoStreamMode mode);
```

● **SymmetricAlgorithm.CreateDecryptorメソッド**

```
public abstract ICryptoTransform CreateDecryptor(
    byte[] rgbKey, byte[] rgbIV);
```

　共有キー暗号方式で暗号化されたデータを復号するには、System.Security.Cryptography名前空間に含まれるCryptoStreamクラスを利用します。

　CryptoStreamはその名前のとおりStreamクラスから派生しており、このStreamから暗号化されたデータを読み込むことで復号することができます。

　CryptoStreamコンストラクターの第2引数には、ICryptoTransformインターフェイスを持つオブジェクトを指定します。このオブジェクトは、SymmetricAlgorithmクラス（抽象クラス）のCreateDecryptorメソッドを利用することで生成することができます。

　ここではAesManagedクラス（SymmetricAlgorithmクラスから派生）を利用して、暗号化された文字列を復号するサンプルコードを示します。

■ Recipe_329/Program.cs

```
using System;
using System.IO;
using System.Security.Cryptography;
using System.Text;

// 実際には、IVは、システム内部で保持し、Keyだけを公開する
// keyとivはハードコードせずにファイルなどから読み込むことが望ましい
var key = "PxQjDSdidyGZH3bUpqs71z2GKv7jLrxNZt0df45sDoo=";
var iv = "srBv3Zq+3Go1P1SUF2OJ8g==";
var encripted = "Ij8MS/RlykAK6zFPEwIcshVfzlTsJUCmX+BOKi4yN0rSE4V5f 🔁
TwmkgxbjT1+xGtUHMuhg81cxLAi6l4akWIpR/qFTegfqtUxqNV0wPY7B+o=";
```

$\langle\langle$

Chap.22 暗号化

```
var sc = new StringEncrypter(Convert.FromBase64String(key),
Convert.FromBase64String(iv));
var text = sc.Decrypt(encripted);
Console.WriteLine(text);


// 文字列を暗号化/復号するクラス
class StringEncrypter
{
    // コンストラクター
    public StringEncrypter(byte[] key = null, byte[] iv = null)
    {
        using (var aes = new AesManaged())
        {
            Key = key;
            if (key == null)
            {
                aes.GenerateKey();
                Key = aes.Key;
            }
            IV = iv;
            if (iv == null)
            {
                aes.GenerateIV();
                IV = aes.IV;
            }
        }
    }

    public byte[] Key { get; private set; }

    public byte[] IV { get; private set; }

    // 復号する
    public string Decrypt(string encrypted)
    {
        var bytes = Convert.FromBase64String(encrypted);
```

共有キー暗号方式で暗号化された文字列を復号したい

```
〉〉
// MemoryStreamに暗号化されたデータが入っている
using (var memStream = new MemoryStream(bytes))
{
    // AesManagedアルゴリズムでCryptoStreamオブジェクトを生成する
    using (var aes = new AesManaged())
    using (var cryptoStream = new CryptoStream(memStream,
        aes.CreateDecryptor(Key, IV),
        CryptoStreamMode.Read))
    // cryptoStreamからデータを読み込むことで、復号されたデータが得られ🔁
る
    using (var reader = new StreamReader(cryptoStream))
    {
        return reader.ReadToEnd();
    }
    }
}

public string Encrypt(string text)
{
    ……
}
}
```

　上記サンプルコードではStringEncrypterというクラスを定義し、このクラスにデータを復号するコードをカプセル化しています。StringEncrypterクラスのDecryptメソッドは、「328　共有キー暗号方式で文字列を暗号化したい」で示したコードで暗号化された文字列を受け取り、元の文字列に復号しています。共有キー（key）と初期ベクター（IV）は暗号化したときに使用したものと同じ値にする必要があります。

▼ 実行結果

```
これはあなたに宛てた秘密のメッセージです。
```

⟮ 関連項目 ⟯

▶▶328 共有キー暗号方式で文字列を暗号化したい

Chap.22 暗号化

330 共有キー暗号方式で ファイルを暗号化したい

Syntax

● CryptoStreamクラスのコンストラクター

```
public CryptoStream(Stream stream,
    ICryptoTransform transform, CryptoStreamMode mode);
```

● SymmetricAlgorithm.CreateEncryptorメソッド

```
public abstract ICryptoTransform CreateEncryptor(
    byte[] rgbKey, byte[] rgbIV);
```

　共有キー暗号方式でデータを暗号化するには、System.Security.Cryptography名前空間に含まれるCryptoStreamクラスを利用します。

　CryptoStreamはその名前のとおりStreamクラスから派生しており、このStreamにデータを書き出すことでデータを暗号化することができます。第1引数にFileStreamを渡すことで、暗号化したデータをファイルに出力できます。

　CryptoStreamコンストラクターの第2引数には、ICryptoTransformインターフェイスを持つオブジェクトを指定します。このオブジェクトを生成するには、SymmetricAlgorithmクラス（抽象クラス）のCreateEncryptorメソッドを利用します。

　ここではAesManagedクラス（SymmetricAlgorithmクラスから派生）を利用したファイル暗号化のサンプルコードを示します。

■ Recipe_330/Program.cs

```
using System;
using System.IO;
using System.Security.Cryptography;
using System.Text;

var sc = new StreamEncrypter();

using (var inStream = File.Open("Program.cs", FileMode.Open))
using (var outStream = File.Open("crypted.dat", FileMode.Create))
{
```

```
        ⟩⟩
    sc.Encrypt(inStream, outStream);
}
Console.WriteLine($"Key:{Convert.ToBase64String(sc.Key)}");
Console.WriteLine($"IV:{Convert.ToBase64String(sc.IV)}");

// Streamを暗号化するクラス
class StreamEncrypter
{
    // コンストラクター
    public StreamEncrypter(byte[] key = null, byte[] iv = null)
    {
        using (var aes = new AesManaged())
        {
            Key = key;
            if (key == null)
            {
                aes.GenerateKey();
                Key = aes.Key;
            }
            IV = iv;
            if (iv == null)
            {
                aes.GenerateIV();
                IV = aes.IV;
            }
        }
    }

    public byte[] Key { get; private set; }
    public byte[] IV { get; private set; }

    // 暗号化する
    public void Encrypt(Stream inStream, Stream outStream)
    {
        using (var rmCrypto = new AesManaged())
        ⟩⟩
```

```
          {
              var encryptor = rmCrypto.CreateEncryptor(Key, IV);
              using (var cryptoStream = new CryptoStream(outStream, ⏎
    encryptor, CryptoStreamMode.Write))
              {
                  // 暗号化されてcryptoStreamにデータが書き込まれる
                  inStream.CopyTo(cryptoStream);
              }
          }
      }
  }
```

　上記サンプルコードでは、StreamEncrypterというクラスを定義し、このクラスに暗号化のコードをカプセル化しています。StreamEncrypterクラスのEncryptメソッドは、第1引数で暗号化したいファイルのStreamを受け取り、第2引数で受け取ったStreamに暗号化されたデータを出力しています。
　コンストラクターでは、暗号化に必要な共有キーと初期ベクター（IV）を指定します。指定しなかった場合は、コンストラクターが自動で生成します。この共有キーと初期ベクターは復号するときにも必要になります。

実行例

```
Key:3k93BexTujSrdlwQB0DyNx8cSuIxA22douhCa+eJqFE=
IV:rmcWf+Wfv/B8MPUjjLsv2Q==
```

関連項目

▶331 共有キー暗号方式で暗号化されたファイルを復号したい

331 共有キー暗号方式で暗号化されたファイルを復号したい

Syntax

● CryptoStreamクラスのコンストラクター

```
public CryptoStream(Stream stream,
    ICryptoTransform transform, CryptoStreamMode mode);
```

● SymmetricAlgorithm.CreateDecryptorメソッド

```
public abstract ICryptoTransform CreateDecryptor(
    byte[] rgbKey, byte[] rgbIV);
```

共有キー暗号方式で暗号化されたデータを復号するには、System.Security.Cryptography名前空間に含まれるCryptoStreamクラスを利用します。

CryptoStreamはその名前のとおりStreamクラスから派生しており、このStreamから暗号化されたデータを読み込むことでデータを復号することができます。そのため、FileStreamクラスを利用すれば暗号化されたファイルを復号できます。

CryptoStreamコンストラクターの第2引数には、ICryptoTransformインターフェイスを持つオブジェクトを指定します。このオブジェクトを生成するには、SymmetricAlgorithmクラス（抽象クラス）のCreateDecryptorメソッドを利用します。

サンプルコードでは、AesManagedクラス（SymmetricAlgorithmクラスから派生）を利用して、暗号化されたファイルを復号しています。

■ Recipe_331/Program.cs

```
using System;
using System.IO;
using System.Security.Cryptography;
using System.Text;

var key = "3k93BexTujSrdlwQB0DyNx8cSuIxA22douhCa+eJqFE=";
var iv = "rmcWf+Wfv/B8MPUjjLsv2Q==";
var sc = new StreamEncrypter(Convert.FromBase64String(key),
Convert.FromBase64String(iv));
using (var inStream = File.Open("crypted.dat", FileMode.Open))
```

〉〉

```
using (var outStream = File.Open("original.txt", FileMode.Create))
{
    sc.Decrypt(inStream, outStream);
}

// Streamを暗号化/復号するクラス
class StreamEncrypter
{

    // コンストラクター
    public StreamEncrypter(byte[] key = null, byte[] iv = null)
    {
        using (var aes = new AesManaged())
        {
            Key = key;
            if (key == null)
            {
                aes.GenerateKey();
                Key = aes.Key;
            }
            IV = iv;
            if (iv == null)
            {
                aes.GenerateIV();
                IV = aes.IV;
            }
        }
    }

    public byte[] Key { get; set; }
    public byte[] IV { get; set; }

    // 復号する
    public void Decrypt(Stream inStream, Stream outStream)
    {
```

```
            ⟩⟨
        using (var rmCrypto = new AesManaged())
        {
            var decryptor = rmCrypto.CreateDecryptor(Key, IV);
            using (var cryptoStream = new CryptoStream(inStream, ➡
decryptor, CryptoStreamMode.Read))
            {
                // 復号されてoutStreamにデータが書き込まれる
                cryptoStream.CopyTo(outStream);
            }
        }
    }

    // Encryptメソッドは省略
}
```

　上記サンプルコードでは、StreamEncrypterというクラスを定義し、このクラスに復号のコードをカプセル化しています。StreamEncrypterクラスのDecryptメソッドがファイルを復号しているメソッドです。「330　共有キー暗号方式でファイルを暗号化したい」で暗号化したファイルを元の内容に復号しています。共有キー（key）と初期ベクター（IV）は暗号化したときに使用したものと同じ値にする必要があります。

〔 関連項目 〕

▶▶330　共有キー暗号方式でファイルを暗号化したい

Chap.22　暗号化

332

公開キー暗号方式で利用する公開キーと秘密キーを生成したい

● RSA.ToXmlStringメソッド

```
public override string ToXmlString(bool includePrivateParameters);
```

RSACryptoServiceProviderクラスには、公開キー暗号方式で利用する公開キーと秘密キーを生成する機能が備わっています。

RSACryptoServiceProviderクラスのToXmlStringメソッドを利用すると、秘密キーと公開キーを生成することができます。

■ Recipe_332/Program.cs

```csharp
using System;
using System.Security.Cryptography;

using var rsa = new RSACryptoServiceProvider();

// 秘密キーをXML形式で取り出す
var privateKey = rsa.ToXmlString(includePrivateParameters: true);
Console.WriteLine(privateKey);
Console.WriteLine();

// 公開キーをXML形式で取り出す
rsa.FromXmlString(privateKey);
var publicKey = rsa.ToXmlString(includePrivateParameters: false);
Console.WriteLine(publicKey);
```

```
<RSAKeyValue><Modulus>sx26CcssU7WfGWylPVNfbak1+CdBZX8m4i6XWbmVxn75
0hNbKdR2jiUkrVe4G7wViqhb5shJ9KEdpzJyJWVYSonQQQPz9vF+4C8+Kb6wbpeZ
NB/f6A9P5oSKw0MqpeWUSpWawkQVTwRPRXQphIVf8axocN3m0e4PZR+0uW69q1c=</
Modulus><Exponent>AQAB</Exponent><P>4stVEvdDQsUQgldEX9jtsjwqHIwGsP
odpbou/RmxmuzLqB6WQFRShCK0e9nSRxB8j28J0spUZm5hOIKhQzFpcw==</P><Q>y
i6Z71JiISWDGok+Ii+rUGWT9k1CArSnGEbaApvm1OWbJrz58gWEvM06dYh60FlgBts
Pgy0290X8aLqLmTVNjQ==</Q><DP>0WwbOfEzneNlFEbLL4qcK3qdFFFFGIVNfSyIm
VTxiPLiOHNOIUb8D2IQsVD5eH/D1ZseQhRtjUyd39XYXbix+w==</DP><DQ>ucHpMq
X5fMTPWLEhwh0UBDDfqds/u+ao4zgtk1oT0iUG0Ket6TxCwYi5nkT/
ua9z97iK3xXKu5O0nbBPFDuR/Q==</DQ><InverseQ>rbQuLShbvEEUwheS6u1A6Dd
rqfzD0LAaQ6Hmo3sbPAgZKUz9w6bDgbeMz1e1hFFAU4bxBxb/
QylOU+Y3h1JMkQ==</InverseQ><D>InrufUQnXFXyMqq/hHawQCP6x7KG3EsF6TSe
3h7jvjpjTRV8zyifSe3MibIBNxWV8ANI7bxQwE7jrnP/lUNVI3GfsFmxt9FRYwwqCy
+Z/3uVx5vqUnMJKb9WdAzYU6b/lCGGXNUdCYkKqVSzlPAOFzES1jbM0QCpBWBLEzx4
kME=</D></RSAKeyValue>
```

```
<RSAKeyValue><Modulus>sx26CcssU7WfGWylPVNfbak1+CdBZX8m4i6XWbmVxn75
0hNbKdR2jiUkrVe4G7wViqhb5shJ9KEdpzJyJWVYSonQQQPz9vF+4C8+Kb6wbpeZ
NB/f6A9P5oSKw0MqpeWUSpWawkQVTwRPRXQphIVf8axocN3m0e4PZR+0uW69q1c=</
Modulus><Exponent>AQAB</Exponent></RSAKeyValue>
```

333

公開キー暗号方式の 秘密キーをキーコンテナに 格納したい

Syntax

● RSACryptoServiceProviderクラスのコンストラクター

```
public RSACryptoServiceProvider(CspParameters parameters);
```

● RSA.ToXmlStringメソッド

```
public override string ToXmlString(bool includePrivateParameters);
```

　公開キー暗号方式で利用する秘密キーは、キーコンテナに格納することで安全に保存することができます。

　秘密キーをキーコンテナに格納するには、CspParametersオブジェクトをRSACryptoServiceProviderコンストラクターの引数に渡します。その後ToXmlStringメソッドを呼び出すことで、秘密キーをコンテナに格納できます。

　なお当機能はWindowsでのみ利用可能です。Linux、macOSでは利用できません。

　サンプルコードでは、myContainerという名前のコンテナに秘密キーを格納しています。秘密キーをコンテナから呼び出す際も、まったく同じコードが使えます。最初はコンテナに格納され、2回目以降はコンテナからキーがロードされます。

■ Recipe_333/Program.cs

```csharp
using System;
using System.Security.Cryptography;

var containerName = "myContainer";
var cp = new CspParameters
{
    KeyContainerName = containerName
};
using var rsa = new RSACryptoServiceProvider(cp);
// 以下のメソッド呼び出しで、コンテナに格納される
var privateKey = rsa.ToXmlString(includePrivateParameters: true);
Console.WriteLine(privateKey);
```

```
<RSAKeyValue><Modulus>sx26CcssU7WfGWylPVNfbak1+CdBZX8m4i6XWbmVxn75
0hNbKdR2jiUkrVe4G7wViqhb5shJ9KEdpzJyJWVYSonQQQPz9vF+4C8+Kb6wbpeZ
NB/f6A9P5oSKw0MqpeWUSpWawkQVTwRPRXQphIVf8axocN3m0e4PZR+0uW69q1c=</
Modulus><Exponent>AQAB</Exponent><P>4stVEvdDQsUQgldEX9jtsjwqHIwGsP
odpbou/RmxmuzLqB6WQFRShCK0e9nSRxB8j28J0spUZm5hOIKhQzFpcw==</P><Q>y
i6Z71JiISWDGok+Ii+rUGWT9k1CArSnGEbaApvm1OWbJrz58gWEvM06dYh60FlgBts
Pgy0290X8aLqLmTVNjQ==</Q><DP>0WwbOfEzneNlFEbLL4qcK3qdFFFFGIVNfSyIm
VTxiPLiOHNOIUb8D2IQsVD5eH/D1ZseQhRtjUyd39XYXbix+w==</DP><DQ>ucHpMq
X5fMTPWLEhwh0UBDDfqds/u+ao4zgtk1oT0iUG0Ket6TxCwYi5nkT/
ua9z97iK3xXKu5O0nbBPFDuR/Q==</DQ><InverseQ>rbQuLShbvEEUwheS6u1A6Dd
rqfzD0LAaQ6Hmo3sbPAgZKUz9w6bDgbeMz1e1hFFAU4bxBxb/
QylOU+Y3h1JMkQ==</InverseQ><D>InrufUQnXFXyMqq/hHawQCP6x7KG3EsF6TSe
3h7jvjpjTRV8zyifSe3MibIBNxWV8ANI7bxQwE7jrnP/lUNVI3GfsFmxt9FRYwwqCy
+Z/3uVx5vqUnMJKb9WdAzYU6b/lCGGXNUdCYkKqVSzlPAOFzES1jbM0QCpBWBLEzx4
kME=</D></RSAKeyValue>
```

公開キー暗号方式を使って暗号化したい

- RSACryptoServiceProvider.Encryptメソッド

```
public byte[] Encrypt(byte[] rgb, bool fOAEP);
```

RSACryptoServiceProviderクラスを使うと、公開キー暗号方式でデータを暗号化することができます。

暗号化するには、RSACryptoServiceProviderクラスのEncryptメソッドを利用します。暗号化には公開キー（public key）が必要になります。

引数fOAEPは、Optimal Asymmetric Encryption Padding（OAEP）を利用するかどうかのフラグです。OAEPは安全性の向上を目的としたパディング手法のひとつです。通常はtrueを設定します。

サンプルコードは、文字列を暗号化する方法を示しています。通常、暗号化する際に利用する公開キーは、データを復号する側が用意して暗号化する側に伝えますが、ここではすでに何らかの形で取得済みとして、公開キーを文字列リテラルとして与えています。

■ Recipe_334/Program.cs

```csharp
using System;
using System.Text;
using System.Security.Cryptography;

var message = "これは貴方だけに話す秘密のお話です";
var publicKey = @"<RSAKeyValue><Modulus>tPzEpYykLkTd31c1cxh8hP1iB+ ⏎
9igecJi14UdONYNXXqIDOCC5PCOkVTfjbQKiixbSqhqXLnR9UWqmf3xytYB3zdHBIn ⏎
TAqUeMMJdVOK1FNvJyFFCBGZixfwSZp1u5fAX2X8dQU680i4qi6zFvpWKaz8LX35MG ⏎
fujVvxmLKYM70=</Modulus><Exponent>AQAB</Exponent></RSAKeyValue>";
var rsa = new RSACryptoServiceProvider();

// 公開キーを使ってRSAオブジェクトを初期化
rsa.FromXmlString(publicKey);
var bytes = Encoding.UTF8.GetBytes(message);

// 暗号化する
var output = rsa.Encrypt(bytes, true);
```

```
                            〳〳
var outputStr = Convert.ToBase64String(output);
```

```
// 暗号化した結果をBase64文字列にして表示する
Console.WriteLine(outputStr);
```

実行例

m1KaX/c6XrgnHYDV37hWROdsacoI2lW459480M8k6MqKC/Xf2Gt8lr5R4ucPEgwPHt
FjL1rEIcRhsMsaQoE+vie6Wk/afwSljn9pawQLIEirwUCV7ZEBmb/8ART6N+aILUIL
NKPJhmQAR3cgXvhh4ir4hRHaVNfn7Gt3KsAxmc0=

〔 関連項目 〕

▶▶335 公開キー暗号方式を使って復号したい

Chap 22

暗号化

335 公開キー暗号方式を使って復号したい

● RSACryptoServiceProvider.Decryptメソッド

```
public byte[] Decrypt(byte[] rgb, bool fOAEP);
```

　RSACryptoServiceProviderクラスを使うと、公開キー暗号方式で暗号化されたデータを復号することができます。

　暗号化されたデータを復号するには、RSACryptoServiceProviderクラスのDecryptメソッドを利用します。復号には秘密キー（private key）が必要になります。

　サンプルコードは、暗号化された文字列を復号する方法を示しています。通常、秘密キーは「332 公開キー暗号方式で利用する公開キーと秘密キーを生成したい」で示した方法で生成したものを使用しますが、ここでは生成済みの秘密キーを文字列リテラルとして与えています。

■ Recipe_335/Program.cs

```
using System;
using System.Text;
using System.Security.Cryptography;
// 暗号化された文字列
var encrypted = @"m1KaX/c6XrgnHYDV37hWROdsacoI2lW459480M8k6MqKC/Xf
2Gt8lr5R4ucPEgwPHtFjL1rEIcRhsMsaQoE+vie6Wk/afwSljn9pawQLIEirwUCV7Z
EBmb/8ART6N+aILUILNKPJhmQAR3cgXvhh4ir4hRHaVNfn7Gt3KsAxmc0=";
// 秘密キー
var privateKey = @"<RSAKeyValue><Modulus>tPzEpYykLkTd31c1cxh8hP1iB
+9igecJi14UdONYNXXqIDOCC5PCOkVTfjbQKiixbSqhqXLnR9UWqmf3xytYB3zdHBI
nTAqUeMMJdVOK1FNvJyFFCBGZixfwSZp1u5fAX2X8dQU680i4qi6zFvpWKaz8LX35M
GfujVvxmLKYM70=</Modulus><Exponent>AQAB</Exponent><P>zDPJMOkEinwOK
FswrD1ypKt0sSHbhDzcmiq4fJOvR+hHP2NkmeFlkhZv5oT2/
zzR+Bpi5oA3jVD91eAnI+hmUw==</P><Q>4uV7vzR/YHYvF9bPm1SYBZGEw/naVMhp
DBw/9qGOjvjKUBtZitvYE4YQDEsw84tDvnbMlkKr1KmTl1WSB2Kbrw==</Q><DP>Ry
AGhMW08jNxjvbsRiIFC3w44fWkCzRTtlMI/UNHeylZn6eUA9ExWqf8A/
PuQErD68HtDtI8BzndoCA6IdSxxw==</DP><DQ>rhsr7teo2ms1zdQu8GFkWfmE6CD
kUWSLfxh6WJU14C22iOvDtRLnZmvcCqL0CB4YOKHOcYrtcb1CHMEz0ejvzw==</DQ>
<InverseQ>G/2TjxPE858e1wM0DlSXHPJR7aKtnDGQZQGKM0LuDxavTB1JLOuP4iII
slkvPtMwh9bvKlrgPgEkt9qV2sqSPw==</InverseQ><D>sni3qdCAbif26rBiwraY
```

⟩⟩

w8PhkZWb/CFKJiaF4aX2a/F1CIACc0wnsbJ/XOzMZWZvYAk0FZZ7Pzh/+1Y+3iZ9zG 🔁
tV/aVRJAkdv7WMpZ1Cngm8s5EbxjqI69njb2VXkSpKicVDfrzs+dp4gaVAaRl4H3NV 🔁
mlizpUyDhiGrHgecNbk=</D></RSAKeyValue>";

```csharp
// 秘密キーを使って、RSAオブジェクトを初期化
var rsa = new RSACryptoServiceProvider();
rsa.FromXmlString(privateKey);

// 復号する
var bytes = Convert.FromBase64String(encrypted);
var output = rsa.Decrypt(bytes, true);
// 文字列に変換
var message = Encoding.UTF8.GetString(output);
Console.WriteLine(message);
```

▼ 実行結果

```
これは貴方だけに話す秘密のお話です
```

(関連項目)

▶▶334 公開キー暗号方式を使って暗号化したい

Chap 22 暗号化

336

RSA公開キーファイル（PKCS#1）を使って暗号化したい

- RSACryptoServiceProvider.ImportRSAPublicKeyメソッド

```
public virtual void ImportRSAPublicKey(ReadOnlySpan<byte> source,
out int bytesRead);
```

- RSACryptoServiceProvider.Encryptメソッド

```
public byte[] Encrypt(byte[] rgb, bool fOAEP);
```

　RSA公開キーファイル（PKCS#1形式）を使ってデータを暗号化するには、RSACryptoService ProviderクラスのImportRSAPublicKeyメソッドを利用します。

　ImportRSAPublicKeyメソッドを呼び出すと、RSACryptoServiceProviderオブジェクトに公開キーがインポートされます。その後Encryptメソッドを使えばデータを暗号化できます。

　引数fOAEPは、Optimal Asymmetric Encryption Padding（OAEP）を利用するかどうかのフラグです。OAEPは、安全性の向上を目的としたパディング手法のひとつです。通常trueを設定します。

　以下に示すサンプルコードは、保存されたPKCS#1形式の公開キーを使って文字列を暗号化する例です。

■ Recipe_336/Program.cs

```
using System;
using System.Text;
using System.IO;
using System.Security.Cryptography;

var pemstring = File.ReadAllText("publickey.pem");
var publicKey = pemstring.Replace("-----BEGIN RSA PUBLIC KEY-----
","")
                .Replace("-----END RSA PUBLIC KEY-----","")
                .Replace("\n","").Replace("\r","");
var publicKeyBytes = Convert.FromBase64String(publicKey);
using var rsa = new RSACryptoServiceProvider();
```

```
// 公開キーをインポート
rsa.ImportRSAPublicKey(publicKeyBytes, out _);
```

```
// 暗号化する
string message = "これは貴方だけに話す秘密のお話です";
var bytes = Encoding.UTF8.GetBytes(message);
var output = rsa.Encrypt(bytes, true);
```

```
// byte配列をBase64に変換して出力
var outputStr = Convert.ToBase64String(output);
Console.WriteLine(outputStr);
```

実行例

```
izkrdQVdthIbfQHhNG10Wo/ssSpGi6Py9PXsAAIxRA+ET+pMIlrGsW4I7tL/
i6Sabr/1/k/LFd//GrBy7RUpj3CUJ885gzgWBuU8YwS0Rgi/8m1aw6foYdQlc0yzQC
NG8PZDcu09miQg7k+1lOCp5KDUvm+DNA61egShYfvQ5UE=
```

なおインポートした公開キーをXML形式にするには、ToXmlStringメソッドを呼び出します。

```
var xmlkey = rsa.ToXmlString(false);
```

補足

公開キーファイルは、以下のようなコマンドで作成することができます。

```
openssl genrsa -out privatekey.pem 1024
openssl rsa -in privatekey.pem -RSAPublicKey_out -out
publickey.pem
```

作成されたpublickey.pemは以下のような形式になっています。

```
-----BEGIN RSA PUBLIC KEY-----
(Base64エンコードされたデータ)
-----END RSA PUBLIC KEY-----
```

（ 関連項目 ）

▶▶337 RSA秘密キーファイル（PKCS#1）を使って復号したい

337

RSA秘密キーファイル
(PKCS#1)を使って復号したい

Syntax

● RSACryptoServiceProvider.ImportRSAPrivateKeyメソッド

```
public virtual void ImportRSAPrivateKey(ReadOnlySpan<byte> source, ⏎
out int bytesRead);
```

● RSACryptoServiceProvider.Decryptメソッド

```
public byte[] Decrypt(byte[] rgb, bool fOAEP);
```

　RSA秘密キーファイル(PKCS#1)を使ってデータを復号するには、RSACryptoService ProviderクラスのImportRSAPrivateKeyメソッドを利用します。

　ImportRSAPrivateKeyメソッドで、RSACryptoServiceProviderオブジェクトに秘密キーがインポートされます。その後Decryptメソッドを使えば、データを復号できます。

　以下に示すサンプルコードは、保存された秘密キーを使って文字列を復号する例です。

■ Recipe_337/Program.cs

```
using System;
using System.Text;
using System.IO;
using System.Security.Cryptography;

var crypted = "izkrdQVdthIbfQHhNG10Wo/ssSpGi6Py9PXsAAIxRA+ET+pMIlr ⏎
GsW4I7tL/i6Sabr/1/k/LFd//GrBy7RUpj3CUJ885gzgWBuU8YwS0Rgi/8m1aw6foY ⏎
dQlc0yzQCNG8PZDcu09miQg7k+1lOCp5KDUvm+DNA61egShYfvQ5UE=";

// RSA秘密キーファイル(PKCS#1)を読み込み前処理する
var pemstring = File.ReadAllText("privatekey.pem");
var privateKey = pemstring.Replace("-----BEGIN RSA PRIVATE KEY---- ⏎
-","")
                    .Replace("-----END RSA PRIVATE KEY-----","")
                    .Replace("\n","").Replace("\r","");
var privateKeyBytes = Convert.FromBase64String(privateKey);
```

〱〱

```
using var rsa = new RSACryptoServiceProvider();

// 秘密キーをインポート
rsa.ImportRSAPrivateKey(privateKeyBytes, out _);

// 復号する
var bytes = Convert.FromBase64String(crypted);
var output = rsa.Decrypt(bytes, true);

// byte配列を文字列にして出力
var message = Encoding.UTF8.GetString(output);
Console.WriteLine(message);
```

▼ 実行結果

```
これは貴方だけに話す秘密のお話です
```

インポートした秘密キーをXML形式にするには、ToXmlStringメソッドを呼び出します。

```
var xmlkey = rsa.ToXmlString(true);
```

補足

秘密キーファイルは、以下のようなコマンドで作成することができます。

```
openssl genrsa -out privatekey.pem 1024
```

作成されたprivatekey.pemは以下のような形式になっています。

```
-----BEGIN RSA PRIVATE KEY-----
(BASEエンコードされたデータ)
-----END RSA PRIVATE KEY-----
```

（ 関連項目 ）

▶▶336 RSA公開キーファイル（PKCS#1）を使って暗号化したい

338 データのハッシュ値を求めたい

Syntax

● HashAlgorithm.ComputeHashメソッド

```
public byte[] ComputeHash(byte[] buffer);
```

　データのハッシュ値を求めるには、HashAlgorithmクラス（抽象クラス）のComputeHashメソッドを利用します。

　以下に示すサンプルコードでは、HashAlgorithmの派生クラスであるSHA256Managedクラスを使ってハッシュ値を求めています。

■ Recipe_338/Program.cs

```csharp
using System;
using System.Text;
using System.Security.Cryptography;

var text = "吾輩は猫である。名前はまだ無い。";
var messageBytes = Encoding.Unicode.GetBytes(text);
using var shHash = new SHA256Managed();
var hash = shHash.ComputeHash(messageBytes);
Console.WriteLine(Convert.ToBase64String(hash));
```

▼ 実行結果

```
pXBjae7Dqx8JU6RO9uQKBS/ynPpUHl2NoXW0OUaS3YI=
```

(関連項目)

>> 339 ハッシュ値を使いデータの検証を行いたい

339 ハッシュ値を使いデータの 検証を行いたい

Syntax

● HashAlgorithm.ComputeHashメソッド

```
public byte[] ComputeHash(byte[] buffer);
```

データのハッシュ値を利用するとデータがオリジナルから変更されているかどうかを検証できます。

検証するには、オリジナルのデータのハッシュ値と、検証したいデータのハッシュ値を比較します。ハッシュ値が一致する場合、データは変更されていないとみなせます。ハッシュ値が一致しない場合は、データが破損していることがわかります。

データのハッシュ値を求めるには、HashAlgorithmクラス（抽象クラス）のComputeHashメソッドを利用します。

以下に示すサンプルコードでは、GenerateHashValueとValidateByHashというふたつのメソッドを定義し、データの整合性を確認できるようにしています。ここではHashAlgorithmの派生クラスであるSHA256Managedクラスを利用しています。

■ Recipe_339/Program.cs

```
using System;
using System.Linq;
using System.Security.Cryptography;
using System.Text;

var text = "吾輩は猫である。名前はまだ無い。";
var hashValue = GenerateHashValue(text);
Console.WriteLine(Convert.ToBase64String(hashValue));

var equals = ValidateByHash("吾輩は猫である。名前はまだ無い。",
hashValue);
Console.WriteLine(equals);
var equals2 = ValidateByHash("吾輩は猫である。名前はまだない。",
hashValue);
Console.WriteLine(equals2);

static byte[] GenerateHashValue(string text)
```

〈〉

Chap **22** 暗号化

```
{
    var messageBytes = Encoding.Unicode.GetBytes(text);
    using var shHash = new SHA256Managed();
    return shHash.ComputeHash(messageBytes);
}

static bool ValidateByHash(string text, byte[] originalHash)
{
    var hash = GenerateHashValue(text);
    return Enumerable.SequenceEqual(hash, originalHash);

}
```

▼ 実行結果

```
pXBjae7Dqx8JU6RO9uQKBS/ynPpUHl2NoXW0OUaS3YI=
True
False
```

(関連項目)

338 データのハッシュ値を求めたい

340 デジタル署名をしたい

Syntax

● AsymmetricSignatureFormatter.CreateSignatureメソッド

```
public abstract byte[] CreateSignature(byte[] rgbHash);
```

公開キー暗号化で利用されるアルゴリズムは、デジタル署名を作成する目的でも使用できます。デジタル署名を使うことで、Aさんから送られたデータが、本当にAさんのデータなのかをデータの受信者が確認することが可能になります。データにデジタル署名をするAさんは、秘密キーと公開キーを作成する必要があります。一方、データの受信者はAさんが作成した公開キーを知っている必要があります。

デジタル署名をするには、AsymmetricSignatureFormatterクラスのCreateSignatureメソッドを利用します。引数にはデジタル署名したいデータのハッシュ値を渡します。なおCreateSignatureを呼び出す前に秘密キーとハッシュアルゴリズムを指定しておく必要があります。

以下に示すサンプルコードでは、文字列データをデジタル署名する例を示しています。作成したデジタル署名は、byte配列のためBase64形式でエンコードしています。

■ Recipe_340/Program.cs

```csharp
using System;
using System.Text;
using System.IO;
using System.Security.Cryptography;

string message = "この文字列に対しデジタル署名を生成します。";

var rsa = new RSACryptoServiceProvider();
string privateKey = rsa.ToXmlString(true);
string publicKey = rsa.ToXmlString(false);

var digitalSign = MakeDigitalSign(message, privateKey);

Console.WriteLine($"digital sign: {digitalSign}");
Console.WriteLine($"publickey: {publicKey}");

static string MakeDigitalSign(string message, string privateKey)
```

〜〜

```
{
    byte[] digest = CreateHash(message);
    // DSACryptoServiceProvider インスタンス生成
    var rsa = new RSACryptoServiceProvider();
    // 秘密キーをインポート
    rsa.FromXmlString(privateKey);
    // Formatterオブジェクトを生成
    var rsaFormatter = new RSAPKCS1SignatureFormatter(rsa);
    rsaFormatter.SetHashAlgorithm("SHA256");
    // 署名を作成
    var signature = rsaFormatter.CreateSignature(digest);
    return Convert.ToBase64String(signature);
}

static byte[] CreateHash(string message)
{
    byte[] msgData = System.Text.Encoding.UTF8.GetBytes(message);
    using var sha = new SHA256Managed();
    return sha.ComputeHash(msgData);
}
```

実行例

```
digital sign: NMdusBhkssZQA2rAVlz3M9d0LcDtvkH47v3NN0m3tQCpJtBZE9AW
f0rWCwkNGfGCLaEiASXtM4VDVOw0TQYhXComfxLHttNabg8ua6kf1u/d5K2wrbgvQm
giU6wKpHT7GmStFFl9xdF04EfMGnFQ+n/JBF4nGVo7rl1oOEvCbTg=
publickey: <RSAKeyValue><Modulus>u+LfJ/V6ioJT5x0VGN8kogxDgvKj6Lkzg
0ZwFDde1DsYN+4HQxwrcIXZRiFKLdJpqAatRHenOPu8uxLmfjziV2Nk+mGD9nl77Do
d7ILn0DXsG/VjFU7sd7uc7k2GsnUoOzz6wI8gQxFYEtLmtproyskeeAuglH7B1/
pXsu4vOl0=</Modulus><Exponent>AQAB</Exponent></RSAKeyValue>
```

関連項目

341 デジタル署名したデータを検証したい

デジタル署名したデータを検証したい

- **RSAPKCS1SignatureDeformatter.VerifySignatureメソッド**

```
public abstract bool VerifySignature(byte[] rgbHash, byte[]
rgbSignature);
```

　公開キー暗号化で利用されるアルゴリズムは、デジタル署名を作成する目的でも使用できます。デジタル署名を使うことで、Aさんから送られたデータが、本当にAさんのデータなのかをデータの受信者が確認することが可能になります。データの受信者はAさんが作成した公開キーを知っている必要があります。

　デジタル署名の検証を行うには、RSAPKCS1SignatureDeformatterクラスのVerifySignatureメソッドを利用します。検証したいデータのハッシュ値と、デジタル署名を引数に渡します。なおVerifySignatureを呼び出す前に公開キーとハッシュアルゴリズム（デジタル署名したものと同じアルゴリズム）を指定しておく必要があります。

　以下に示すサンプルコードでは、デジタル署名を用いてデータを検証する例を示しています。

■ **Recipe_341/Program.cs**

```csharp
using System;
using System.Text;
using System.IO;
using System.Security.Cryptography;

var message = "この文字列に対しデジタル署名を生成します。";
// Base64形式にエンコードされたデジタル署名
var digitalSignStr = "NMdusBhkssZQA2rAVlz3M9d0LcDtvkH47v3NN0m3tQCp
JtBZE9AWf0rWCwkNGfGCLaEiASXtM4VDVOw0TQYhXComfxLHttNabg8ua6kf1u/d5K
2wrbgvQmgiU6wKpHT7GmStFFl9xdF04EfMGnFQ+n/JBF4nGVo7rl1oOEvCbTg=";
// 公開キー
var publicKey = "<RSAKeyValue><Modulus>u+LfJ/V6ioJT5x0VGN8kogxDgvK
j6Lkzg0ZwFDde1DsYN+4HQxwrcIXZRiFKLdJpqAatRHenOPu8uxLmfjziV2Nk+mGD9
nl77Dod7ILn0DXsG/VjFU7sd7uc7k2GsnUoOzz6wI8gQxFYEtLmtproyskeeAuglH
7B1/pXsu4vOl0=</Modulus><Exponent>AQAB</Exponent></RSAKeyValue>";
var digitalSign = Convert.FromBase64String(digitalSignStr);
var result = VerifyDigitalSign(message, digitalSign, publicKey);
if (result)
    Console.WriteLine("改ざんされていません");
```

》

》》

```
else
    Console.WriteLine("改ざんされています");

static bool VerifyDigitalSign(string message,
    byte[] digitalSign, string publicKey)
{
    var rsa = new RSACryptoServiceProvider();
    // 公開キーを指定
    rsa.FromXmlString(publicKey);
    // Formatterオブジェクトを生成
    var rsaDeformatter = new RSAPKCS1SignatureDeformatter(rsa);
    // ハッシュアルゴリズムを指定する
    rsaDeformatter.SetHashAlgorithm("SHA256");
    // ダイジェストを作成
    byte[] digest = CreateHash(message);
    return rsaDeformatter.VerifySignature(digest, digitalSign);
}

static byte[] CreateHash(string message)
{
    byte[] msgData = System.Text.Encoding.UTF8.GetBytes(message);
    using var sha = new SHA256Managed();
    return sha.ComputeHash(msgData);
}
```

▼ 実行結果

```
改ざんされていません
```

⸨ 関連項目 ⸩

▶▶340 デジタル署名をしたい

Excelとword

Chapter

23

342 [Excel] NPOIを使って Excelファイルを作成したい

オープンソースのNPOIを利用すると、C#でExcel文書を作成することができます。NPOIはOfficeドキュメントを操作するJava用のライブラリApache POIを.NET用に移植したものです。

NPOIを使えばExcelがインストールされていないPCからもExcel文書を作成することが可能です。

NPOIを利用するには、Visual Studioの「NuGet パッケージの管理」を利用するか、以下のコマンドでプロジェクトにパッケージをインストールします。本書ではバージョン2.5.1を利用しています。

■ パッケージのインストール (.NET CLI)

```
dotnet add package NPOI --version 2.5.1
```

サンプルコードでは、カスタムクラスMyExcelBookに以下の3つのメソッドを定義しています。このコードがExcelファイルを作成する出発点となります。以降の項目でMyExcelBookクラスに機能を追加しています。

メソッド	説明
Create	Excelブックを作成する
CreateSheet	シートを作成する
Save	ファイルに保存する (同名のファイルは上書き)

これらのメソッドを使って新規にExcelファイルを作成し、そこにひとつの空のシートを挿入し保存しています。

■ Recipe_342/Program.cs

```
using System;
using System.IO;
using NPOI.SS.UserModel;
using NPOI.XSSF.UserModel;

var xls = MyExcelBook.Create("example.xlsx");
xls.CreateSheet("mySheet");
xls.Save();
```

〉〉

```csharp
public sealed class MyExcelBook
{
    private XSSFWorkbook _xssFWorkbook;
    private ISheet _sheet;

    private MyExcelBook()
    {
        _xssFWorkbook = new XSSFWorkbook();
    }

    private string _filepath;
    public static MyExcelBook Create(string filepath)
    {
        var obj = new MyExcelBook();
        obj._filepath = filepath;
        obj._xssFWorkbook = new XSSFWorkbook();
        return obj;
    }

    public void CreateSheet(string name) =>
        _sheet = _xssFWorkbook.CreateSheet(name);

    public void Save()
    {
        using var stream = new FileStream(_filepath,
                                          FileMode.Create);
        _xssFWorkbook.Write(stream);
    }
}
```

■ 作成されたExcelファイル

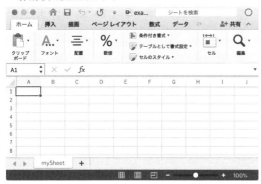

343 [Excel] NPOIを使って セルに値を設定したい

NPOIパッケージを利用したExcelファイルの作成において、セルに値を設定するには、「シートを作成」「Rowオブジェクトを作成」「Cellオブジェクトを作成」「Cellに値を設定」という4つの手順を踏みます。

サンプルコードでは、「342 [Excel] NPOIを使ってExcelファイルを作成したい」で示したMyExcelBookクラスに以下のメソッドを追加しています。

メソッド	説明
CreateRow	指定した位置に行オブジェクトを作成する
SetValue	指定したCellに値を設定する

SetValueメソッドは、NPOIが用意するCreateCell、SetCellValueのふたつのメソッドを連続して呼び出すことで、「Cellオブジェクトを作成」「Cellに値を設定」のふたつの手順をひとつにまとめています。

当サンプルコードでは、すでに同名のファイルがあった場合は上書きされます。

■ Recipe_343/Program.cs

```csharp
using System;
using System.IO;
using NPOI.SS.UserModel;
using NPOI.XSSF.UserModel;

var xls = MyExcelBook.Create("example.xlsx");
xls.CreateSheet("mySheet");
for (int i = 0; i < 3; i++)
{
    var row = xls.CreateRow(i);
    for (int col = 0; col < 5; col++)
    {
        var val = $"{row.RowNum}-{col}";
        xls.SetValue(row, col, val);
    }
}
xls.Save();

public sealed class MyExcelBook
```

〳〵

〈〈

```
{
    private XSSFWorkbook _xssFWorkbook;
    private ISheet _sheet;
    private string _filepath;

    private MyExcelBook()
    {
        _xssFWorkbook = new XSSFWorkbook();
    }

    public static MyExcelBook Create(string filepath)
    {
        var obj = new MyExcelBook();
        obj._filepath = filepath;
        obj._xssFWorkbook = new XSSFWorkbook();
        return obj;
    }

    public void CreateSheet(string name) =>
        _sheet = _xssFWorkbook.CreateSheet(name);

    public IRow CreateRow(int no) => _sheet.CreateRow(no);

    public void SetValue(IRow row, int col, string value)
    {
        ICell cell = row.CreateCell(col);
        cell.SetCellValue(value);
    }

    public void Save()
    {
        using var stream = new FileStream(_filepath,
                                        FileMode.Create);
        _xssFWorkbook.Write(stream);
    }
}
```

■ **作成されたExcelファイル**

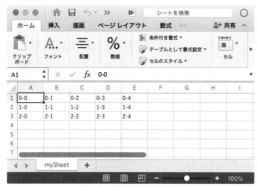

(関連項目)

▶▶346 [Excel] NPOIを使ってセルの値を変更したい

344 [Excel] NPOIを使って 特定のセルの値を取得したい

NPOIパッケージを利用したExcelファイルの作成において、セルの値を取得するには、「シートを選択」「Rowオブジェクトを取得」「Cellオブジェクトを取得」「Cellの値を取得」という4つの手順を踏みます。

サンプルコードでは、「343 ［Excel］NPOIを使ってセルに値を設定したい」で示したMyExcelBookクラスに以下のメソッドを追加しています。

メソッド	説明
Open	既存のファイルをオープンする
SelectSheet	シートを選択する
GetValue	Cellの値を取得する（object型で返す）
_CellValue	GetValueの下位メソッド（private）

GetValueメソッドでは、「Rowオブジェクトを取得」「Cellオブジェクトを取得」「Cellの値を取得」の3つの処理をまとめることで簡単に機能を呼び出せるようにしています。このメソッドから呼び出される_CellValueメソッドは、取得したCellオブジェクトのCellTypeプロパティの値（型）を見て、取得するコードを変えています。

■ Recipe_344/Program.cs

```csharp
using System;
using System.IO;
using NPOI.SS.UserModel;
using NPOI.XSSF.UserModel;

var xls = MyExcelBook.Open("example.xlsx");
xls.SelectSheet(0);
for (int i = 0; i < 5; i++)
{
    var val = xls.GetValue(2, i);
    Console.WriteLine(val.ToString());
}

public sealed class MyExcelBook
{
    private XSSFWorkbook _xssFWorkbook;
```

〈〉

```
    private ISheet _sheet;
    private string _filepath;

    private MyExcelBook()
    {
        _xssFWorkbook = new XSSFWorkbook();
    }

    public static MyExcelBook Open(string filePath)
    {
        var obj = new MyExcelBook();
        obj._filepath = filePath;
        using var stream = new FileStream(filePath,
            FileMode.Open);
        obj._xssFWorkbook = new XSSFWorkbook(stream);
        return obj;
    }

    public void SelectSheet(int no) =>
        _sheet = _xssFWorkbook.GetSheetAt(no);

    public object GetValue(int row, int col)
    {
        var rowobj = _sheet.GetRow(row);
        var cell = rowobj?.GetCell(col);
        return cell == null ? null
                            : _CellValue(cell, cell.CellType);
    }

    private object _CellValue(ICell cell, CellType type =
CellType.Unknown)
    {
        var atype = type == CellType.Unknown ? cell.CellType
                                             : type;
        switch (atype)
        {
            case CellType.String:
                return cell.StringCellValue;
            case CellType.Boolean:
                return cell.BooleanCellValue;
            case CellType.Numeric:
                // 日付の場合も、Numeric型になる
```

```csharp
                                  ⁀⁀

                // IsCellDateFormattedメソッドで区別している
                // ただし日付でもFalseが返るパターンもある。これはサポート外
                if (DateUtil.IsCellDateFormatted(cell))
                    return cell.DateCellValue;
                else
                    return cell.NumericCellValue;
            case CellType.Formula:
                // セルが式の場合は、_CellValueを再帰呼び出ししている
                var cellFormula = cell.CellFormula;
                return _CellValue(cell,
                                  cell.CachedFormulaResultType);
            case CellType.Blank:
                return "";
            default:
                return null;
        }
    }

    // 一部省略
}
```

■ **入力するExcelファイル**

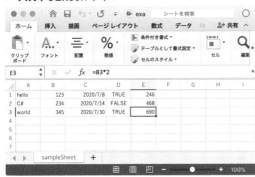

▼ **実行結果**

```
world
345
2020/07/30 0:00:00
True
690
```

345

[Excel] NPOIを使って
すべてのセルの値を取得したい

　NPOIパッケージを利用したExcelファイルの作成において、すべてのセルの値を取得する方法を示します。

　サンプルコードでは、「344　[Excel] NPOIを使って特定のセルの値を取得したい」で示したMyExcelBookクラスに以下のメソッドを追加しています。

メソッド	説明
GetRows	有効なRowを順に列挙する
GetCells	指定したRowの有効なCellを順に列挙する

　ここではコードを単純化するために、CellオブジェクトのToStringメソッドを呼び出すことで、セルの値を文字列として取得しています。

■ Recipe_345/Program.cs

```
using System;
using System.IO;
using System.Collections.Generic;
using NPOI.SS.UserModel;
using NPOI.XSSF.UserModel;

var xls = MyExcelBook.Open("example.xlsx");
xls.SelectSheet(0);
foreach (var row in xls.GetRows())
{
    var line = new List<string>();
    foreach (var cell in xls.GetCells(row))
    {
        line.Add(cell?.ToString());
    }
    Console.WriteLine(String.Join("\t", line));
}

public sealed class MyExcelBook
{
    private XSSFWorkbook _xssFWorkbook;
```

≀≀

```csharp
    private ISheet _sheet;
    private string _filepath;

    private MyExcelBook()
    {
        _xssFWorkbook = new XSSFWorkbook();
    }

    public static MyExcelBook Open(string filePath)
    {
        var obj = new MyExcelBook();
        obj._filepath = filePath;
        using var stream = new FileStream(filePath,
                                        FileMode.Open);
        obj._xssFWorkbook = new XSSFWorkbook(stream);
        return obj;
    }

    public void SelectSheet(int no) =>
        _sheet = _xssFWorkbook.GetSheetAt(no);

    public IEnumerable<IRow> GetRows()
    {
        for (int i = _sheet.FirstRowNum; i <= _sheet.LastRowNum; i++)
        {
            yield return _sheet.GetRow(i);
        }
    }

    public IEnumerable<ICell> GetCells(IRow row)
    {
        int cellCount = row.LastCellNum;
        for (int i = 0; i < cellCount; i++)
        {
```

≀≀

```
          ⟩⟩
        ICell cell = row.GetCell(i);
        yield return cell;
      }
    }
    // 一部省略
}
```

■ 入力するExcelファイル

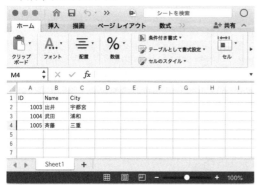

▼ 実行結果

```
ID      Name    City
1003    出井    宇都宮
1004    武田    浦和
1005    斉藤    三重
```

346

[Excel] NPOIを使って
セルの値を変更したい

　NPOIパッケージを利用して、既存のExcelファイルを読み込み、指定したセルの値を変更するコード
を示します。
　サンプルコードでは、「345　[Excel] NPOIを使ってすべてのセルの値を取得したい」で示した
MyExcelBookクラスに以下のメソッドを追加、変更しています。

メソッド	追加/変更	説明
GetRow	追加	指定したRowオブジェクトを取得する
SetValue	変更	Cellオブジェクトが存在していた場合にも値を設定できるよう変更

■ Recipe_346/Program.cs

```
using System;
using System.IO;
using System.Collections.Generic;
using NPOI.SS.UserModel;
using NPOI.XSSF.UserModel;

var xls = MyExcelBook.Open("example.xlsx");
xls.SelectSheet(0);
var row = xls.GetRow(1) ?? xls.CreateRow(1);
xls.SetValue(row, 0, "Update Item");
var row2 = xls.GetRow(5) ?? xls.CreateRow(5);
xls.SetValue(row2, 5, "New Item");
xls.Save();

public sealed class MyExcelBook
{
    private XSSFWorkbook _xssFWorkbook;
    private ISheet _sheet;
    private string _filepath;

    private MyExcelBook()
    {
        _xssFWorkbook = new XSSFWorkbook();
    }
}
```

《《

Chap 23

Excelと Word

```csharp
    public IRow CreateRow(int no) => _sheet.CreateRow(no);

    // 変更したメソッド
    public void SetValue(IRow row, int col, string value)
    {
        ICell cell = row.GetCell(col) ?? row.CreateCell(col);
        cell.SetCellValue(value);
    }

    public void Save()
    {
        using var stream = new FileStream(_filepath,
                                          FileMode.Create);
        _xssFWorkbook.Write(stream);
    }

    public static MyExcelBook Open(string filePath)
    {
        var obj = new MyExcelBook();
        obj._filepath = filePath;
        using var stream = new FileStream(filePath,
                                          FileMode.Open);
        obj._xssFWorkbook = new XSSFWorkbook(stream);
        return obj;
    }

    public void SelectSheet(int no) =>
        _sheet = _xssFWorkbook.GetSheetAt(no);

    // 追加したメソッド
    public IRow GetRow(int no) => _sheet.GetRow(no);

    // 一部省略
}
```

[Excel] NPOIを使ってセルの値を変更したい

■ 変更前

■ 変更後

347 [Excel] NPOIを使って セルにスタイルを設定したい

NPOIパッケージを利用し、Excelファイルのセルにスタイルを設定するコードを示します。
サンプルコードでは、「346 [Excel] NPOIを使ってセルの値を変更したい」で示した
MyExcelBookクラスに以下のメソッドを追加しています。

メソッド	説明
CreateMyStyle	スタイルを作成 (サンプルのための固定的なスタイル)
SetValue	Styleを受け取りCellに値を設定するオーバーロード

CreateMyStyleメソッドでは、フォント、罫線、塗りつぶしを指定したスタイルを作成しています。
SetValueメソッドでは、このStyleをCellオブジェクトのCellStyleプロパティに設定することでスタイル
を適用しています。

■ Recipe_347/Program.cs

```csharp
using System;
using System.IO;
using System.Collections.Generic;
using NPOI.SS.UserModel;
using NPOI.XSSF.UserModel;

var xls = MyExcelBook.Create("example.xlsx");
xls.CreateSheet("mySheet");
var style = xls.CreateMyStyle();
xls.SetValue(1, 1, "Item 1");
xls.SetValue(2, 2, "Item 2", style);
xls.SetValue(3, 3, "Item 3");
xls.Save();

public sealed class MyExcelBook
{
    private XSSFWorkbook _xssFWorkbook;
    private ISheet _sheet;
    private string _filepath;

    private MyExcelBook()
```

〈〉

```
    {
        _xssFWorkbook = new XSSFWorkbook();
    }

    public static MyExcelBook Create(string filepath)
    {
        var obj = new MyExcelBook();
        obj._filepath = filepath;
        obj._xssFWorkbook = new XSSFWorkbook();
        return obj;
    }

    public void CreateSheet(string name) =>
        _sheet = _xssFWorkbook.CreateSheet(name);

    public IRow CreateRow(int no) => _sheet.CreateRow(no);

    public void Save()
    {
        using var stream = new FileStream(_filepath,
                                    FileMode.Create);
        _xssFWorkbook.Write(stream);
    }

    // 追加したメソッド
    public ICellStyle CreateMyStyle()
    {
        var style = _xssFWorkbook.CreateCellStyle();
        // 塗りつぶし
        style.FillForegroundColor = IndexedColors.RoyalBlue.Index;
        style.FillPattern = FillPattern.SolidForeground;
        // 罫線
        style.BorderTop = BorderStyle.Thin;
        style.BorderLeft = BorderStyle.Thin;
        style.BorderRight = BorderStyle.Thin;
```

〈〉

Chap 23 Excel と Word

```
        style.BorderBottom = BorderStyle.Thin;
        // フォント
        var font = _xssFWorkbook.CreateFont();
        font.FontHeightInPoints = 14;
        font.Color = IndexedColors.White.Index;
        style.SetFont(font);
        return style;
    }
    // 追加したメソッド
    public void SetValue(int row, int col, string value,
ICellStyle style = null)
    {
        var rowobj = CreateRow(row);
        ICell cell = rowobj.CreateCell(col);
        cell.SetCellValue(value);
        if (style != null)
            cell.CellStyle = style;
    }
    // 一部省略
}
```

■ 作成されたExcelファイル

348

[Word] OpenXMLで Word文書を新規作成したい

DocumentFormat.OpenXmlパッケージを利用すると、C#でWord文書を作成することが可能です。

Visual Studioの「NuGet パッケージの管理」を利用するか、以下のコマンドでプロジェクトにパッケージをインストールします。本書ではバージョン2.11.3を利用しています。

■ **パッケージのインストール (.NET CLI)**

```
dotnet add package DocumentFormat.OpenXml --version 2.11.3
```

このパッケージを使えばWordがインストールされていないPCからもWord文書を作成することが可能です。

以下のサンプルコードでは、カスタムクラスMyWordDocに以下のメソッドを定義しています。このコードがWordファイルを作成する出発点となります。以降の項目でMyWordDocクラスに機能を追加しています。

メソッド	説明
AppendParagraph	パラグラフを追加する
AppendParagraph2	パラグラフを追加する（もうひとつの書き方）

このMyWordDocクラスを使い、新規にふたつのパラグラフ（段落）を持つWordファイルを作成しています。

■ **Recipe_348/Program.cs**

```
using System;
using DocumentFormat.OpenXml;
using DocumentFormat.OpenXml.Wordprocessing;
using DocumentFormat.OpenXml.Packaging;

var filepath = "example.docx";
using var doc = new MyWordDoc(filepath);
doc.AppendParagraph("色は匂へど 散りぬるを 我が世誰ぞ 常ならむ");
doc.AppendParagraph2("有為の奥山 今日越えて 浅き夢見じ 酔ひもせず");
```

〉〉

```
sealed class MyWordDoc : IDisposable
{
    private WordprocessingDocument _document;
    private Body _body;

    public MyWordDoc(string filepath)
    {
        _document = WordprocessingDocument.Create(filepath,
            WordprocessingDocumentType.Document);
        MainDocumentPart mainPart =
            _document.AddMainDocumentPart();
        mainPart.Document = new Document();
        _body = mainPart.Document.AppendChild(new Body());
    }

    public void Dispose() => _document?.Dispose();

    // 段落を追加
    public void AppendParagraph(string text)
    {
        Paragraph para = _body.AppendChild(new Paragraph());
        Run run = para.AppendChild(new Run());
        run.AppendChild(new Text(text));
    }

    // 段落を追加（AppendParagraphメソッドと同じ機能）
    public void AppendParagraph2(string text)
    {
        _body.AppendChild(
            new Paragraph(
                new Run(
                    new Text(text)
                )
            )
```

```
                                ⟨⟩
    );
  }
}
```

■ **作成されたWord文書**

349 [Word] OpenXMLで 段落の位置揃えをしたい

OpenXmlパッケージを利用したWord文書の操作において、段落の位置揃えをするには、JustificationValues列挙型を利用します。JustificationValues列挙型を設定したParagraphPropertiesオブジェクトをParagraphコンストラクターの引数に渡します。これで段落をセンタリングしたり、右寄せにしたりすることが可能になります。

サンプルコードでは、「348　[Word] OpenXMLでWord文書を新規作成したい」で示したMyWordDocクラスに以下の変更を行っています。

メソッド	変更内容
AppendParagraph	引数にJustificationValues列挙型を追加

■ Recipe_349/Program.cs

```
using System;
using DocumentFormat.OpenXml;
using DocumentFormat.OpenXml.Wordprocessing;
using DocumentFormat.OpenXml.Packaging;

var filepath = "example.docx";
using var word = new MyWordDoc(filepath);
word.AppendParagraph("色は匂へど 散りぬるを", JustificationValues.
Left);
word.AppendParagraph("我が世誰ぞ 常ならむ", JustificationValues.
Center);
word.AppendParagraph("有為の奥山 今日越えて", JustificationValues.
Right);
word.AppendParagraph("浅き夢見じ 酔ひもせず");

sealed class MyWordDoc : IDisposable
{
    private WordprocessingDocument _document;
    private Body _body;

    public MyWordDoc(string filepath)
    {
```

```
    _document = WordprocessingDocument.Create(filepath,
        WordprocessingDocumentType.Document);
    MainDocumentPart mainPart =
        _document.AddMainDocumentPart();
    mainPart.Document = new Document();
    _body = mainPart.Document.AppendChild(new Body());
}

public void Dispose() => _document?.Dispose();

// 段落を追加（位置揃えを指定）
public void AppendParagraph(
    string text,
    JustificationValues justificationValue =
        JustificationValues.Left)
{
    var prop = new ParagraphProperties();
    Justification justification = new Justification()
    {
        Val = justificationValue
    };
    prop.Append(justification);

    Paragraph para = _body.AppendChild(new Paragraph(prop));
    Run run = para.AppendChild(new Run());
    run.AppendChild(new Text(text));
}
}
```

■ 作成されたWord文書

350 [Word] OpenXMLで 既存文書に段落を挿入したい

OpenXmlパッケージを利用したWord文書の操作において、既存のWord文書に段落を挿入するには、DocumentFormat.OpenXml.Wordprocessing.BodyクラスのInsertBeforeメソッドかInsertAfterメソッドのどちらかを利用します。

サンプルコードでは、「349　[Word] OpenXMLで段落の位置揃えをしたい」で示したMyWordDocクラスに以下のメソッドを追加しています。

メソッド	説明
Open	既存のWordファイルを開く（静的メソッド）
GetParagraphs	ドキュメント内の段落を列挙
InsertParagraph	指定した段落のあとに新しい段落を挿入する

サンプルでは、InsertBeforeの例のみ示しています。InsertAfterも同様の呼び出し方で利用できます。

■ Recipe_350/Program.cs

```csharp
using System;
using System.Linq;
using System.Collections.Generic;
using DocumentFormat.OpenXml;
using DocumentFormat.OpenXml.Wordprocessing;
using DocumentFormat.OpenXml.Packaging;

var filepath = "example.docx";
using var word = MyWordDoc.Open(filepath);
Paragraph p = word.GetParagraphs().ElementAtOrDefault(1);
word.InsertParagraph(p, "我が世誰ぞ 常ならむ");
word.AppendParagraph("浅き夢見じ 酔ひもせず");

sealed class MyWordDoc : IDisposable
{
    private WordprocessingDocument _document;
    private Body _body;
    public MyWordDoc() { }
```

⟩⟩

〈〈

```csharp
public MyWordDoc(string filepath)
{
    _document = WordprocessingDocument.Create(filepath,
        WordprocessingDocumentType.Document);
    MainDocumentPart mainPart =
        _document.AddMainDocumentPart();
    mainPart.Document = new Document();
    _body = mainPart.Document.AppendChild(new Body());
}

public void Dispose() => _document?.Dispose();

public static MyWordDoc Open(string filepath)
{
    var obj = new MyWordDoc();
    obj._document = WordprocessingDocument.Open(filepath,
        true);
    obj._body = obj._document.MainDocumentPart.Document.Body;
    return obj;
}

// 段落を追加（位置揃えを指定）
public void AppendParagraph(
        string text,
        JustificationValues justificationValue =
            JustificationValues.Left)
{
    var prop = new ParagraphProperties();
    Justification justification = new Justification()
    {
        Val = justificationValue
    };
    prop.Append(justification);

    Paragraph para = _body.AppendChild(new Paragraph(prop));
```

〈〈

```
    Run run = para.AppendChild(new Run());
    run.AppendChild(new Text(text));
}

// ドキュメント内の段落を列挙
public IEnumerable<Paragraph> GetParagraphs()
    => _document.MainDocumentPart.Document
            .Body.Descendants<Paragraph>();

// 段落を指定したParagraphの前に挿入
public void InsertParagraph(Paragraph para, string text)
{
    var newpara = _body.InsertBefore(new Paragraph(), para);
    Run run = newpara.AppendChild(new Run());
    run.AppendChild(new Text(text));
}
}
```

■ 挿入前のWord文書

■ 挿入後のWord文書

351

[Word] OpenXMLで
段落にスタイルを適用したい

OpenXmlパッケージを利用したWord文書の操作において、文書の段落にスタイルを適用するには、「ドキュメントにスタイルを登録する」「登録したスタイルを段落に適用する」の2手順を踏む必要があります。

サンプルコードでは、「350 [Word] OpenXMLで既存文書に段落を挿入したい」で示したMyWordDocクラスに以下のpublicメソッドを追加しています。

メソッド	説明
AddStyleIfNotDefined	スタイルが定義されていなかったら登録する
ApplyStyleToParagraph	段落にスタイルを適用する

AddStyleIfNotDefinedメソッドで追加するスタイルの内容は固定的な値としています。AddStyleIfNotDefinedメソッド(下位メソッド含む)は非常に複雑なコードのため、コードにはコメントを付けていますので、それを参考にしてください。

■ Recipe_351/Program.cs

```
using System;
using System.Collections.Generic;
using System.Linq;
using DocumentFormat.OpenXml;
using DocumentFormat.OpenXml.Wordprocessing;
using DocumentFormat.OpenXml.Packaging;

var filename = "example.docx";
using var word = MyWordDoc.Open(filename);
var stylename = "Sample Style";
var styleid = "SampleStype";
// 先頭の段落を取り出す
styleid = word.AddStyleIfNotDefined(styleid, stylename);
Paragraph p = word.GetParagraphs().ElementAtOrDefault(0);
// 取得した段落に書式を設定
word.ApplyStyleToParagraph(styleid, p);

sealed class MyWordDoc : IDisposable
{
```

```
          ⟨⟨
    private WordprocessingDocument _document;
    private Body _body;
    public MyWordDoc() { }

    public void Dispose() => _document?.Dispose();

    public static MyWordDoc Open(string filepath)
    {
        var obj = new MyWordDoc();
        obj._document = WordprocessingDocument.Open(filepath,
            true);
        obj._body = obj._document.MainDocumentPart.Document.Body;
        return obj;
    }

    public IEnumerable<Paragraph> GetParagraphs()
        => _document.MainDocumentPart.Document.Body
                    .Descendants<Paragraph>();

    public void InsertParagraph(Paragraph para, string text)
    {
        var newpara = _body.InsertBefore(new Paragraph(), para);
        Run run = newpara.AppendChild(new Run());
        run.AppendChild(new Text(text));
    }

    public string AddStyleIfNotDefined(string styleid, string    ②
stylename)
    {
        // ドキュメントのスタイルパーツを取得
        StyleDefinitionsPart part = _document.MainDocumentPart
                                .StyleDefinitionsPart;
        // Stylesパーツが存在しない場合、それらを追加した後スタイルを追加
        part ??= AddStylesPartToPackage();
        // スタイルがドキュメントにない場合は、追加する
          ⟨⟨
```

```
        〉〉
        if (IsStyleIdInDocument(styleid) != true)
        {
            // styleidが一致しないため、スタイル名で試す
            string styleidFromName = GetStyleIdFromStyleName(    2
stylename);
            if (styleidFromName == null)
                AddNewStyle(part, styleid, stylename);
            else
                styleid = styleidFromName;
        }
        return styleid;
    }

    // StylesDefinitionsPartをドキュメントに追加する。それへの参照を返す
    private StyleDefinitionsPart AddStylesPartToPackage()
    {
        StyleDefinitionsPart part
            = _document.MainDocumentPart
                    .AddNewPart<StyleDefinitionsPart>();
        var root = new Styles();
        root.Save(part);
        return part;
    }

    // ドキュメントにstyleidがある場合はtrueを返し、そうでない場合はfalseを返す
    private bool IsStyleIdInDocument(string styleid)
    {
        // このドキュメントのStyles要素へのアクセスを取得する
        Styles s = _document.MainDocumentPart
                    .StyleDefinitionsPart.Styles;

        // スタイルとその数があることを確認する
        int n = s.Elements<Style>().Count();
        if (n == 0)
        〉〉
```

```csharp
                return false;
        // styleidの一致を探す
        Style style = s.Elements<Style>()
            .Where(st => (st.StyleId == styleid) && (st.Type ==
StyleValues.Paragraph))
            .FirstOrDefault();
        return style != null;
    }


    // styleNameに一致するstyleidを返すか、一致しない場合はnullを返す
    private string GetStyleIdFromStyleName(string styleName)
    {
        StyleDefinitionsPart stylePart =
            _document.MainDocumentPart.StyleDefinitionsPart;
        string styleId = stylePart.Styles.Descendants<StyleName>()
            .Where(s => s.Val.Value.Equals(styleName) &&
                (((Style)s.Parent).Type == StyleValues.Paragraph))
            .Select(n => ((Style)n.Parent).StyleId)
            .FirstOrDefault();
        return styleId;
    }


    // 指定したstyleidとstylenameで新しいスタイルを作成し、指定したスタイル定義
パーツに追加する
    private void AddNewStyle(StyleDefinitionsPart
styleDefinitionsPart,
        string styleid, string stylename)
        {
        // スタイルパーツのルート要素にアクセスする
        Styles styles = styleDefinitionsPart.Styles;
        // 新しい段落スタイルを作成し、いくつかのプロパティを指定する
        var style = new Style()
        {
            Type = StyleValues.Paragraph,
            StyleId = styleid,
```

```
        ⟩⟩
        CustomStyle = true
    };
    var styleName = new StyleName() { Val = stylename };
    var basedOn = new BasedOn() { Val = "Normal" };
    var nextParagraphStyle =
        new NextParagraphStyle() { Val = "Normal" };
    style.Append(styleName);
    style.Append(basedOn);
    style.Append(nextParagraphStyle);

    // StyleRunPropertiesオブジェクトを作成し、いくつかの実行プロパティを ②
指定する
    var styleRunProperties =
        new StyleRunProperties();
    var bold = new Bold();
    var color = new Color() { ThemeColor = ThemeColorValues. ②
Accent1 };
    var font = new RunFonts() { EastAsia = "Meiryo UI" };

    // 24ポイントのサイズを指定します
    var fontSize = new FontSize() { Val = "48" };
    // 実行プロパティに色やフォント等を追加する
    styleRunProperties.Append(bold);
    styleRunProperties.Append(color);
    styleRunProperties.Append(font);
    styleRunProperties.Append(fontSize);

    // 実行プロパティをスタイルに追加する
    style.Append(styleRunProperties);

    // スタイルをスタイルパーツに追加する
    styles.Append(style);
    }
```

Chap 23 Excelと Word

⟩⟩

```csharp
// 段落にスタイルを適用する
public void ApplyStyleToParagraph(string styleid, Paragraph p)
{
    // 段落にParagraphPropertiesオブジェクトがない場合は作成する
    if (p.Elements<ParagraphProperties>().Count() == 0)
    {
        p.PrependChild<ParagraphProperties>(
            new ParagraphProperties());
    }
    // 段落の段落プロパティ要素を取得する
    ParagraphProperties pPr =
        p.Elements<ParagraphProperties>().First();
    // 段落のスタイルを設定する
    pPr.ParagraphStyleId =
        new ParagraphStyleId() { Val = styleid };
}
```

■ **作成されたWord文書の例（既存文章の先頭に書式を設定）**

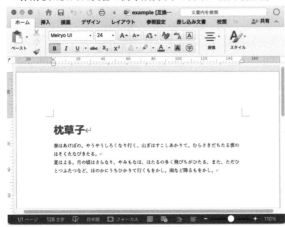

単体テスト

352 xUnit.netを使いたい

xUnit.netは、単体テストを行うためのテスティングフレームワークです。ここではxUnit.netを利用するための簡単な手順を示します。具体的なテストコードの書き方は以降の項目を参照してください。

━ パッケージのインストール

xUnit.netを使った単体テストを行うには、以下に示すように4つのパッケージをプロジェクトにインストールする必要があります。

■ パッケージのインストール (.NET CLI)

```
dotnet add package Microsoft.NET.Test.Sdk --version 16.7.0
dotnet add package xunit --version 2.4.1
dotnet add package xunit.runner.visualstudio --version 2.4.3
dotnet add package coverlet.collector --version 1.3.0
```

※ バージョンは、本書執筆時点のものです。

━ 単体テストのコードを書く

以下にもっとも単純な単体テストのコードを示します。

■ Recipe_352/Program.cs

```csharp
using Xunit;

namespace Gihyo
{
    public class MyClass
    {
        // テストコード
        [Fact]
        public void Test()
        {
            var ans = Add(2, 2);
            Assert.Equal(4, ans);
        }
```

〈〈

```
                              〳〵
    //  テスト対象のメソッド
    int Add(int x, int y)
    {
        return x + y;
    }
  }
}
```

Assert.Equalメソッドは、引数で与えたふたつの値が等しいかをチェックするメソッドです。通常、第1引数に期待される値を、第2引数にメソッドの戻り値を渡します。

メソッドに付加した[Fact]属性は、そのメソッドが単体テスト用のメソッドであることを示します。[Fact]属性以外にも、[Theory]という属性も用意されています。[Theory]属性については、「357 InlineData属性でテストメソッドに渡すパラメーターの値を指定したい」などで扱っています。

■ テストの実行

コマンドラインで、プロジェクトのフォルダに移動し以下のようなコマンドを実行します。

```
dotnet test --logger:"console;verbosity=detailed"
```

--loggerオプションは省略可能です。verbosity=detailedを指定することで、詳細な情報が得られます。
Visual Studioでは、テストエクスプローラーを使用することで、Visual Studio上でテストを実行することができます。

実行例　テストに成功した例

```
[xUnit.net 00:00:00.58]    Finished:    program
   成功 Gihyo.MyClass.PassingTest [5 ms]
```

テストの実行に成功しました。

テストの合計数: 1

　　成功: 1

合計時間: 1.7643 秒

実行例　テストに失敗した例

```
[xUnit.net 00:00:00.58]    Finished:    program
   失敗 Gihyo.MyClass.PassingTest [6 ms]
   エラー メッセージ:
   Assert.Equal() Failure
Expected: 4
Actual:    0
   スタック トレース:
      at Gihyo.MyClass.PassingTest() in /Users/hideyuki/Projects/ 
CSharp-Recipe/Y_UnitTest/01_xUnit.netを使いたい/Program.cs:line 8
```

テストの実行に失敗しました。

テストの合計数: 1

　　失敗: 1

合計時間: 1.6137 秒

353 メソッドが期待した値を返してくるかテストしたい

Syntax

● xUnitの検証メソッド

メソッド	意味
Assert.Equal	ふたつの値が等しいか
Assert.NotEqual	ふたつの値が等しくないか
Assert.True	値がTrueか
Assert.False	値がFalseか
Assert.Null	値がnullか
Assert.NotNull	値がnull以外か
Assert.Same	ふたつのインスタンスが等しいか
Assert.NotSame	ふたつのインスタンスが等しくないか

　xUnitには、上記のような様々な検証メソッドが用意されています。サンプルコードではすべての検証メソッドが成功します。

■ Recipe_353/Program.cs

```csharp
using System;
using Xunit;

public class MyTest
{
    [Fact]
    public void TestEqual()
    {
        var name = MySampleClass.Hello("kaori");
        Assert.Equal("hello kaori", name);
    }

    [Fact]
    public void TestTrue()
    {
        var over100 = MySampleClass.IsOver100(101);
```

Chap 24

単体テスト

663

```
        Assert.True(over100);
    }

    [Fact]
    public void TestOther()
    {
        Assert.NotEqual(1, 2);
        Assert.False(1 == 2);
        Assert.Null(null);
        Assert.NotNull(new int[1]);
        var array = new int[] { 1,2,3 };
        var array2 = array;
        Assert.Same(array, array2);
        Assert.NotSame(array, new int[] { 1,2,3 });
    }
}

// テスト対象のクラス
public static class MySampleClass
{
    public static string Hello(string name) => $"hello {name}";
    public static bool IsOver100(int num) => num > 100;
}
```

実行例

```
  成功 MyTest.TestEqual [5 ms]
  成功 MyTest.TestOther [4 ms]
  成功 MyTest.TestTrue [< 1 ms]

テストの実行に成功しました。
テストの合計数: 3
    成功: 3
合計時間: 2.8732 秒
```

354 指定した範囲に収まっているか テストしたい

Syntax

● Assert.InRangeメソッド

```
public static void InRange<T>(T actual, T low, T high) where T :
IComparable;
```

xUnitで結果がある範囲に含まれているかをテストするには、Assert.InRangeメソッドを利用します。
サンプルコードでは、Randomクラスで生成した乱数が、指定した範囲に収まっているかをテストしています。

■ Recipe_354/Program.cs

```csharp
using System;
using Xunit;

public class Program
{
    [Fact]
    public void TestRange()
    {
        var obj = new MySampleClass();
        for (int i = 0; i < 5; i++)
        {
            var value = obj.GetInt();
            Assert.InRange(value, 1, 7);
        }
        Assert.InRange(1, 1, 7);
    }
}

// テスト対象のクラス
public class MySampleClass
{
    private Random _rnd = new Random();
    // このメソッドをテストしたい
```

〈〈

Chap **24** 単体テスト

```
                                      ⟩⟩
    public int GetInt()
    {
        return _rnd.Next(1, 8);
    }
}
```

実行例

```
 成功 Program.TestRange [3 ms]

テストの実行に成功しました。
テストの合計数: 1
    成功: 1
合計時間: 2.3113 秒
```

355 指定した例外が発生するかテストしたい

Syntax

● Assert.Throwsメソッド

```
public static T Throws<T>(Action testCode) where T : Exception;
```

xUnitで例外が発生するかをテストするには、Assert.Throwsメソッドを利用します。
サンプルコードでは、ArgumentNullException例外が発生するかをテストしています。

■ Recipe_355/Program.cs

```csharp
using System;
using Xunit;

public class Program
{
    [Fact]
    public void TestException()
    {
        var obj = new MySampleClass();
        var ex = Assert.Throws<ArgumentNullException>(() =>
        {
            obj.TestMethod(null);
        });
    }

}

// テスト対象のクラス
public class MySampleClass
{
    // このメソッドをテストしたい
    public void TestMethod(object o)
    {
        if (o == null)
            throw new ArgumentNullException();
    }
}
```

Chap 24 単体テスト

667

実行例

```
成功 Program.TestException [3 ms]

テストの実行に成功しました。
テストの合計数: 1
    成功: 1
合計時間: 1.7609 秒
```

356 テストの前処理を記述したい

xUnitでテストメソッドを定義する場合は、通常ひとつのクラスに複数のメソッドが定義されることになります。それぞれのテストメソッドで同じような初期処理が必要になる場合は、コンストラクターを利用すると便利です。

xUnitではテストメソッドごとにテストクラスのインスタンスが生成されるため、コンストラクターで生成したインスタンスは、テストメソッドごとに別々のものとなります。

サンプルコードでは、コンストラクターの利用を示すのに、Stackクラスをテストするメソッドを示しています。なお、StackクラスはIDisposableインターフェイスを実装していませんので、本来はStackTestsクラスにDisposeメソッドを定義する必要はありません。

IDisposableインターフェイスを実装するクラスのインスタンスをコンストラクターで生成する場合には、テストクラスもIDisposableインターフェイスを実装し、Disposeメソッドで、コンストラクターで生成したインスタンスを破棄するようにします。

■ Recipe_356/Program.cs

```csharp
using System;
using System.Collections.Generic;
using Xunit;

public class StackTests : IDisposable
{
    private Stack<int> _stack;

    public StackTests()
    {
        _stack = new Stack<int>();
    }
    public void Dispose()
    {
        // 必要ならここで後処理を書く
    }

    [Fact]
    public void Test1()
    {
        _stack.Push(42);
        var count = _stack.Count;
```

〉〉

```
        Assert.Equal(1, count);
    }

    [Fact]
    public void Test2()
    {
        _stack.Push(11);
        var val = _stack.Pop();
        var count = _stack.Count;
        Assert.Equal(11, val);
        Assert.Equal(0, count);
    }
}
```

InlineData属性でテストメソッドに渡すパラメーターの値を指定したい

> **Syntax**

● InlineDataAttributeクラスのコンストラクター

```
public InlineDataAttribute(params object?[] data)
{
    ......
}
```

　xUnitでは、同じテストコードに対して複数のテストデータを利用する機能が備わっています。そのひとつが、[InlineData]属性です。[InlineData]属性を使う場合は、[Fact]属性の代わりに[Theory]属性をテストメソッドに付加します。

　[InlineData]属性を使ったサンプルコードを以下に示します。

■ Recipe_357/Program.cs

```csharp
using System;
using Xunit;

public class Program
{
    [Theory]
    [InlineData(20, 0, 20)]
    [InlineData(7, 2, 5)]
    [InlineData(10, 16, -6)]
    public void TestAdd(int expected, int x, int y)
    {
        var obj = new MySampleClass();
        var val = obj.Add(x, y);
        Assert.Equal(expected, val);
    }
}

// テスト対象のクラス
public class MySampleClass
{
    // このメソッドをテストしたい
```

》》

```
    public int Add(int x, int y)
    {
        return x + y;
    }
}
```

[InlineData]属性で指定した最初の引数が期待される値で、残りがテスト用の入力データです。テストメソッドの引数には同じ順番でデータが渡されます。サンプルコードの場合は、以下の3つのテストメソッドが呼ばれます。

```
TestAdd(20, 0, 20);
TestAdd(7, 2, 5);
TestAdd(10, 16, -6);
```

なおInlineDataAttributeクラスのコンストラクターの引数はparamsキーワードが付いていますので、引数をいくつでも渡すことが可能です。

実行結果で示したとおり、TestAddメソッドが[InlineData]属性の数と同じく3回実行されているのがわかります。

実行例

```
[xUnit.net 00:00:00.53]  Finished:   program
  成功 Program.TestAdd(expected: 7, x: 2, y: 5) [4 ms]
  成功 Program.TestAdd(expected: 20, x: 0, y: 20) [< 1 ms]
  成功 Program.TestAdd(expected: 10, x: 16, y: -6) [< 1 ms]

テストの実行に成功しました。
テストの合計数: 3
    成功: 3
合計時間: 1.5318 秒
```

358 Member属性で テストメソッドに渡す パラメーターの値を指定したい

Syntax

● MemberDataAttributeクラスのコンストラクター

```
public MemberDataAttribute(string memberName, params object[]
parameters)
```

xUnitでは、同じテストコードに対して複数のテストデータを利用する機能が備わっています。[MemberData]属性を使うと、[InlineData]属性よりも柔軟にテスト用の入力データを指定することが可能になります。

[MemberData]属性を使う場合は、[Fact]属性の代わりに[Theory]属性をテストメソッドに付加します。

[MemberData]属性を使ったサンプルコードを以下に示します。

■ Recipe_358/Program.cs

```csharp
using System;
using System.Collections.Generic;
using Xunit;

public class TestClass
{
    // 期待値と入力データを返すメソッド
    public static IEnumerable<object[]> TestData()
    {
        yield return new object[] { false, 1 };
        yield return new object[] { false, 5 };
        yield return new object[] { true, 2 };
        yield return new object[] { true, 10 };
    }

    [Theory]
    [MemberData(nameof(TestData))]
    public void TestIsEvenNumber(bool expected, int x)
    {
```

》》

```
            var obj = new MySampleClass();
            var r = obj.IsEvenNumber(x);
            Assert.Equal(expected, r);
        }
    }

    // テスト対象のクラス
    public class MySampleClass
    {
        // このメソッドをテストしたい
        public bool IsEvenNumber(int n) => n % 2 == 0;
    }
```

[MemberData]属性の引数に指定する値は以下のふたつです。

▶ **期待値と入力データを返すメソッドの名前 (この例ではTestData)**
▶ **メソッドに渡すパラメーター(省略可)**

　[MemberData]属性で指定するメソッドは、IEnumerable<object[]>を返すstaticなメソッドです。期待される値と入力データを生成し返すようにします。サンプルコード (TestDataメソッド) では4つのテストデータを返していますので、TestIsEvenNumberメソッドも4回実行されているのが実行結果からわかります。

　サンプルコードではパラメーターを利用していません 。

　な おサンプルコードで は、メソッドを定義してテストデータを用意しましたが、staticなIEnnumerable<object[]>型のプロパティも利用可能です。

| 実行例 |

```
[xUnit.net 00:00:00.59]   Finished:    program
  成功 TestClass.TestIsEvenNumber(expected: True, x: 10) [5 ms]
  成功 TestClass.TestIsEvenNumber(expected: False, x: 1) [< 1 ms]
  成功 TestClass.TestIsEvenNumber(expected: False, x: 5) [< 1 ms]
  成功 TestClass.TestIsEvenNumber(expected: True, x: 2) [< 1 ms]

テストの実行に成功しました。
テストの合計数: 4
    成功: 4
合計時間: 1.6856 秒
```

◖ **関連項目** ◗

▶▶357 InlineData属性でテストメソッドに渡すパラメーターの値を指定したい

359 単体テストでデバッグメッセージを出力したい

Syntax

- ITestOutputHelper.WriteLineメソッド

```
void WriteLine(string message)
```

xUnitのテストコードでデバッグ用メッセージを出力したい場合は、Console.WriteLineではなく、ITestOutputHelperインターフェイスのWriteLineメソッドの利用が推奨されています。

ITestOutputHelperを利用すると、Visual Studioのテストエクスプローラーの出力ページで出力結果を確認できるようになります。

■ Recipe_359/Program.cs

```csharp
using System;
using Xunit;
using Xunit.Abstractions;

namespace Gihyo
{
    public class TestClass
    {
        private readonly ITestOutputHelper _logger;

        public TestClass(ITestOutputHelper output)
        {
            _logger = output;
        }

        [Theory]
        [InlineData(10, 16, -6)]
        [InlineData(10, 20, -10)]
        public void TestAdd(int expected, int x, int y)
        {
            _logger.WriteLine($"{x} {y}");
            var obj = new MySampleClass();
            var val = obj.Add(x, y);
```

⟩⟩

Chap 24
単体テスト

675

```
            Assert.Equal(expected, val);
        }
    }

    // テスト対象のクラス
    public class MySampleClass
    {
        public int Add(int x, int y)
        {
            return x + y;
        }
    }
}
```

■ Visual Studioでの実行例 (テストエクスプローラーのページ)

■ Visual Studioでの実行例 (Outputをクリックして表示されるページ)

360

[Moq] Moqの利用を開始したい

単体テストを行う際に、実際のクラスを利用するのが難しいケース（データベースにアクセスする場合やネットワークにアクセスする場合など）があります。このようなケースでは、そのクラスの動作をシミュレートするモックを利用すると便利です。モックには模造品といった意味があります。ここではオープンソースのMoqを利用する方法を示します。

パッケージのインストール

.NET CLIを使ったMoqのインストール方法を示します。

パッケージのインストール（.NET CLI）

```
dotnet add package Moq --version 4.14.5
```

※ バージョンは、本書執筆時点のものです。

Mockオブジェクトの生成

Mockオブジェクトを生成するには、サンプルコードで示すようにモックの元となる型名を指定し、Mockインスタンスを生成します。型名にはインターフェイスでもクラスでもどちらでも指定することが可能です。

このMockオブジェクトにプロパティやメソッドを定義していくことになります。実際のMoqを使ったコードは、以降の項目で示しています。

Recipe_360/Program.cs

```csharp
using System;
using Moq;

class Program
{
    static void Main()
    {
        // Mockオブジェクトを生成する
        var mock = new Mock<型名>();
        // 以降の処理で、mockにプロパティやメソッドを定義していく
        // ……
    }
}
```

361 [Moq] Mockオブジェクトに プロパティを定義したい

Mockオブジェクトに読み取り専用のプロパティを定義するには、SetupGetメソッドとReturnsメソッドを利用します。読み書きができるプロパティの場合は、SetupPropertyメソッドを利用します。

サンプルコードでは、IProductインターフェイスのMockオブジェクトを作成後、Mockオブジェクトに ProductNameプロパティを定義しています。MockオブジェクトのObjectプロパティ経由で、 IProductのメンバーにアクセスすることができます。

■ Recipe_361/Program.cs

```csharp
using System;
using Moq;

class Program
{
    static void Main()
    {
        // readonly プロパティの定義
        var mock = new Mock<IProduct>();
        mock.SetupGet(m => m.ProductName).Returns("Pencil");
        var product = mock.Object;
        Console.WriteLine(product.ProductName);

        // 読み書き可 プロパティの定義
        var mock2 = new Mock<IProduct>();
        // 第2引数で初期値を指定する
        mock2.SetupProperty(m => m.ProductName, "Ballpen");
        product = mock2.Object;
        Console.WriteLine(product.ProductName);
        product.ProductName = "Notepad";
        Console.WriteLine(product.ProductName);
    }
}

public interface IProduct
{
    string ProductName { get; set; }
}
```

▼ 実行結果

```
Pencil
Ballpen
Notepad
```

362 [Moq] Mockオブジェクトに メソッドを定義したい

Mockオブジェクトにメソッドを定義するには、Setupメソッドを利用します。戻り値のあるメソッドでは、これに加えReturnsメソッドを利用します。

サンプルコードでは、IFizzBuzzインターフェイスに対応するMockオブジェクトを作成し、IFizzBuzzインターフェイスが規定するGetTextメソッドを定義する3つの方法を示しています。

▶ **1. 特定の引数にのみに対応するメソッド**
▶ **2. ある条件に一致する引数に対応するメソッド**
▶ **3. 任意の引数に対応するメソッド**

■ **Recipe_362/Program.cs**

```csharp
using System;
using Moq;

class Program
{
    static void Main()
    {
        // 1. 特定の引数にのみに対応するメソッド
        var mock1 = new Mock<IFizzBuzz>();
        mock1.Setup(m => m.GetText(3))
            .Returns("Fizz");
        Console.WriteLine(mock1.Object.GetText(3));
        Console.WriteLine("---");

        // 2. ある条件に一致する引数に対応するメソッド
        var mock2 = new Mock<IFizzBuzz>();
        mock2.Setup(m => m.GetText(It.Is<int>(
                        n => n % 5 == 0 && n % 15 != 0)))
            .Returns<int>(n => "Buzz");
        Console.WriteLine(mock2.Object.GetText(5));
        Console.WriteLine(mock2.Object.GetText(10));
        // 指定した条件以外の引数が与えられたときは、default値（参照型ではnull）⮐
が返る
        Console.WriteLine(mock2.Object.GetText(15));
        Console.WriteLine(mock2.Object.GetText(20));
```

```
                                   ⟩⟩
        Console.WriteLine("---");

        // 3. 任意の引数に対応するメソッド
        var mock3 = new Mock<IFizzBuzz>();
        mock3.Setup(m => m.GetText(It.IsAny<int>()))
            .Returns<int>(n =>
            {
                if (n % 15 == 0) return "FizzBuzz";
                if (n % 5 == 0) return "Buzz";
                if (n % 3 == 0) return "Fizz";
                return n.ToString();
            });
        for (int i = 1; i <= 15; i += 2)
        {
            Console.WriteLine($"{i}: {mock3.Object.GetText(i)}");
        }
    }
}

public interface IFizzBuzz
{
    string GetText(int n);
}
```

▼ 実行結果

```
Fizz                                5: Buzz
---                                 7: 7
Buzz                                9: Fizz
Buzz                                11: 11
                                    13: 13
Buzz                                15: FizzBuzz
---
1: 1
3: Fizz
          ⟩⟩
```

363 [Moq] Mockオブジェクトに 例外を発生させるメソッドを 設定したい

例外を発生させるメソッドをMockオブジェクトに定義するには、Throwsメソッドを利用します。

サンプルコードでは、0以下の値が引数に与えられたらArgumentOutOfRangeException例外が発生するようにしています。この例では、GetTextメソッドは引数3にも反応するようにしています。

■ Recipe_363/Program.cs

```csharp
using System;
using Moq;

class Program
{
    static void Main()
    {
        var mock = new Mock<IFizzBuzz>();
        // 引数が0以下なら、例外を発生させる
        mock.Setup(m => m.GetText(It.Is<int>(n => n <= 0)))
            .Throws<ArgumentOutOfRangeException>();
        // 引数が3なら、"Fizz"を返す
        mock.Setup(m => m.GetText(3))
            .Returns("Fizz");

        try
        {
            Console.WriteLine(mock.Object.GetText(3));
            // 以下のコードで例外発生
            Console.WriteLine(mock.Object.GetText(0));
        }
        catch (ArgumentOutOfRangeException e)
        {
            Console.WriteLine(e.Message);
        }
    }
}

public interface IFizzBuzz
{
```

```
    string GetText(int n);
}
```

▼ 実行結果

```
Fizz
Specified argument was out of the range of valid values.
```

364 [Moq] Mockオブジェクトで メソッドが呼び出された際の 処理を記述したい

Mockオブジェクトでメソッドが呼び出された際に何らかの処理をさせるには、Callbackメソッドを使い処理を記述します。

サンプルコードでは、メソッドが呼び出されたときに引数の値を出力するように設定しています。

■ Recipe_364/Program.cs

```csharp
using System;
using Moq;

class Program
{
    static void Main()
    {
        var mock = new Mock<IFizzBuzz>();
        // GetTextメソッドが呼び出された際に実行するコードを
        // Callbackで指定している。ただし、引数が3で割り切れたときのみ
        // 戻り値はReturnsで指定する
        mock.Setup(m => m.GetText(It.Is<int>(n => n % 3 == 0)))
            .Callback<int>(n => { Console.WriteLine($"引数は{n}です"); })
            .Returns<int>(n => "Fizz");
        Console.WriteLine(mock.Object.GetText(6));
    }
}

public interface IFizzBuzz
{
    string GetText(int n);
}
```

▼ 実行結果

```
引数は6です
Fizz
```

■ 発展

　通常、C#のクラスはオブジェクトの状態を保持しており、メソッドが呼び出されるとその状態が変化します。Mockオブジェクトに定義したメソッドでも、Callbackメソッドを使えば、これをシミュレートすることが可能になります。この例は、「365　[xUnit] [Moq] Mockを使って単体テストを行いたい」で示しています。

365 [xUnit] [Moq] Mockを使って単体テストを行いたい

xUnitとMoqを使った単体テストの例を示します。

サンプルコードで示したRandomStringのNextメソッドは、「BD3UQ」や「LQMKXI9Y」といったランダムな文字列を生成するメソッドです。このNextメソッドをテストしたいとします。

しかし、ランダムに文字列を生成するため、単純にはテストコードを書くことができません。そのため、GetLengthとGetIndexメソッドをMockを使って差し替えることで、Nextメソッドが意図したとおりの動きをするかどうかを確かめることにします。

GetLengthは、常に5を返すようにすれば、Nextが返す文字列の長さは5になります。さらにGetIndexを呼び出すたびに順に1、2、3、4、5、6と返すようにすれば、Nextの戻り値は「BCDEF」となるはずです。

上記のことを確認しているのが、以下に示すサンプルコードです。

■ Recipe_365/Program.cs

```csharp
using System;
using Xunit;
using Moq;
using System.Collections.Generic;
using System.Linq;

namespace Gihyo
{
    public class RandomStringTest
    {
        private Mock<RandomString> _mock;
        private RandomString _obj;

        public RandomStringTest()
        {
            _mock = new Mock<RandomString> { CallBase = true };
            _obj = _mock.Object;
        }

        [Fact]
        public void TestRandomString()
        {
            var calls = 1;
```

〉〉

〳〵

```
        // GetLengthメソッドの戻り値を設定する
        _mock.Setup(m => m.GetLength(It.IsAny<int>(), It.
IsAny<int>()))
                .Returns(5);
        // GetIndexメソッドの戻り値を設定する
        _mock.Setup(m => m.GetIndex())
                .Returns(() => calls)
                .Callback(() => calls++);

        // Nextメソッドが正しく動作しているかを確かめる
        var value = _obj.Next(3, 8);
        Assert.Equal("BCDEF", value);
    }
}

// テスト対象のクラス
public class RandomString
{
    private readonly Random _random = new Random();
    private readonly string _chars = "ABCDEFGHIJKLMNOPQRSTUVWX
YZ1234567890";

    // 生成する文字列の長さを求める
    public virtual int GetLength(int minLength, int maxLength)
        =>_random.Next(minLength, maxLength + 1);

    // 文字を決定するために、_charsのインデックスを求める
    public virtual int GetIndex()
        => _random.Next(_chars.Length);

    // ランダムな文字列を生成する
    public string Next(int minLength = 0, int maxLength = 10)
    {
        var length = GetLength(minLength, maxLength);
        var chars = Enumerable.Repeat(0, length)
```

〳〵

Chap 24

単体テスト

687

〜〜

```
            .Select(_ => GetIndex())
            .Select(i => _chars[i]).ToArray();
        return new string(chars);
        }
    }
}
```

実行例

```
[xUnit.net 00:00:00.81]   Finished:    program
  成功 Gihyo.RandomStringTest.TestHello [121 ms]

テストの実行に成功しました。
テストの合計数: 1
    成功: 1
合計時間: 1.8979 秒
```

[xUnit] [Moq] Mockを
DIして単体テストを行いたい

外部サービスを利用したクラスを定義するときは、コンストラクターの引数でそのサービスオブジェクトを
受け取る方法がよく採用されます。こうすることで、サービスを差し替えることが容易になると同時に単体
テストもやり易くなります。この手法は、Dependency Injection（DI）の一種で、コンストラクターインジェ
クションと呼ばれています。

サンプルコードでは、TargetClassのCreateNameメソッドの単体テストを行っています。
CreateNameメソッドは、IServiceインターフェイスが提供するCallServiceメソッドを利用しています
が、単体テストでは、IServiceインターフェイスのインスタンスを簡単に利用することができない（ある
Webサービスを利用している、あるいは呼び出すたびに異なる値が返ってくるなどの理由）と仮定します。

そのため、IServiceインターフェイスのMockオブジェクトを作成し、TargetClassではこのMockオブ
ジェクトを利用することで、テストを行っています。

ここで示したテストコードは、IServiceオブジェクトが意図した値を返したときに、CreateNameメソッ
ドが正しく動作するかという視点でテストコードを書いている点に注意してください。

■ Recipe_366/Program.cs

```csharp
using System;
using Xunit;
using Moq;

namespace Gihyo
{
    public class TargetClassTest
    {
        [Fact]
        public void TestGetName()
        {
            // IServiceのMockを作成
            var mock = new Mock<IService>();
            mock.Setup(m => m.CallService(It.IsAny<int>()))
                .Returns("name=HIDEYUKI");
            // TargetClassにMockを渡してGetNameをテスト
            var obj = new TargetClass(mock.Object);
            var name = obj.GetName(5);
            Assert.Equal("hideyuki", name);
        }
```

⟩⟩

```
    }

    // テスト対象のクラス
    public class TargetClass
    {
        private readonly IService service;
        public TargetClass(IService service)
        {
            this.service = service;
        }
        public string GetName(int seed)
        {
            var name = service.CallService(seed);
            return name.Split('=')[1].ToLower();
        }
    }

    public interface IService
    {
        string CallService(int seed);
    }
}
```

実行例

```
[xUnit.net 00:00:00.69]   Finished:    program
  成功 Gihyo.TargetClassTest.TestCreateName [108 ms]

テストの実行に成功しました。
テストの合計数: 1
    成功: 1
合計時間: 1.8178 秒
```

落穂拾い

Chapter

25

367

byte配列とBase64文字列を相互変換したい

Syntax

- Convert.FromBase64Stringメソッド

```
public static byte[] FromBase64String(string s);
```

- Convert.ToBase64Stringメソッド

```
public static string ToBase64String(byte[] inArray);
```

Base64文字列をbyte配列に変換するには、Convert.FromBase64Stringメソッドを使います。
一方byte配列をBase64文字列に変換するには、Convert.ToBase64Stringメソッドを使います。

■ Recipe_367/Program.cs

```csharp
using System;

var base64str = "44GK44Gv44KI44GG44GU44GW44GE44G+44GZLg==";

// Base64文字列をbyte配列に変換
var bytes = Convert.FromBase64String(base64str);

// byte配列をBase64文字列に変換
var base64str2 = Convert.ToBase64String(bytes);
Console.WriteLine(base64str2);
```

▼ 実行結果

```
44GK44Gv44KI44GG44GU44GW44GE44G+44GZLg==
```

368 文字列をBase64で エンコード・デコードしたい

Syntax

● Encoding.GetBytesメソッド

```
public virtual byte[] GetBytes(string s);
```

● Convert.ToBase64Stringメソッド

```
public static string ToBase64String(byte[] inArray);
```

● Convert.FromBase64Stringメソッド

```
public static byte[] FromBase64String(string s);
```

● Encoding.GetStringメソッド

```
public virtual string GetString(byte[] bytes);
```

　Encoding.GetBytesメソッドとConvert.ToBase64Stringメソッドを組み合わせることで、文字列をBase64文字列へエンコードすることができます。

　Base64エンコードされた文字列を元の文字列に戻すには、Convert.FromBase64StringメソッドとEncoding.GetStringメソッドを組み合わせます。デコードする際は、エンコード時と同じEncodingを指定する必要があります。

■ Recipe_368/Program.cs

```
using System;
using System.Text;

var text = "おはようございます。";
var encoding = Encoding.Unicode;

// 文字列をBase64文字列へエンコード
var bytes = encoding.GetBytes(text);
var base64str = Convert.ToBase64String(bytes);
```

〈〉

368

〳〳

```
Console.WriteLine(base64str);

// Base64文字列から元の文字列をへデコード
var bytes2 = Convert.FromBase64String(base64str);
var text2 = encoding.GetString(bytes2);
Console.WriteLine(text2);
```

▼ 実行結果

```
SjBvMIgwRjBUMFYwRDB+MFkwLgA=
おはようございます．
```

■ 発展

Encodingに何を指定するかで、Base64文字列の結果は変わってきます。例えば、Encoding.UnicodeではなくEncoding.UTF8を指定した場合は、Base64文字列は以下のようになります。

▼ 実行結果

```
44GK44Gv44KI44GG44GU44GW44GE44G+44GZLg==
```

369 byte配列を16進表記したい

byte配列を16進数表記にするサンプルコードを示します。foreachで1バイトずつ取り出し、$"{b:x2}"の文字列補間で16進表記にしています。書式指定子xは16進数文字列を示し、それに続く2は桁数を示しています。

■ Recipe_369/Program.cs

```
using System;

var bytes = new byte[]
{
    0x4a, 0x30, 0x6f, 0x30, 0x88, 0x30, 0x46, 0x30, 0x54, 0x30,
    0x56, 0x30, 0x44, 0x30, 0x7e, 0x30, 0x59, 0x30, 0x02, 0x30
};
var n = 0;
foreach (var b in bytes)
{
    Console.Write($"{b:x2} ");
    if (++n == 16)
    {
        Console.WriteLine();
        n = 0;
    }
}
Console.WriteLine();
```

▼ 実行結果

```
4a 30 6f 30 88 30 46 30 54 30 56 30 44 30 7e 30
59 30 02 30
```

370 どのメソッドから呼び出されたのか知りたい

Syntax

● 呼び出し元情報を示す属性

属性	意味
CallerFilePathAttribute	呼び出し元ソースファイルの完全パス
CallerLineNumberAttribute	メソッドを呼び出した行番号
CallerMemberNameAttribute	呼び出し元メソッド名orプロパティ名

　System.Runtime.CompilerServices.CallerMemberNameAttribute属性をメソッドの引数に付加することで、どのメソッドから呼び出されたのか知ることができます。他に、CallerFilePathAttribute、CallerLineNumberAttributeといった属性も用意されており、呼び出し元の情報を得ることが可能です。

■ Recipe_370/Program.cs

```csharp
using System;
using System.Runtime.CompilerServices;

class Program
{
    static void Main()
    {
        DoSomething();
    }

    static void DoSomething(
        [CallerFilePath] string file = "",
        [CallerLineNumber] int line = 0,
        [CallerMemberName] string member = "")
    {
        Console.WriteLine(file);
        Console.WriteLine(line);
        Console.WriteLine(member);
    }
}
```

実行例

```
/Users/hideyuki/Projects/CsharpRecipe/CallerSample.cs
8
Main
```

371 OSの情報を取得したい

Syntax

● Environment.OSVersionプロパティ

```
public static OperatingSystem OSVersion { get; }
```

OSの種類やバージョンを調べるには、Environment.OSVersionプロパティで得られるOperatingSystemオブジェクトを利用します。

OperatingSystemクラスには、Platform、Versionなどのプロパティがあり、OSの情報を得ることができます。

■ Recipe_371/Program.cs

```
using System;

var os = Environment.OSVersion;
Console.WriteLine(os.Platform);
Console.WriteLine(os.VersionString);
var version = os.Version;
Console.WriteLine($"{version.Major}.{version.Minor}.{version.    ⏎
Build}.{version.Revision}");
```

以下、筆者のmacOSでの実行結果を示します。

実行例

```
Unix
Unix 10.15.7
10.15.7.-1
```

372 論理プロセッサの数を調べたい

Syntax

● Environment.ProcessorCountプロパティ

```
public static int ProcessorCount { get; }
```

　現在のコンピューター上の論理プロセッサ数を取得するには、EnvironmentクラスのProcessor Count静的プロパティを参照します。

　最近のコンピューターは、複数のコアを持つプロセッサを搭載しており、そのひとつコアがひとつ以上の論理プロセッサ（スレッド）から構成されるものもあります。4コア/4スレッド、4コア/8スレッドなどCPUによって異なります。ここで得られる値は、この論理プロセッサ（スレッド）数となります。

■ Recipe_372/Program.cs

```
using System;

Console.WriteLine(Environment.ProcessorCount);
```

　以下、筆者のmacOSでの実行結果を示します。

実行例

```
4
```

373 環境変数を取得したい

Syntax

● Environment.GetEnvironmentVariableメソッド

```
public static string GetEnvironmentVariable(string variable);
```

　プログラムで環境変数の値を取得するには、EnvironmentクラスのGetEnvironmentVariable静的メソッドを利用します。指定した環境変数が存在しない場合はnullが返ります。
　サンプルコードでは、環境変数HOMEと環境変数USERの値を取得しています。

■ Recipe_373/Program.cs

```
using System;

var home = Environment.GetEnvironmentVariable("HOME");
Console.WriteLine(home);

var user = Environment.GetEnvironmentVariable("USER");
Console.WriteLine(user);
```

　以下、筆者のmacOSでの実行結果を示します。

実行例

```
/Users/hideyuki
hideyuki
```

374 現在のプロセス環境ブロックで 環境変数をセットしたい

Syntax

- **Environment.SetEnvironmentVariableメソッド**

```
public static void SetEnvironmentVariable(string variable, string ⮐
value);
```

EnvironmentクラスのSetEnvironmentVariable静的メソッドを利用すると現在のプロセス環境ブロックに格納されている環境変数を作成、変更、または削除できます。

サンプルコードでは、MyEnv環境変数に値を設定する例と削除する例を示しています。

■ Recipe_374/Program.cs

```
using System;

// 現在のプロセス環境ブロックで、環境変数をセットする
var envvar = "MyEnv";
Environment.SetEnvironmentVariable(envvar, "Value1");
var envval = Environment.GetEnvironmentVariable(envvar);
Console.WriteLine($"{envvar}={envval}");

// 現在のプロセス環境ブロックで、環境変数をクリアする
Environment.SetEnvironmentVariable(envvar, null);
var envval2 = Environment.GetEnvironmentVariable(envvar);
Console.WriteLine($"{envvar}={envval2}");
```

▼ 実行結果

```
MyEnv=Value1
MyEnv=
```

Chap 25

落穂拾い

701

375 GUIDを生成したい

- Guid.NewGuidメソッド

```
public static Guid NewGuid();
```

グローバル一意識別子（GUID）を生成するには、GuidクラスのNewGuid静的メソッドを利用します。GUIDとは、データを一意に識別するために用いられる識別子で、128ビットの整数値です。

以下のサンプルコードでは、Guidオブジェクトの値を作成し、5つの形式で文字列化して表示しています。

■ Recipe_375/Program.cs

```
using System;

var guid = Guid.NewGuid();
Console.WriteLine(guid.ToString());  // "D"形式で出力
Console.WriteLine($"D {guid.ToString("D")}");
Console.WriteLine($"N {guid.ToString("N")}");
Console.WriteLine($"B {guid.ToString("B")}");
Console.WriteLine($"P {guid.ToString("P")}");
Console.WriteLine($"X {guid.ToString("X")}");
```

実行例

```
2ab89f96-4b3a-492b-9767-f08fdb9171d8
D 2ab89f96-4b3a-492b-9767-f08fdb9171d8
N 2ab89f964b3a492b9767f08fdb9171d8
B {2ab89f96-4b3a-492b-9767-f08fdb9171d8}
P (2ab89f96-4b3a-492b-9767-f08fdb9171d8)
X {0x2ab89f96,0x4b3a,0x492b,{0x97,0x67,0xf0,0x8f,0xdb,0x91,0x71,0
xd8}}
```

376 指定した間隔である処理を繰り返し動かしたい

● Timerクラスのコンストラクター

```
public Timer(TimerCallback callback, object state, int dueTime,
int period);
```

System.Threading.Timerを使うと、指定した間隔でメソッドを繰り返し実行することができます。

引数のcallbackは実行するメソッド、stateはそのメソッドで使用するオブジェクト（不要ならnull）、dueTimeにはcallbackが呼び出される前の遅延時間（ミリ秒単位）、periodにはcallbackが呼び出される時間間隔（ミリ秒単位）を指定します。

以下のサンプルコードでは、DoSomethingメソッドを2秒ごとに呼び出しています。[Enter] キーが押されると呼び出しを中止します。TimerクラスはIDisposableインターフェイスを実装していますので、usingキーワードを使いオブジェクトを破棄するようにしています。

■ Recipe_376/Program.cs

```
using System;
using System.Threading;

Console.WriteLine($"{DateTime.Now.ToLongTimeString()}にアプリケーション
開始");
// タイマーを1秒後に開始。2秒間隔でDoSomethingを呼び出す
using var timer = new Timer(DoSomething, null, 1000, 2000);
Console.WriteLine("Enterキーを押すとアプリケーションが終了します\n");
Console.ReadLine();
// タイマーを停止
timer.Change(Timeout.Infinite, Timeout.Infinite);
Console.WriteLine("アプリケーションが終了しました。");

static void DoSomething(object arg) =>
    Console.WriteLine(DateTime.Now.ToLongTimeString());
```

実行例

```
16:40:25 にアプリケーション開始
Enterキーを押すとアプリケーションが終了します

16:40:26
16:40:28
16:40:30
16:40:32
⏎
アプリケーションが終了しました。
```

補足

　ここで示したSystem.Threading.Timerクラスは、UIを持たないサーバーベースでの利用に適しています。Windowsフォームアプリケーションの場合はSystem.Windows.Forms.Timerの利用を、WPFの場合はSystem.Windows.Threading.DispatcherTimerの利用を検討してください。

377 ある時点からの経過時間を求めたい

Stopwatchクラスを利用することで経過時間を計測することができます。経過時間は、Elapsed、ElapsedMilliseconds、ElapsedTicksのいずれかのプロパティで取得することができます。サンプルコードではElapsedプロパティ（TimeSpan型）を利用しています。

■ Recipe_377/Program.cs

```
using System;
using System.Diagnostics;

// 計測開始
var stopWatch = Stopwatch.StartNew();
// ここで何らかの処理
Console.WriteLine($"stopWatch.IsRunning: {stopWatch.IsRunning}");
System.Threading.Thread.Sleep(1000);
// 計測終了
stopWatch.Stop();
Console.WriteLine($"stopWatch.IsRunning: {stopWatch.IsRunning}");
TimeSpan elapsedTime = stopWatch.Elapsed;
Console.WriteLine(@"{0:G}", elapsedTime);
System.Threading.Thread.Sleep(5000);
// 計測再開
stopWatch.Start();
Console.WriteLine($"stopWatch.IsRunning: {stopWatch.IsRunning}");
System.Threading.Thread.Sleep(2000);
// 計測終了
stopWatch.Stop();
Console.WriteLine($"stopWatch.IsRunning: {stopWatch.IsRunning}");
TimeSpan elapsedTime2 = stopWatch.Elapsed;
Console.WriteLine(@"{0:G}", elapsedTime2);
```

実行例

```
stopWatch.IsRunning: True
stopWatch.IsRunning: False
0:00:00:01.0947875
stopWatch.IsRunning: True
```

```
stopWatch.IsRunning: False
0:00:00:03.0964424
```

378 プロセスを起動したい

● Process.Startメソッド

```
public static Process Start(string fileName, string arguments);
```

System.Diagnostics.ProcessクラスのStartメソッドを利用すると、外部プログラムを起動することができます。

引数fileNameにはアプリケーションファイル名（ファイルパス）を、argumentsにはプログラムを起動する際のコマンドライン引数を渡します。

以下のサンプルコードでは、cmd.exe（コマンドプロンプト）経由でcopyコマンドを動かし、example.txtをexample(2).txtに複写しています。Windowsのcopyコマンドはインメモリコマンドのため、cmd.exe経由で起動しています。

■ Recipe_378/Program.cs

```
using System.Diagnostics;

Process.Start("cmd.exe", "/c copy example.txt example(2).txt");
```

実行例

```
1 個のファイルをコピーしました。
```

379 起動したプロセスが 終了するまで待ちたい

- Process.WaitForExitメソッド

```
public void WaitForExit();
```

Process.Startメソッドで起動したプロセスが終了するまで待機するには、Processクラスの WaitForExitメソッドを利用します。

以下のサンプルコードでは、pingコマンドが終了するまで待機しています。終了後Process. ExitCodeプロパティを参照することで、起動したプロセスが返す終了コードを得ることができます。

■ Recipe_379/Program.cs

```csharp
using System;
using System.Diagnostics;

var p = Process.Start("ping", "-c 4 www.microsoft.com");
p.WaitForExit();
Console.WriteLine("プロセスが終了しました");
Console.WriteLine($"ExitCode={p.ExitCode}");
```

以下、筆者のmacOSでの実行結果を示します。

実行例

```
PING e13678.dspb.akamaiedge.net (96.16.202.117): 56 data bytes
64 bytes from 96.16.202.117: icmp_seq=0 ttl=57 time=12.363 ms
64 bytes from 96.16.202.117: icmp_seq=1 ttl=57 time=12.746 ms
64 bytes from 96.16.202.117: icmp_seq=2 ttl=57 time=12.972 ms
64 bytes from 96.16.202.117: icmp_seq=3 ttl=57 time=12.428 ms

--- e13678.dspb.akamaiedge.net ping statistics ---
4 packets transmitted, 4 packets received, 0.0% packet loss
round-trip min/avg/max/stddev = 12.363/12.627/12.972/0.246 ms
プロセスが終了しました
ExitCode=0
```

380 起動したプロセスの標準出力の内容を取得したい

> Syntax

● Process.StandardOutputプロパティ

```
public StreamReader StandardOutput { get; }
```

　起動したプロセスが出力する標準出力の内容をプログラムで取得するには、Processクラスの
StandardOutputプロパティを利用します。

　StandardOutputプロパティは、StreamReader型であるため、ReadToEndやReadLineなどの
メソッドを使い、標準出力の内容を取得することができます。

　このStandardOutputプロパティを利用するには、プロセスを起動する際に、StartInfo.
RedirectStandardOutputプロパティの値をtrueに設定します。

　サンプルコードでは、以下のコマンドが出力する内容をStreamReader.ReadToEndメソッドで読み
込み、その内容をコンソールに出力しています。

```
git config --list
```

■ Recipe_380/Program.cs

```csharp
using System;
using System.Diagnostics;
using System.Linq;

var p = new Process();
p.StartInfo.UseShellExecute = false;
p.StartInfo.RedirectStandardOutput = true;
p.StartInfo.FileName = "git";
p.StartInfo.Arguments = "config --list";
p.Start();

// 標準出力の内容を最後まで読み込みoutputに代入
string output = p.StandardOutput.ReadToEnd();
p.WaitForExit();
```

$\langle\langle$

```
var lines = output.Split("\n");
foreach (var line in lines.Take(8))
{
    Console.WriteLine(line);
}
```

実行例

```
core.excludesfile=~/.gitignore
core.legacyheaders=false
core.quotepath=false
mergetool.keepbackup=true
push.default=simple
color.ui=auto
color.interactive=auto
repack.usedeltabaseoffset=true
```

381 標準エラー出力に メッセージを出力したい

　標準エラー出力（stderr）にメッセージを出力するには、Console.Error.WriteLineメソッドを利用します。Console.Error.WriteLineメソッドを使えば、コンソールアプリケーションで通常の出力（標準出力）とエラー出力を区別することが可能になります。

■ Recipe_381/Program.cs

```
using System;

Console.Error.WriteLine("エラーが発生しました。");
```

　以下に示す実行例は、標準エラー出力をerr.txtにリダイレクトし、その内容をtypeコマンドで表示しています。「2>」で標準エラーをリダイレクトしています。

実行例

```
> dotnet program.dll 2> err.txt
> type err.txt
  エラーが発生しました。
```

382 VisualStudioの デバッグウィンドウにログを 出力したい

Syntax

● Debug.WriteLineメソッド

```
public static void WriteLine(string message);
```

● Debug.WriteLineIfメソッド

```
public static void WriteLineIf(bool condition, string message);
```

Visual StudioやVisual Studio Codeのデバッグウィンドウに簡易ログを出力するには、System. Diagnostics.DebugクラスのWriteLineメソッドを利用します。Debug.WriteLineIfメソッドを使えばどのレベルのメッセージを出力するかを制御することもできます。

Debugクラスによるログ出力は、Debugビルド時にのみ有効となります。Releaseビルド時には、コンパイラによって自動的に取り除かれます。

以下に示すサンプルコードでは、TraceSwitch.LevelにWarningを指定していますので、traceSwitch.TraceVerbose、traceSwitch.TraceInfoがfalseになり、最初のふたつのメッセージは出力されません。traceSwitch.TraceWarning、traceSwitch.TraceErrorはtrueとなり、メッセージが出力されます。

■ Recipe_382/Program.cs

```
using System.Diagnostics;

var traceSwitch = new TraceSwitch("General", "Entire
Application");
// TraceLevelがWarning以上を出力
traceSwitch.Level = TraceLevel.Warning;
Debug.WriteLineIf(traceSwitch.TraceVerbose, "デバッグ出力 Verbose");
Debug.WriteLineIf(traceSwitch.TraceInfo, "デバッグ出力 Info");
Debug.WriteLineIf(traceSwitch.TraceWarning, "デバッグ出力 Warning");
Debug.WriteLineIf(traceSwitch.TraceError, "デバッグ出力 Error");
// 無条件に出力
Debug.WriteLine("デバッグ出力");
```

▼ 実行結果

```
デバッグ出力 Warning
デバッグ出力 Error
デバッグ出力
```

● TraceLevel列挙型のフィールド一覧

フィールド	値	意味
Off	0	トレースメッセージおよびデバッグメッセージを出力しない
Error	1	エラー処理メッセージを出力
Warning	2	警告およびエラー処理メッセージを出力
Info	3	情報メッセージ、警告、およびエラー処理メッセージを出力
Verbose	4	すべてのデバッグメッセージおよびトレースメッセージを出力

383 コンソールアプリケーションで 汎用ホストを利用したい

コンソールアプリケーションでも、ASP.NET Coreと同様、汎用ホスト（Generic Host）を利用することが可能です。汎用ホストを利用するには、Microsoft.Extensions.Hostingパッケージを利用します。.NET CLIを使った場合のインストール方法を以下に示します。パッケージのバージョンは本書執筆時点のものです。

■ **パッケージのインストール (.NET CLI)**

```
dotnet add package Microsoft.Extensions.Hosting --version 5.0.0
```

サンプルコードで示したプログラムは、HelloWorldクラスのRunメソッドを呼び出すだけの単純なものですが、通常のコンソールアプリケーションよりも随分と多くのコードが必要になっており複雑です。その代わり、appsettings.jsonを扱うことも可能になっていますし、DI（Dependency Injection）を利用することも可能になります。データベースを扱う際も、ログ出力する際もASP.NET Coreと同様の記述が可能になります。

■ **Recipe_383/Program.cs**

```csharp
using System;
using System.Threading.Tasks;
using Microsoft.Extensions.Hosting;

namespace Gihyo
{
    class Program
    {
        static async Task Main(string[] args) =>
            await CreateHostBuilder(args).Build().RunAsync();

        private static IHostBuilder CreateHostBuilder(string[] 
args) =>
            Host.CreateDefaultBuilder()
                .ConfigureAppConfiguration((context, config) =>
                {
                    // CreateDefaultBuilderでappsettings.configの設
定済み
```

〉〉

Chap 25 落穂拾い

```
                              〳〳
              // 特別な処理のときだけ、ここに記述する
          })
          .ConfigureLogging((context, logging) =>
          {
              // CreateDefaultBuilderでコンソール、デバッグ、
              // およびイベントソース出力に記録するように
              // ILoggerFactoryを構成済み
              // 既定値を変更したいときだけここに記述する
          })
          .ConfigureServices((context, services) =>
          {
              new Startup(context.Configuration).               🅰
ConfigureServices(services);
          });
    }
}
```

■ Recipe_383/Startup.cs

```
using System;
using Microsoft.Extensions.Hosting;
using Microsoft.Extensions.DependencyInjection;
using Microsoft.Extensions.Configuration;

namespace Gihyo
{
    // ASP.NET CoreのStartup.csに似せたクラス

    // ConfigureServiceメソッドで利用するサービスを登録する（DIを利用できる）
    public class Startup
    {
        public Startup(IConfiguration configuration)
        {
            Configuration = configuration;
                              〳〳
```

```
                        ⟨⟩
        }

        public IConfiguration Configuration { get; }

        public void ConfigureService(IServiceCollection services)
        {
            // DI用のクラスを登録
            services.AddSingleton<IConsoleWorker, HelloWorld>();
            // ConsoleServiceを登録する
            services.AddHostedService<ConsoleService>();
        }
    }
}
```

■ Recipe_383/ConsoleService.cs

```
using System.Threading;
using System.Threading.Tasks;
using Microsoft.Extensions.Hosting;
using Microsoft.Extensions.Configuration;

namespace Gihyo
{
    public class ConsoleService : IHostedService
    {
        private readonly IHostApplicationLifetime
            _applicationLifetime;
        private readonly IConfiguration _config;
        private readonly IConsoleWorker _worker;
        // このコンストラクターでDependency Injectionしている
        // ConfigureServiceで登録したIConsoleWorkerのインスタンスが渡される
        public ConsoleService(IHostApplicationLifetime          2
applicationLifetime, IConfiguration config, IConsoleWorker worker)
        {
                        ⟨⟩
```

Chap 25

〈〈

```
            _applicationLifetime = applicationLifetime;
            _config = config;
            _worker = worker;
        }

        public async Task StartAsync(CancellationToken
cancellationToken)
        {
            // IConsoleWorkerのRunを呼び出す
            await _worker.Run();
            // 以下の1行がないとプログラムが終わらない
            _applicationLifetime.StopApplication();
            //return Task.CompletedTask;
        }

        public Task StopAsync(CancellationToken cancellationToken)
        {
            return Task.CompletedTask;
        }
    }

    public interface IConsoleWorker
    {
        Task Run();
    }
}
```

■ Recipe_383/HelloWorld.cs

```
using System;
using System.Threading.Tasks;

namespace Gihyo
{
```

〈〈

```
// このクラスが実質的なMainクラス
public class HelloWorld : IConsoleWorker
{
    public Task Run()
    {
        Console.WriteLine("Hello World.");
        return Task.CompletedTask;
    }
}
}
```

▼ 実行結果

```
Hello World.
```

補足

実際に業務等でコンソールアプリケーションを作成する場合には、ConsoleAppFrameworkなどの
フレームワークを利用することも検討してください。

■ ConsoleAppFramework

```
https://github.com/Cysharp/ConsoleAppFramework
```

384 appsettings.jsonから構成データの値を取得したい

　ここではappsettings.jsonから値を取得するふたつの方法を示します。ひとつは、IConfiguration
インターフェイスのインデクサを利用する方法、もうひとつは、カスタムクラスにバインドする方法です。
　サンプルコードは、DIの機能を使い、IConfigurationのインスタンスをコンストラクターで受け取る例で
す。ASP.NET CoreでもControllerクラスやPageModelクラスで同様の方法で値を取得することが
できます。ソースコードすべてをご覧になりたい場合は、サンプルコードをダウンロードしてください。

■ Recipe_384/MyWorker.cs

```
using System;
using System.Threading.Tasks;
using Microsoft.Extensions.Configuration;

namespace Gihyo
{
    public class MyWorker : IConsoleWorker
    {
        private readonly IConfiguration _configuration;

        public MyWorker(IConfiguration configuration)
        {
            _configuration = configuration;
        }

        public Task Run()
        {
            var value = _configuration["MySettings:AppName"];
            Console.WriteLine(value);
            var settings = new MyAppSettings();
            // MyAppSettingsにバインドする
            _configuration.GetSection("MySettings")
                          .Bind(settings);
            Console.WriteLine($"{settings.Version}|{settings.
AppName}|{settings.Verbose}");
            return Task.CompletedTask;
        }
    }
```

```
    public class MyAppSettings
    {
        public string Version { get; set; }
        public string AppName { get; set; }
        public bool Verbose { get; set; }
    }
}
```

■ Recipe_384/appsettings.json

```
{
    "MySettings": {
        "Version": "2.4.1",
        "AppName": "C# Code Recipe",
        "Verbose": "True"
    }
}
```

▼ 実行結果

```
C# Code Recipe
2.4.1|C# Code Recipe|True
```

補足

コンソールアプリケーションで当サンプルコードを実行するには、以下のパッケージのインストールが必要です。

```
dotnet add package Microsoft.Extensions.Configuration
--version 5.0.0
dotnet add package Microsoft.Extensions.Configuration.Json
--version 5.0.0
dotnet add package Microsoft.Extensions.Configuration.Binder
--version 5.0.0
```

〔 関連項目 〕

383 コンソールアプリケーションで汎用ホストを利用したい

385 構成データを 環境により切り替えたい

.NETでは、環境変数を利用し実行環境に基づいて構成データを切り替えることができます。汎用ホストを使ったコンソールアプリケーションでは、DOTNET_ENVIRONMENT環境変数が使われ、ASP.NET Coreでは、ASPNETCORE_ENVIRONMENT環境変数が使われます。構成データは以下の順に読み込まれます。

▶ 1. `appsettings.json`
▶ 2. `appsettings.{Environment}.json`

例えば環境変数の値が「Production」の場合、appsettings.jsonの値はあとから読み込まれたappsettings.Production.jsonの値によってオーバーライドされます。

環境変数の値は「Development」や「Production」がよく利用されますが、「Debug」や「Staging」といった他の値を利用することも可能です。

なお環境変数の値が設定されていない場合は、「Production」が設定されているものとみなされます。

以下に示すコンソールアプリケーションのサンプルコードでは、DOTNET_ENVIRONMENT環境変数の値によって読み込まれる構成データが変わることが確認できます。

■ Recipe_385/appsettings.json

```json
{
    "Logging": {
      "LogLevel": {
        "Default": "Warning"
      }
    },
    "BaseUrl": "http://localhost/website/",
    "Message": "appsettings.jsonの値です",
}
```

■ Recipe_385/appsettings.Development.json

```json
{
    "Message": "appsettings.Development.jsonの値です"
}
```

■ Recipe_385/appsettings.Production.json

```json
{
    "BaseUrl": "http://example.com/website/"
}
```

■ Recipe_385/MyWorker.cs

```csharp
using System;
using System.Threading.Tasks;
using Microsoft.Extensions.Configuration;

namespace Gihyo
{
    public class MyWorker : IConsoleWorker
    {
        private readonly IConfiguration _configuration;

        public MyWorker(IConfiguration configuration)
        {
            _configuration = configuration;
        }

        public Task Run()
        {
            var value1 = _configuration["BaseUrl"];
            Console.WriteLine(value1);
            var value2 = _configuration["Message"];
            Console.WriteLine(value2);
            return Task.CompletedTask;
        }
    }

    public class MyAppSettings
    {
```

⟩⟩

```
        public string Version { get; set; }
        public string TempDir { get; set; }
        public bool Verbose { get; set; }
    }
}
```

▼ 実行結果　DOTNET_ENVIRONMENT=Developmentの場合

```
http://localhost/website/
appsettings.Development.jsonの値です
```

▼ 実行結果　DOTNET_ENVIRONMENT=Productionの場合

```
http://example.com/website/
appsettings.jsonの値です
```

補足

　実際には、appsettings.json、appsettings.{Environment}.json以外の構成情報も利用できます。既定では以下の順序でアプリの構成情報が適用されます。

1. **appsettings.json**
2. **appsettings.{Environment}.json**
3. **Development環境で実行される際のアップシークレット**
4. **環境変数構成プロバイダーを使用する環境変数**
5. **コマンドライン構成プロバイダーを使用するコマンドライン引数**

　詳しくは、Microsoft Docsの「ASP.NET Coreの構成」をご覧ください。

■ **ASP.NET Coreの構成**

```
https://docs.microsoft.com/ja-jp/aspnet/core/fundamentals/
configuration/
```

⎛　**関連項目**　⎞

▶▶383　コンソールアプリケーションで汎用ホストを利用したい

▶▶384　appsettings.jsonから構成データの値を取得したい

参考文献

― C# 関連のドキュメント | Microsoft Docs
https://docs.microsoft.com/ja-jp/dotnet/csharp/

― ASP.NET ドキュメント | Microsoft Docs
https://docs.microsoft.com/ja-jp/aspnet/core/?view=aspnetcore-5.0

― Entity Framework Core | Microsoft Docs
https://docs.microsoft.com/ja-jp/ef/core/

― .NET API ブラウザー | Microsoft Docs
https://docs.microsoft.com/ja-jp/dotnet/api/?view=net-5.0

― C# によるプログラミング入門 | ++C++; // 未確認飛行
https://ufcpp.net/study/csharp/

― .NET Tips | DOBON.NET
http://dobon.net/vb/dotnet/

― NLog Getting started with ASP.NET Core 5
https://github.com/NLog/NLog/wiki/Getting-started-with-ASP.NET-Core-5

― Microsoft.Extensions.Logging.Log4Net.AspNetCore
https://github.com/huorswords/Microsoft.Extensions.Logging.Log4Net.AspNetCore

― ZLogger
https://github.com/Cysharp/ZLogger

― MailKit Documentation
http://www.mimekit.net/docs/html/Introduction.htm

― Getting Started with NPOI
https://github.com/nissl-lab/npoi/wiki/Getting-Started-with-NPOI

― Getting Started with xUnit.net
https://xunit.net/docs/getting-started/netcore/visual-studio

― Moq4 Quickstart
https://github.com/Moq/moq4/wiki/Quickstart

INDEX

INDEX

INDEX

INDEX

INDEX